纺织服装高等教育“十二五”部委级规划教材

服装材料与测试技术

康 强 主 编
贠秋霞 副主编

東華大學出版社

图书在版编目(CIP)数据

服装材料与测试技术 /康强主编. —上海：东华大学出版社,2014.6

ISBN 978-7-5669-0489-8

Ⅰ.①服… Ⅱ.①康… Ⅲ.①服装—材料—高等职业教育—教材 Ⅳ.①TS941.15

中国版本图书馆 CIP 数据核字(2014)第 073564 号

责任编辑 徐建红
助理编辑 冀宏丽
封面设计 Callen

服装材料与测试技术
FUZHUANG CAILIAO YÜ CESHI JISHU

康 强 主编

出　　版：东华大学出版社(地址:上海市延安西路 1882 号 邮政编码:200051)
本 社 网 址：http://www.dhupress.net
天猫旗舰店：http://dhdx.tmall.com
营 销 中 心：021-62193056 62373056 62379558
印　　刷：上海龙腾印务有限公司
开　　本：787 mm×1092 mm 1/16
印　　张：17
字　　数：435 千字
版　　次：2014 年 6 月第 1 版
印　　次：2022 年 8 月第 2 次印刷
书　　号：ISBN 978-7-5669-0489-8
定　　价：49.00 元

前　言

服装材料是服装类专业重要的专业基础课程，服装材料对服装的设计和制作起着决定性的作用。随着服装产业的不断发展，人们审美观念和对服装整体性能要求的不断提高，对服装的服用性能和装饰作用的要求也越来越高，服装材料作为服装设计三要素之一，其基础性、决定性的作用也日趋显著。本书正是为了满足服装专业高等职业教育的要求而编写，同时也可供服装从业人员学习参考用。

本书根据高等职业教育服装类专业人才培养模式的要求进行编写，共分为七章，分别从服装用纤维原料、纱线、织物、面料、辅料及服装保养等方面进行了详细的阐述，同时介绍了新型服装材料的性能及应用。每章又分为理论知识、实训操作和课后练习3个模块，突出了高职教育注重实践实训的特色，便于教学和学习使用。此外，全书大量应用实际图片配合文字介绍，直观明了，便于读者阅读理解。

全书各章节编写分工如下：陕西工业职业技术学院康强编写第四章、第五章第一、二、三、四、六、七、八节、第六章，陕西工业职业技术学院负秋霞编写第一章、第二章、第三章、第五章第五节、第七章。康强任主编，负责本书主要内容的编写和统稿工作。

在本书编写过程中，参考了大量同仁们的著作，已在书末参考文献中列出，编者在此向大家一并致谢。

由于编者水平所限，书中疏漏甚至谬误之处难免，敬请读者评批指正。

编　者

目　录

第一章 绪论

第一节 服装材料的分类

服装材料种类繁多，形态各异，按不同的形式分为不同的类型。

一、按原料分

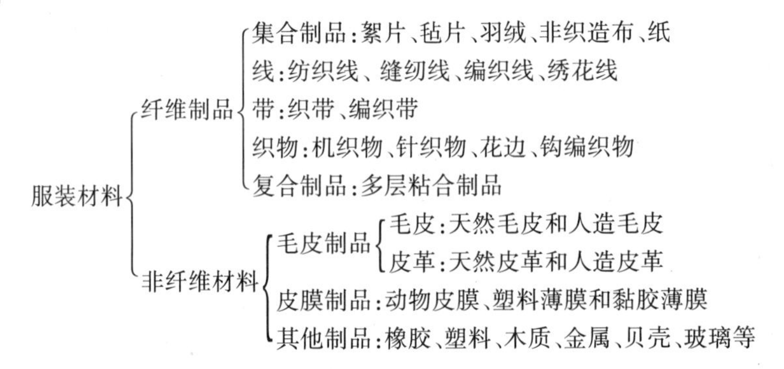

二、按用途分

服装材料按用途可分为面料和辅料。面料是服装的主体材料，主要指机织物、针织物、编织物、毛皮和皮革等；辅料对服装起着辅助和衬托的作用，主要包括里料、衬料、缝纫线、垫肩、填充料、花边、纽扣、拉链、装饰料等。由于他们在材质、外观、性能等方面均有很大的差异，因此要根据目的和用途合理搭配。

第二节 服装材料与服装的关系

服装材料不仅影响人们穿着的美观、舒适、保健及耐用等性能，而且还对服装设计的效果及服装制作过程的复杂及难易程度有一定的影响。

一、服装材料与服装穿着的关系

服装为人体所穿用，是人类生活的必需品，人们穿着服装不仅要满足生理需要及心里需要，还应满足社会需要。人体对气候有冷热感知和排汗等生理现象，在所生活的环境气候中，根据气候变化，人体本身虽然有一定的生理调节和功能，使人体保持舒适状态，但是当气候发生激烈变化时,必须依靠服装加以辅助。

服装除了在自然环境中辅助人体功能的不足以外,在社会环境中还有助于表现人的个性、身份和地位等,以增强人际交往中的魅力,所以服装功能常常归纳为保护功能、装饰功能、礼仪功能、标识功能和扮装仪态功能。它们之间的相对重要性,取决于着装者所处的自然环境和社会环境以及服装的类别和结构。服装穿着的功能不同,对服装材料的要求也不同。表1-2-1为服装穿着的目的和对材料的要求。

表1-2-1 服装穿着的目的和对材料的要求

目的	要 求	服装类别	对材料基本要求
保健卫生	人体生理机能补偿,防护身体	防寒服、防暑服、防雨服、防风服、防辐射服、防火服、防毒服等	优良的保暖或散热、含湿、透气、防水等抗气候功能,防火、防毒等功能,抗皮肤刺激、无压迫感、活动自如等
装饰审美	表现个性、爱好、审美观和修养、引人注目	装饰服装,生活装	外观美、内在舒适和流行
社交礼仪	保持礼节、友好、道德、伦理、风俗、习惯	社交服,礼服,仪式服	色彩、图案等符合风俗习惯,质地符合场合、身份和社会文化
标识类别	维持秩序,显示职业、职务,统一	制服、团体服、军服、校服、僧侣服	注重功能性,简朴、耐用、舒适,符合标识特征和企业形象
扮装仪态	改变人的外貌,达到扮装、变装、拟装的角色扮演	舞台服装	符合剧情、角色

二、服装材料与服装设计的关系

服装设计师的思想是通过服装材料来体现的,就像雕刻家用木头、粘土、石膏、大理石等材料做成各种精湛的工艺品、艺术品一样,服装材料在设计师眼中就好像那些木头、粘土一样。选料是服装设计很重要的一环,选择得当,搭配得当,服装的风格、意韵、情感才得以真切的表现;选择搭配不当,非但设计构思不能准确再现,设计出的服装还会让人感到别扭、怪异。所以,一个优秀的服装设计师首先应该精通服装材料,只有在充分了解材料特性的基础上,才有可能达到最佳的设计效果。

三、服装材料与服装结构制图的关系

服装是由不同的材料经过一定的工艺手段组合而成,不同的服装面料由于采用的原料、纱线、织物组织、加工手段等不同,而具有不同的性能,从而影响服装的结构制图。比较稀疏的面料,要加宽缝份量,以防止脱纱;对于表面有方向的面料,在结构制图时要在样板上注明,以免出现差错。对于制作和穿着时容易收缩的材料,在制作前要进行预缩或制图时要进行相应的处理。机织物服装在制图时,要明确经向(直丝缕)和纬向(横丝缕)。

四、服装材料与服装加工工艺的关系

(一)服装材料与缝制工艺的关系

根据服装材料的不同特性,决定缝纫加工的难易程度。依据服装材料的结构松紧、厚薄、滑

脱性确定合适的针、线、针距等缝纫条件并调节合适的缝线张力和压脚压力,防止因缝线过紧或过松、针眼过大或过小等问题而引起缝迹外观歪斜、起皱等不良现象。

(二) 服装材料与裁剪工艺的关系

在服装生产中,裁剪工程是确保服装质量的重要环节。尤其是服装材料的性能及特征改变时,其工艺也应相应改变。如结构疏松、厚重型织物或有弹性的服装材料,裁剪出来的布边往往精度太低,并易变形。因此,在选择与服装材料相适应的裁剪设备的同时,在制作工业样板时要考虑适当的放松量和缝份。

(三) 服装材料与熨烫工艺的关系

熨烫的基本工艺条件是温度、湿度、时间、压力。在一定范围内,温度越高,熨烫时间越长,压力越大,衣料的定型效果则越好。但由于各种纤维的耐热性和承受温度的极限有所不同,因而根据纤维的耐热性及衣料的厚度来设定熨烫温度、时间和压力是非常重要的,否则会因温度过高带来材料的变色、软化、炭化甚至熔化等不良现象。

由此可见,服装材料无论是对服装设计师、服装生产商还是服装消费者来说,都是非常重要的。

第三节 认识身边的服装材料

一、目的要求

目的:使学生将所学服装材料分类的理论知识与实际服装紧密联系起来。

要求:分组,2 人一组,即分成甲、乙两人。

二、实验过程

① 甲、乙两人面对面站。

② 甲方叙述乙方所穿服装材料的类别,乙方细心聆听,等待甲方叙述完后,乙方对甲方叙述的内容进行评判。

③ 乙方叙述甲方所穿服装材料的类别,甲方细心聆听,等待乙方叙述完后,甲方对乙方叙述的内容进行评判。

三、实验报告

甲、乙两人将对方所穿服装材料的具体类别写成实验报告。

课后练习

一、填空题

1. 服装的三要素是指________、________、__________。

2. 服装材料按用途可分为________、________两大类。

3. 服装材料按原料可分为________、________两大类。

二、简答题

1. 服装穿着对服装材料有何要求？

2. 服装材料与服装设计有何关系？

3. 服装材料与服装结构制图有何关系？

4. 服装材料与服装工艺有何关系？

三、实训题

5个学生一组，从身边找寻5件不同季节的服装，并分析和记录每件服装具体由哪些材料组成。

第二章 服装用纤维

第一节　纤维分类

纤维是纱线、织物、保暖絮片等纤维制品的基本原料，是构成服装美与功能的基础。服用纤维的品种很多，性能各异，设计师和生产者要成功完成某项设计或实现某种用途，首先必须了解纤维的性能。

纤维是指直径几微米到几十微米，长度比直径大百倍到上千倍的细长物质。但不是所有的纤维都能用于纺织服装。只有具有一定长度和细度、一定强度、可纺性及服用性能的纤维才是纺织服装用纤维。

一、纤维的分类

纤维的品种较多，按照不同的形式分为不同的类型。

（一）按纤维来源分

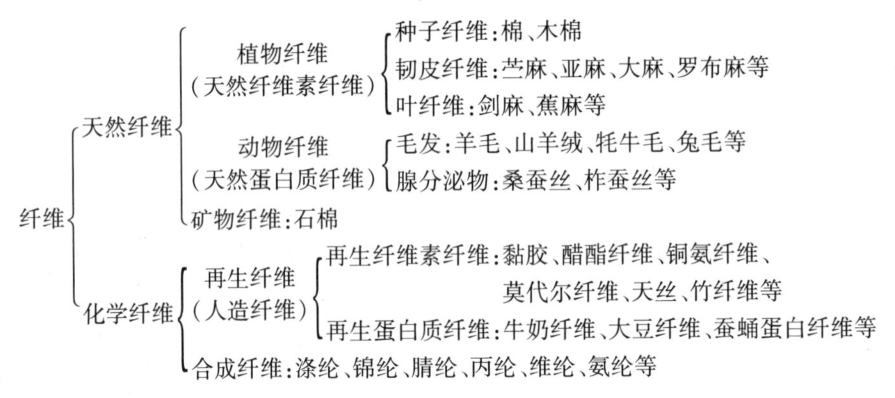

天然纤维是指从自然界或人工养育的动、植物上直接获取的纤维。化学纤维是指以天然或人工合成的高聚物为原料，经特定的方法加工制造出来的纤维。再生纤维是指以天然高聚物为原料，经纺丝加工制成的纤维。合成纤维是指以煤、石油、天然气及一些农副产品中所提取的小分子为原料，经人工合成得到高聚物，再经纺丝形成的纤维。目前，天然纤维中用量最大的是棉纤维，化学纤维中用量最大的是涤纶纤维。

（二）按纤维的长度分

按纤维的长度可分为长丝和短纤维。长丝包括蚕丝长丝、化纤长丝，而短纤维包括天然短纤维、化学短纤维，化学短纤维是根据用途在纺丝时将化纤长丝切断或拉断成短纤维，一般有三种：

棉型化纤：长度类似棉纤维，即通常为 30 ~ 40 mm，主要用于仿棉织物或棉混纺织物。

毛型化纤：长度类似羊毛纤维，即一般为 75 ~ 150 mm，主要用于仿毛织物或毛混纺织物。

中长型化纤:长度介于棉型化纤与毛型化纤之间,即40~75 mm,主要用于仿毛织物。

(三)按截面形态分

按截面形态可分为圆形截面纤维和异形截面纤维。

二、纤维的英文名称与缩写代码

纤维名称	英文	缩写代码
棉	Cotton	C
苎麻	Ramine	Ram
亚麻	Linen	L
桑蚕丝	Mulberry silk	Ms
柞蚕丝	Tussah silk	Ts
羊毛	Wool	W
羊绒	Cashmere	WS
兔毛	Rabbit hair	RH
驼毛、驼绒	Camel hair	CH
涤纶	Polyester	T
锦纶	Nylon	N
氨纶	Spandex	SP, EL, OP
黏胶	rayon	R
醋脂	Viscose Acetate	CA
铜铵	Cupro	CUP
莫代尔	Modal	MD
天丝	Lyocell	Tel

第二节　纤维的形态特征及特性

一、天然纤维

(一)棉纤维

棉纤维是服装用主要原料。它是棉花种子上覆盖的纤维,属于种子纤维,简称"棉",棉纤维在使用前必须把纤维和棉籽分开,得到的纤维叫原棉或皮棉。根据棉纤维的长度和细度不同可分为:

细绒棉:又称陆地棉,我国大部分地区种植的均为细绒棉,纤维长度和细度中等,一般长度为25~35 mm,细度为18~20 μm,色洁白或乳白,有丝光。

长绒棉:又称海岛棉,现主要产于埃及、苏丹、美国、摩洛哥等国家,我国仅新疆、上海及广州少量种植。纤维品质优良,较细绒棉细且长度长,一般长度为35~60 mm,细度为13~17 μm,色泽乳白或淡棕黄,富有丝光,强力较高。

粗绒棉：由于纤维粗短、色泽呆白，少丝光且产量低，纺织价值低，服装中很少用。

棉纤维是细而长的扁平带状物，具有天然转曲，它的纵向呈不规则的而且沿纤维长度不断改变转向的螺旋形扭曲。正常成熟的棉纤维天然转曲最多，未成熟纤维呈薄壁管状，转曲少，过成熟纤维呈棒状，转曲也少。成熟正常的棉纤维横截面呈不规则的腰圆形，有中腔，未成熟的棉纤维截面形态极扁，中腔很大，过成熟的棉纤维截面呈圆形，中腔很小（图 2-2-1）。

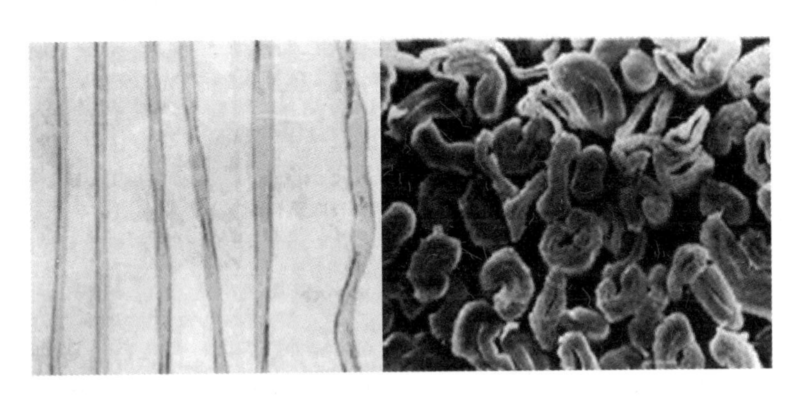

图 2-2-1 棉纤维的形态特征

棉纤维的光泽柔和暗淡，染色性能好，易染色且色谱全，具有较强的吸湿能力，穿着时有很好的吸湿透气性，不易产生静电。另外棉纤维手感柔软、保暖性能好。但棉纤维的弹性差，抗皱性差，耐磨性差，其织物在穿着时易起皱且耐用性差，在洗涤时易缩水，所以应在裁剪前进行预缩处理，以避免服装尺寸变小。为改善织物的皱缩，尺寸不稳定的性能，需对其进行抗皱免烫整理。目前，市场上纯棉免烫衬衣及免烫西裤就是经过抗皱免烫整理而制成的。

棉纤维较耐碱而不耐酸，在常温或低温下浸入浓度 18% ~25% 的氢氧化钠溶液中，可使纤维直径膨胀，截面变圆，天然转曲消失，长度缩短，使纤维呈现丝一般光泽。此时，若施加外力，限制其收缩，则纤维的强度会增加，此时织物也会变得平整光滑，并可改善染色性能和光泽，这种加工过程称为丝光，可用于机织物、针织物；若不施加外力，织物长度会产生收缩，变得丰厚紧密，富有弹性，保型性好，这一加工称为碱缩，主要用于针织物。棉纤维耐热性好，熨烫温度可达 180 ~200℃。但易发霉变色，存放时要置于通风干燥处。

（二）麻纤维

麻纤维是从各种麻类植物的茎或叶中取得。在服装上使用的大都是茎纤维，品种主要有苎麻、亚麻、罗布麻和大麻等。

苎麻原产于中国，通常称“中国草”，我国产量最高，纤维品种优良，有较好的光泽，呈青白色或黄白色；亚麻主要产于前苏联、法国、比利时等国家，我国的主要产地是黑龙江和吉林省，亚麻的品种也较好，脱胶后呈淡黄色，比苎麻纤维柔软；罗布麻属野生植物，纤维较柔软，表面光滑，对金黄色葡萄球菌、绿脓杆菌、大肠杆菌等有不同的拟菌作用，并具有防臭、活血降压等功能；大麻有天然拟菌作用，细度细，端部成钝角形，穿着不刺身等功能。

麻纤维多为粗细不匀、截面不规则，其纵向有横节竖纹。不同种类的麻纤维形态特征不同，如表 2-2-1、图 2-2-2 所示。

表 2-2-1 常用麻纤维的形态结构

麻纤维品种	截面结构	纵向形态
苎麻	腰圆形,有中腔	扁平带状,表面有条纹,胞壁有裂纹,有粗横节
亚麻	多角形(五角形或六角形)	表面有结节和条痕
大麻	圆形,顶角为钝角形	圆筒形,表面有横节
罗布麻	不规则的腰子形,中腔较小	横节竖纹

麻纤维的颜色为象牙色、棕黄和灰色,不易漂白染色,光泽比棉好,而且具有一定的色差。麻纤维粗细差异大,长短不一,它纺成的纱线条干粗细不均匀,最终造成麻织物有一种粗细明显条影的麻状外观,粗犷豪放,具有立体感。

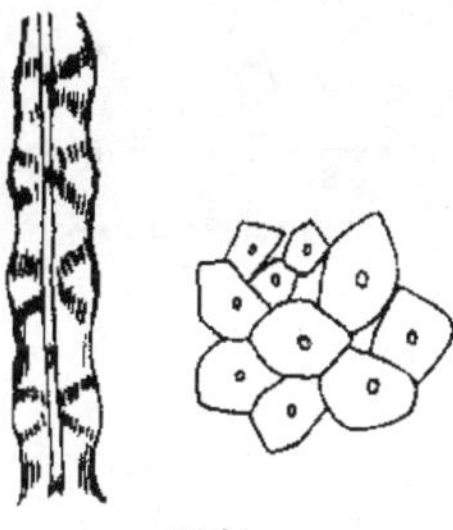
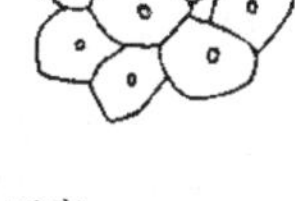
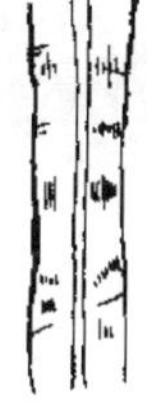

图 2-2-2 麻纤维的形态特征

麻纤维导热性能强,吸湿能力强且吸湿、放湿速度均快,穿着凉爽,不易产生静电。麻纤维手感较硬,在穿着时易于吸汗且出汗后不易沾身,特别适合夏季服装。麻纤维的强度虽大,但延伸性和弹性差且脆硬,耐用性和抗皱性也差。麻纤维耐热性也好,熨烫温度可达 200℃。但易发霉,存放时要置于通风干燥处。

麻纤维具有天然的抑菌作用,特别是罗布麻和大麻,抑菌作用更强。

(三) 毛纤维

天然动物毛的种类很多,服装常用的毛纤维有绵羊毛、山羊绒、马海毛、兔毛、羊驼毛、牦牛毛。服装面料中使用量最多的是绵羊毛。

1. 羊毛

纺织上所说的羊毛在狭义上专指绵羊毛。绵羊毛是绵羊皮肤上的细胞发育而成,主要成分是蛋白质,按粗细可分为细羊毛、半细羊毛和粗羊毛。其中细羊毛细度细,柔软性好,质量好,特别是澳大利亚美利奴羊是世界上品质最为优良的,也是产毛量最高的羊种。澳大利亚、新西兰、阿根廷、南非和中国等国家是世界上主要的产毛国。我国羊毛的主要产区为新疆、内蒙古、青海、甘肃等地。羊毛产品的品质标志如图 2-2-3 所示。

国际羊毛局纯毛标志

国际羊毛局毛混纺标志

新西兰羊毛标志

图 2-2-3 羊毛制品的品质保证标识

国际羊毛局(IWS)是国际上有关羊毛的权威机构,其中羊毛标志是羊毛制品品质保证的标识。而新西兰羊毛局以厥叶作为羊毛制品品质保证的标识,即达到高品质才能使用这种标志。

羊毛的天然颜色较多,服装常用的为乳白色。羊毛纤维沿长度方向有天然的立体卷曲,表面有鳞片覆盖,截面近似圆形或椭圆形(图 2-2-4)。

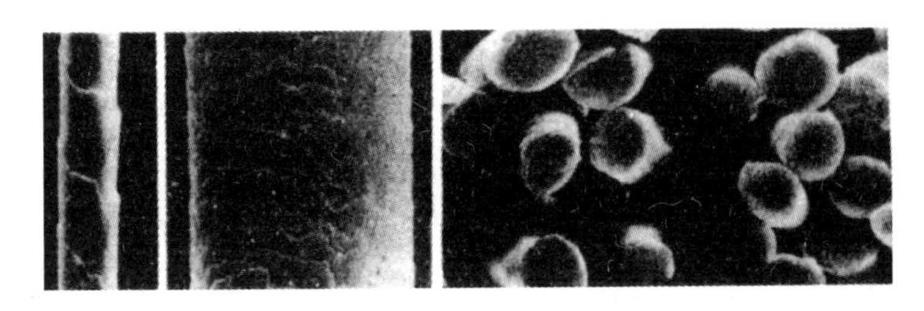

图 2-2-4 羊毛纤维的形态结构

羊毛纤维的光泽柔和,染色性能好,但不能使用氧化漂白。它的吸湿能力较强,在吸湿后不易显潮,所以穿着时舒适透气,又因羊毛纤维具有天然的卷曲,蓬松性好,所以非常保暖。细羊毛手感柔软,而粗羊毛有刺痒感。

羊毛纤维的强度较小,弹性和延伸性好,其织物有身骨、不易起皱且耐用性较好,但吸湿后弹性下降,易变形变皱。羊毛在热、湿和揉搓等机械力的作用下,纤维发生相互间的滑移、纠缠、咬合,使织物发生毡缩而尺寸缩短,无法回复,这种现象叫缩绒。所以羊毛服装不宜机洗,应该干洗或用手轻揉水洗。工业上防止缩绒的方法可采用破坏鳞片或填平鳞片来使羊毛表面变得光滑,避免缩绒产生。利用羊毛的缩绒可制作一些缩绒织物,即粗纺毛织物,它们表面具有一层绒毛,比较厚实、手感柔软丰满、保暖性好。

羊毛较耐酸而不耐碱,对氧化剂也很敏感,所以应选择中性洗涤剂。羊毛耐热性比棉差,因此熨烫温度一般在 120 ~ 150℃。又因羊毛怕虫蛀和霉菌,保存时应注意通风和放置樟脑丸防蛀。

2. 山羊绒

山羊绒又称羊绒,是紧贴山羊表皮生长的浓密细软的绒毛。山羊绒鳞片呈环形,边缘较光滑,鳞片密度比细羊毛多,而且鳞片紧抱毛干,张开角度较小。山羊绒截面多呈规则的圆形,比细羊毛的圆整度好。所以羊绒的光泽好,手感柔滑,这也是细羊毛所不具备的特点。山羊绒比羊毛的保暖性好。具有细腻、轻盈、柔软、保暖好等优点。

山羊绒的产量低、价格高,素有“软黄金”之称。又由于羊绒最早产于亚洲克什米尔地区,国际市场上习惯称山羊绒为“开司米”(Cashmere 音译)。山羊绒的自然颜色分为白绒、青绒和紫绒,一般用于羊绒衫、围巾、手套等针织品和高档的粗纺大衣呢等。

3. 马海毛

马海毛又称安哥拉山羊毛。最大特点是纤维长,毛长 120 ~ 150 mm,但较羊毛粗,由于鳞片少且平阔紧贴于毛干,很少重叠,使纤维表面光滑、色泽洁白光亮。纤维很少卷曲,弹性足、强度高,不易收缩也难缩绒,容易洗涤。马海毛属于多用性纤维,可纯纺也可混纺,将马海毛掺加入大衣呢中,可生产银光闪闪的银枪大衣呢;掺入毛毯中,又能生产出高级水纹羊毛毯。

4. 兔毛

纺织用兔毛来源于安哥拉兔和家兔。安哥拉兔毛细长，品质优良，家兔品质较次。兔毛有绒毛和粗毛之分，其组成结构与羊毛及其他纤维相似。兔毛的保暖性强，纤维表面平滑，蓬松易直，长度比羊毛短一些，所以纤维间抱合力稍差。如果穿着时和其他服装紧密接触，不断摩擦，就容易掉毛、起球。纺织用的兔毛颜色洁白如雪，光泽晶莹透亮，柔软蓬松，保暖性强，是毛织品尤其是针织品的优等原料，做成的服装轻软柔和，以轻、细、软、保暖性强、价格便宜的特点而受到人们的喜爱。由于兔毛强度低，抱合力差，不易单独纺纱，因此多与羊毛或其他纤维混纺，制造针织品、女士呢、大衣呢等服装面料。

5. 羊驼毛

羊驼毛又称“驼羊毛”，原毛的颜色有白色、浅褐、黄、灰、浅棕、棕色、黑色及杂色等。纤维的的鳞片边缘比羊毛光滑，鳞片排列与细羊毛极为相似，但边缘突出程度不如细羊毛。它有两个品种，一种是纤维卷曲，具有银色光泽，另一种是纤维平直，卷曲少，具有近似马海毛的光泽，常与其他纤维混纺，作为制作高档服装的优质材料。

6. 牦牛毛

牦牛的皮毛是由粗毛和绒毛构成的，多为黑色、白色、黑褐色或夹杂有白毛。牦牛绒很细，有不规则的弯曲，鳞片呈环状边缘整齐，紧贴毛干。用牦牛绒制成的面料保暖性好，手感柔软、光滑，弹性好，光泽柔和，悬垂性好。牦牛绒可与羊毛、化纤、绢丝等混纺作精纺、粗纺的原料。牦牛毛则比牦牛绒粗的多，纤维平直，表面光滑，刚韧而有光泽，毡缩性差，可作衬垫、帐篷及毛毡等。

（四）蚕丝

蚕丝原产于中国，已有6 000多年的历史。目前我国蚕丝的产量仍居世界第一。此外，还有日本和意大利也生产蚕丝。蚕丝是天然蛋白质纤维，光滑柔软，光泽优雅悦目，穿着舒适高雅，被称为“纤维中的皇后”，蚕丝分为桑蚕丝即家蚕丝和柞蚕丝即野蚕丝两种，在我国桑蚕丝主要产于浙江、江苏、广东和四川等地，而柞蚕丝主要产于辽宁和山东等地。

蚕丝是蚕的腺分泌物吐出以后凝固形成的线状长丝。蚕吐出来的是两根单丝即丝素，在外面包覆丝胶，每根长丝的长度可达数百米到上千米，是唯一的天然长丝。蚕丝从蚕茧上分离下来后经合并形成生丝。生丝手感较硬，光泽较差，一般要在后加工中脱去丝胶，形成柔软平滑、光泽悦目的熟丝。桑蚕丝比柞蚕丝的光泽好，但理化性能比柞蚕丝差，而柞蚕丝容易起水渍。

每根蚕丝是由丝素和丝胶两部分组成，其中丝素是主体，丝胶包在丝素外面，起到保护作用，桑蚕丝的丝素纵向平直光滑，富有光泽，截面呈不规则的三角形，外包丝胶的茧丝截面呈不规则的椭圆形（图2-2-5）；而柞蚕丝较为扁平，呈长椭圆形，内部有细小的毛孔。

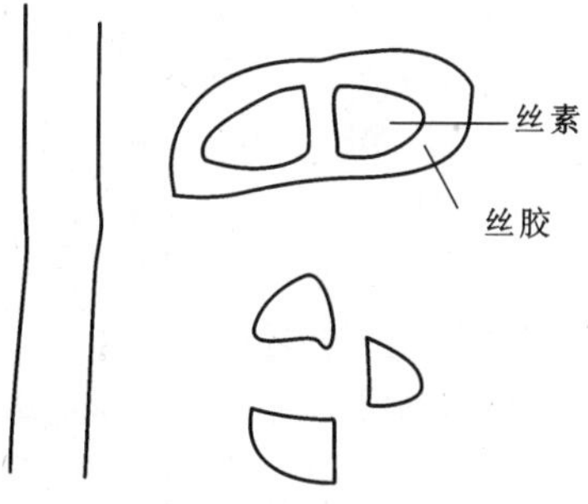

图2-2-5　桑蚕丝的形态特征

桑蚕丝纤维未脱胶前为白色或淡黄色，脱胶后变为白色；柞蚕丝未脱胶前呈棕、黄、橙、绿等颜色，脱胶后变为淡黄色；丝纤维易变色泛黄。未脱胶的生丝较硬挺，光泽柔和，脱胶后变得柔软，光泽较亮，是天然纤维中光泽最好的纤维。蚕丝染色性能好，色泽鲜艳。

蚕丝具有良好的吸湿放湿性能，穿着时吸湿透气。其柔

软舒适的触感和较好的保温性能,夏季穿着凉爽,冬季穿着保暖。摩擦时会产生独有的"丝鸣"现象。其强度高于羊毛,延伸性优于棉和麻纤维,耐用性一般。耐酸性小于羊毛,而耐碱性稍强于羊毛,不耐盐水浸蚀,所以丝绸服装应勤换勤洗。蚕丝耐光性也差,在日光下纤维会泛黄变脆,不宜用含氯漂白剂或洗涤剂处理。其耐热性稍优于羊毛,熨烫温度为120~160℃,宜用蒸汽熨斗垫布熨烫,以防烫黄和水渍。经醋酸处理后丝织物会更加柔软滑润,富有光泽,所以洗涤丝绸服装时,在最后清水中加入少量白醋,能改善外观和手感。

二、化学纤维

(一) 黏胶纤维

黏胶纤维一般以木材、棉短绒、甘蔗渣等为原料,经过一系列的化学与机械方法制成,其主要成分是纤维素。近几年,黏胶纤维发展很快,它不仅具有棉纤维的优良性能,而且有些性能比棉更胜一筹。目前常见品种为普通黏胶纤维、高湿模量黏胶纤维(又称富强纤维,简称富纤)和强力黏胶纤维,服装常用普通黏胶纤维和富纤。黏胶纤维分短纤维和长丝,黏胶短纤维被称为"人造棉";黏胶长丝被称为"人造丝"。分为有光、无光和半无光三种光泽,一般长丝比短纤维光泽好。黏胶纤维中普通黏胶纤维的形态特征为纵向为平直的柱状体,表面有凹槽,横截面为锯齿形,有皮芯结构、无中腔;富强纤维则纵向光滑,横截面近似圆形。

黏胶纤维染色性能好,色谱全,色泽鲜艳且色牢度较好,具有较强的吸湿能力,穿着时有很好的吸湿透气性,不易产生静电。另外黏胶纤维手感柔软,导热性能好,在穿着时有凉爽舒适的感觉,特别适用湿热环境。但普通黏胶纤维的强力低,特别是湿强低,其湿强几乎为干强的一半,且弹性差,抗皱性差,耐磨性差,其服装在穿着时易起皱且耐用性差。普通黏胶纤维在洗涤时缩水严重,所以应在裁剪前进行预缩处理,以避免服装尺寸变小。洗涤时不宜用酸性的洗涤剂,洗后可用高温熨烫,温度略低于棉,易发霉,要避免在高温高湿条件下存放。

富强纤维改善了普通黏胶纤维湿态强力差的缺点,因此其服装较耐穿、较耐水洗、缩水率低。

(二) 醋酯纤维

用含有纤维素的天然原料与醋酐发生反应,生成纤维素醋酸酯,经纺丝形成的纤维。常见品种有二醋酯和三醋酯。服装上用二醋酯以长丝为主,三醋酯以短纤维为主。

醋酯纤维无皮芯结构,截面不规则,呈花朵状,纵向平直光滑。醋酯纤维光泽好,手感柔软平滑,质量轻,弹性比黏胶好,所以,织物不易起皱。但吸湿性比黏胶差,因此,织物的吸湿、透气性不如黏胶织物。二醋酯强度比黏胶差,湿强下降,但下降的幅度没有黏胶大,耐用性较差;三醋酯较二醋酯织物结实耐用。二醋酯耐热性较差,很难进行热定型加工;三醋酯比二醋酯耐热性能好,可进行热定型,形成褶裥等外观。

二醋酯织物具有丝绸一样的风格,主要用于领带、披肩、里料等。三醋酯常与锦纶混纺,织成的织物多用于罩衫及裙装。

(三) 铜氨纤维

铜氨纤维是把纤维素溶解于铜氨溶液中,经纺丝并还原而成。铜氨纤维的性能比黏胶纤维优良,可制成非常细的纤维,为制成高级丝织品提供条件。但由于受原料限制,其产量受到一定的限制。

铜氨纤维截面呈均匀的圆形,无皮芯结构,表面光滑,由于纤维特细,光泽和风格与蚕丝类似。铜氨纤维具有手感柔软光滑,吸湿透气性强,悬垂感强,且耐磨性强,抗静电性明显,吸湿性高于醋酯纤维,与黏胶接近等优点。铜氨纤维在浓硫酸和热稀酸能溶解,稀碱对其有轻微损伤,浓碱可使其溶胀并逐渐溶解。

(四)涤纶

涤纶又称聚酯纤维,是目前合成纤维中产量最大的化学纤维,它是以石油、煤、天然气及一些农副产品中提取的小分子为原料,经人工合成得到高聚物,经溶解或熔融形成纺丝液,再经喷丝孔喷出凝固形成的纤维。它分为长丝和短纤维。

普通涤纶纤维纵向平滑光洁,均匀无条痕,横截面一般为圆形。其光泽较亮,染色性能差,需采用特殊染料或设备工艺条件,在高温高压下染色,但染色牢度好。涤纶纤维的吸湿性能特差,易产生静电和吸灰尘,其织物穿着不舒适,不透气,有闷热感。但由于它具有优良的弹性和回复性,其织物具有挺括、不起皱、保型性好、洗涤后快干免烫等特点。热定型工艺可使其织物形成永久性褶裥和造型,提高服装的美观及形态稳定性。

涤纶的强度大,弹性、耐用性、耐光性好,但涤纶短纤维织物在穿着的过程中易起毛起球且毛球不易脱落,长丝织物易勾丝,直接影响服装的外观美观性。

(五)锦纶

锦纶为聚酰胺纤维,又称尼龙,它和涤纶同属于合成纤维,它们的加工方法相类似。服装常用的是锦纶 6 和锦纶 66,我国目前以锦纶 6 为主。传统锦纶纤维纵向平直光滑,横截面为圆形。锦纶纤维染色性能在合成纤维中是较好的,它的吸湿性能较差,易产生静电和吸灰尘,其织物穿着不舒适,不透气,有闷热感。锦纶的耐磨性优于其他纤维,强度、弹性、耐用性均好,但弹性回复性不如涤纶,所以保型性比涤纶差,外观不挺括。它的比重比涤纶小,所以穿着轻便。但其短纤维织物在穿着的过程中易起毛起球,长丝织物易勾丝,直接影响外观美观性。

锦纶在高温下易变黄,烘干温度过高会产生收缩和永久的折皱。白色锦纶服装应单独洗涤,防止吸收染料和污物而发生颜色改变。锦纶耐光性较差,在阳光下易泛黄和强力下降,故洗后不宜晒干。锦纶的耐热性不如涤纶,熨烫温度为 120~150℃。耐碱而不耐酸,对氧化剂敏感,尤其是含氯氧化剂。对有机萘类也敏感,所以锦纶服装存放时不宜放卫生球。

(六)腈纶

腈纶为聚丙烯腈纤维,因纤维柔软、蓬松、保暖,很多性能与羊毛相似,因此有“人造羊毛”之称。腈纶纤维纵向为平滑柱状、有少许沟槽,截面呈哑铃型,也可呈圆形或其他形状,无论纵向还是截面都可看到空穴的存在。产品以短纤维为主。腈纶纤维易于染色,色泽鲜艳,染色牢度较好。它的吸湿性能比锦纶差,易产生静电和吸灰尘,其织物穿着不舒适,不透气,有闷热感。但腈纶密度小,保暖性好,适合做冬季轻便保暖的服装。

腈纶的强度和耐磨性不如其他合成纤维,耐用性较差。其短纤维织物在穿着的过程中易起毛起球,直接影响外观美观性。腈纶最突出的优于其他纤维的特性是耐日光性好。防虫蛀和霉菌性能好,耐弱酸碱,但使用强碱和含氯漂白剂时需小心。熨烫温度为 130~140℃。

(七)氨纶

氨纶又称聚氨基甲酸酯纤维,因具有优良的弹性还称为弹力纤维,最著名的商品名称是美国杜邦公司生产的“莱卡”。其纵向平直光滑,横截面为花生果形或三角形。氨纶在织物中主要以包芯纱或与其他纤维合股的形式出现,尽管在织物中含量很小,但能大大改善织物的弹性,使服装具有良好的尺寸稳定性,改善合体性,紧贴人体又能伸缩自如,便于活动。

氨纶的弹性高于其他纤维，弹性伸长率可达600%，但仍可恢复原状。氨纶可染成各种颜色，手感平滑，吸湿性差，强度低于一般纤维，但有良好的耐气候性和耐化学品性能。耐热性能差，水洗和熨烫温度不宜过高，一般为90～110℃快速熨烫。

目前弹力织物非常流行，因此氨纶应用极为广泛，如在泳装、滑雪服、文胸、腹带、T恤衫、裙装、牛仔装、各种礼服、便装、袜子等均有使用。

（八）丙纶

丙纶纤维有长丝和短纤维两种，长丝常用来制作仿丝绸织物和针织物；短纤维多为棉型纤维，用于地毯或非织造织物。丙纶纤维纵向光滑平直，截面为圆形或其他形状。

丙纶有蜡状手感和光泽，染色困难，它的强度、弹性、耐磨性都比较好，因此经久耐用，而且还有优良的抗化学品、虫蛀和霉菌能力。丙纶是服装用纤维中密度最小的，因此，其服装质地特轻。但丙纶几乎不吸湿，其织物穿着不透气、不舒适，特闷热且静电严重。耐热性也差，100℃以上开始收缩，熨烫温度为90～100℃，耐光性和耐气候性也差。

（九）维纶

维纶性能与棉相似，织物的手感和外观像棉布，所以有"合成棉花"之称。主要用棉型短纤维，常与棉混纺。纤维纵向平直，截面大多为腰子形，有明显的皮芯结构，皮层结构紧密，芯层结构疏松。

维纶纤维的吸湿性能是普通合成纤维中最好的，密度小，热导率低，故质量较轻，保暖性好。它的强度、弹性、耐磨性高于棉，较棉制品结实耐用。维纶耐干热较强接近涤纶，熨烫温度120～140℃，但耐湿热性较差，过高的水温会引起纤维强度降低，尺寸收缩，甚至部分溶解，因此洗涤时水温不宜过高，熨烫时不宜喷水和垫湿布。

维纶耐化学品性较强，耐光性、耐腐蚀性好，不霉不蛀。主要用于产业用纺织品，也可用于床上用品、军用迷彩服及工作服等。

（十）氯纶

氯纶纤维吸湿性差，几乎不吸湿，染色困难，电绝缘性强，摩擦后易产生大量负电荷，用它制成的内衣等产品有电疗的作用，可治疗风湿性关节炎。氯纶制品弹性较好，有一定的延伸性，制品不易起皱。氯纶的阻燃性好，是服装用纤维中最不易燃烧的纤维，在织物中混有60%以上的氯纶就具有良好的防火性。氯纶耐化学品性好，能耐酸碱和一般的化学试剂，不溶于浓硫酸。但它的耐热性差，70℃以上便会收缩，沸水中收缩更大，故只能在30～40℃水中洗涤，不能熨烫，不能接近暖气、热水等热源。在纺织服装上主要用于内衣、装饰布。

第三节　纤维性能分析

一、外观性能

（一）色泽及染色性

1. 色泽

色泽是指纤维的颜色和光泽。天然纤维的颜色包括自然颜色和染色颜色，自然颜色取决于天然纤维的品种及生长环境等,而化学纤维取决于它加工时所用的原材料、是否添加色素及添加色素的颜色等。

纤维的光泽是由它表面反射光的强弱决定的,纤维的表面状态影响其反射光线的强弱,一般纤维表面光滑,织物表面反射光线较强,光泽较好。同时,纤维的截面形状也直接影响光的反射。当横截面形状为圆形时,理论上纤维对光线的反射应比较柔和,但由于纤维在纺纱时所加的捻度,使圆形反射出强烈的光线;当横截面为三角形时,反射的光线极不均匀和分散,由于是加捻成纱后织成织物,则不规则的反射光减少,沿纤维长度方向反射出均匀的光线,使之具有闪烁或亮耀的光泽,三叶形截面可达到最佳的效果;而横截面为不规则的多边形或多角形时,光泽较暗淡,而且边数越多,越趋暗淡(图2-3-1)。由于棉纤维、麻纤维和毛纤维的不规则横截面和长度方向的不均匀性,使织物光泽较柔和或无光泽。而亚麻纤维的横截面由于是多边形或多角形,纵向表面比较平直均匀,因此稍有光泽。另外,化学纤维在加工时,为了改善它的光泽,在熔融或溶解的高聚物中加消光剂,如黏胶纤维长丝就有有光黏胶丝、无光黏胶丝及半无光黏胶丝。

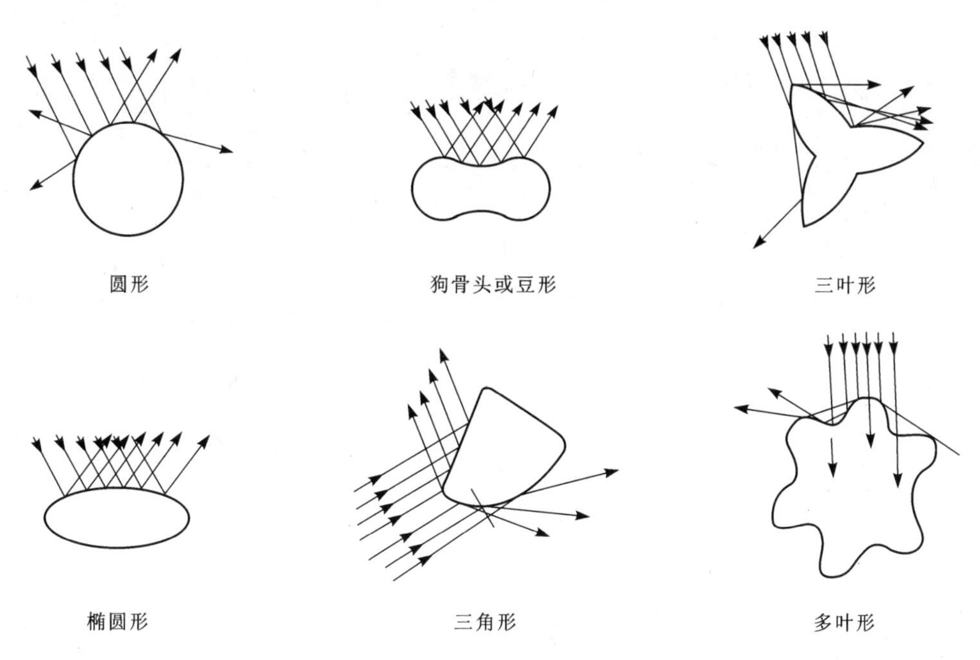

图2-3-1 不同横截面纤维的反光

2. 染色性

染色性是指纤维染色时适用染料的类型、染色的难易程度及色牢度等。这里主要分析染色的难易程度及色牢度的好坏。它与纤维材料的着色与固色能力、染料的稳定性、染色工艺及各种外部影响作用的强弱等因素有关。纤维的化学组成和结构直接影响其染色的难易程度和牢度。一般纤维素纤维和蛋白质纤维较易染色。而合成纤维较难染色。但纤维素纤维和蛋白质纤维的织物在服用过程中一般色牢度较差,易褪色,而合成纤维染色牢度一般较好。表2-3-1为常用纤维的自然颜色、光泽及染色性。

表 2-3-1 常用纤维的自然颜色、光泽及染色性

<table>
<tr><th>纤维品种</th><th>自然颜色</th><th>光　泽</th><th>染色性</th></tr>
<tr><td>棉</td><td>白色、乳白色、淡黄色</td><td rowspan="2">柔和暗淡</td><td>易染色但色牢度较差</td></tr>
<tr><td>彩　棉</td><td>红、黄、绿、棕、灰、紫</td><td>无需染色</td></tr>
<tr><td>桑蚕丝</td><td>脱胶前白色或淡黄色，
脱胶后变为白色</td><td rowspan="2">脱胶前光泽较差
脱胶后光泽较亮，
有闪光效应</td><td rowspan="2">易染色但色牢度较差</td></tr>
<tr><td>柞蚕丝</td><td>脱胶前棕、黄、橙、绿，
脱胶后变为淡黄色</td></tr>
<tr><td>苎　麻</td><td>青白色、黄白色</td><td>柔和</td><td rowspan="2">纤维之间有色差且不易漂白染色</td></tr>
<tr><td>亚　麻</td><td>淡黄色</td><td>比苎麻好</td></tr>
<tr><td>涤　纶</td><td>一般白色</td><td rowspan="2">较亮，长丝比短纤维亮</td><td>难染色，色牢度好，颜色鲜艳</td></tr>
<tr><td>锦　纶</td><td>一般白色</td><td>比涤纶易染色，色牢度较好</td></tr>
<tr><td>黏　胶</td><td>一般白色</td><td>有光、无光、半无光</td><td>易染色、色牢度较好，
颜色鲜艳，但易染花</td></tr>
<tr><td>腈　纶</td><td>一般白色</td><td>光泽较亮</td><td>较易染色，色牢度好，
颜色鲜艳</td></tr>
<tr><td>丙　纶</td><td>一般白色</td><td>有蜡状光泽</td><td>染色困难，一般要用原液染色
或改性后染色</td></tr>
<tr><td>莫代尔</td><td rowspan="4">一般白色</td><td rowspan="4">较亮，如丝一般</td><td rowspan="4">易染色，色牢度较好</td></tr>
<tr><td>天　丝</td></tr>
<tr><td>牛奶纤维</td></tr>
<tr><td>竹纤维</td></tr>
<tr><td>大豆纤维</td><td>淡黄色</td><td>较亮，如丝一般</td><td>易染色，色牢度较好</td></tr>
</table>

（二）弹性

纤维的弹性是指纤维在外力作用下发生形变，撤消外力后，回复形变的能力。纤维的弹性很大程度上决定了服装的抗皱性和外观保持性。用弹性好的纤维制成的服装，受外力形变后恢复快，不易形成折皱，外观保持性好，形状稳定性好，使服装经久耐用和穿着舒适。合成纤维中的涤纶即具有优异的抗皱性能，因此常与各种天然纤维混纺以改善外观，为了使织物具有洗可穿性能，通常采用涤纶含量在50%以上。近年来，弹力纤维被广泛应用于各种服装内衣和外衣中，在流行女装女性化、内衣外穿化和紧身美体服装时更应注重弹性回复性，以使服装的外观能始终保持如初。

服装常用的纤维中，涤纶、锦纶、氨纶、羊毛、聚乳酸纤维的弹性好，蚕丝、莫代尔、天丝、竹纤维的弹性较好，棉、彩棉、麻、黏胶的弹性较差。

（三）刚度

刚度是指纤维抵抗弯曲变形的能力。刚度小的纤维容易弯曲，制成的织物手感柔软，悬垂性好。悬垂性是指织物在自然悬挂状态下，受自身质量及刚柔程度等影响而表现的下垂特性。悬垂性好的织物制成的服装能显示出人体曲线和曲面的美感，适用于女装和裙装。常用的纤维

中，麻纤维和普通涤纶纤维的刚度大，悬垂性不佳；蚕丝、黏胶、莫代尔、天丝等纤维的刚度小，悬垂性好。

（四）可塑性

可塑性是指纤维在加湿、加热的状态下，通过机械作用改变形状的能力。一般合成纤维的可塑性较好，如合成纤维中的涤纶纤维具有良好的可塑性，因此，由它制成的百褶裙的褶裥、西裤的挺缝线能永久定形。

（五）起毛起球

起毛起球是指服装在穿着和洗涤的过程中，不断受到摩擦和揉搓等外力作用，使纤维端露出服装表面，呈现毛茸，这一过程称为“起毛”。若这些毛茸不及时脱落，继续摩擦，则互相纠缠在一起形成球状，称为“起球”，而且不易脱落。表面较为光滑而又强度大纤细的纤维容易在织物表面起毛起球，起毛起球性会影响服装的外观美观性和耐磨性，降低服用性能，严重时导致无法穿着。起毛起球不仅与织物的品种及组织结构有关，而且与纤维原料的品种和长度有关，一般天然纤维和再生纤维制成的服装不易起毛起球，如棉、蚕丝、莫代尔等纤维；而合成短纤维制成的服装易起毛起球。如涤纶、腈纶等短纤维服装特别容易起毛起球。

（六）勾丝

勾丝是指服装在穿着和洗涤的过程中，一根或几根纤维被勾出或勾断而露出于服装表面的现象。勾丝不仅使服装的外观明显恶化，而且影响其耐用性。勾丝不仅与织物的品种及组织结构有关，而且与纤维的长短有关，一般长丝织物容易勾丝，短纤维织物不易勾丝。

（七）免烫性

免烫性又称洗可穿性，是指服装洗涤后，不经熨烫整理而保持平整状态且形态稳定的性能。免烫性直接影响服装洗后的外观性。服装的免烫性与纤维的吸湿性、织物在湿态下的折皱弹性及缩水率密切相关。一般纤维的吸湿性小，织物在湿态下的折皱弹性好、缩水率小，其免烫性好。合成纤维较能满足这些性能，如涤纶织物免烫性尤佳。天然纤维和再生纤维织物免烫性较差。如毛纤维虽然干弹性很好，但吸湿后可塑性变大，弹性变差，所以毛织物的洗可穿性能并不好，必须熨烫后才能穿用。

二、舒适性能

现代人在选择服装时不仅注重美观，而且也非常重视舒适性。尤其是内衣、休闲、运动等服装。舒适性是服用性能中最为重要的方面，是纤维为满足人体生理卫生需要所必需具备的性能。舒适性可细分为触觉、视觉和生理感觉等方面。触觉方面，如干爽、滑爽、柔软、蓬松、弹性、质轻等；生理方面，如吸湿、放湿、透气、导热、保暖、轻质等；视觉方面，如光泽、悬垂性、形态稳定性等。主要舒适性指标如下：

（一）导热性

导热性是指纤维传导热量的能力。如果纤维能很快把人体的热量传导出去，人体就会感到凉爽，否则就会感到暖和。因此，导热性好的纤维，其保暖性就差。纤维导热性能用导热系数来表示，导热系数愈大，表示纤维的导热性能愈好，保暖性能愈差。纤维的导热系数如表2-3-2所示。

表 2-3-2　纤维的导热系数

纤维名称	导热系数/$W \cdot m^{-1} \cdot ℃^{-1}$	纤维名称	导热系数/$W \cdot m^{-1} \cdot ℃^{-1}$
蚕　丝	0.05～0.055	锦　纶	0.244～0.337
棉	0.071～0.073	腈纶	0.051
羊　毛	0.052～0.055	丙纶	0.221～0.302
黏胶纤维	0.055～0.071	氯纶	0.042
醋酯纤维	0.05	空气	0.026
涤　纶	0.084	水	0.697

由表 2-3-2 可知，羊毛、蚕丝、腈纶和氯纶的导热系数都小于其他纤维，因此穿着保暖性好。另外静止空气的导热系数最小，所以它是理想的热绝缘体。合成纤维采用中空的喷丝孔制成的中空纤维，是最大限度地增加纤维层内静止空气的一种措施。因此，冬季保暖的服装适合选择导热系数小的纤维或中空纤维制作。水的导热系数最大，约为纤维的 10 倍左右，因此，当纤维潮湿时，导热性能增加，保暖性能下降。冬季剧烈运动后，大量汗水浸湿了内衣，会有寒冷的感觉，这是体内热量散失造成的。夏季穿潮湿的服装导热性好，让人感觉凉爽。

（二）吸湿性

吸湿性是指纤维吸收或放出气态水的能力。这一性能对服装穿着的舒适性、外观形态、重量和其他性能都有影响，因此在商业贸易、性能测试、服装加工中都要注意。表示纤维吸湿性常用的指标为回潮率 W，即

$$W(\%) = \frac{G - G_0}{G_0} \times 100\%$$

式中：W——纤维材料回潮率，(%)；

G——试样的湿重，g；

G_0——试样的干重，g。

为了测试计重和核价方便合理，需对各种纤维及其制品的回潮率规定一个标准，即公定回潮率，表 2-3-3 为纤维的公定回潮率。公定回潮率越大，表示纤维的吸湿性能越好。

表 2-3-3　纤维的公定回潮率

纤维名称	公定回潮率/(%)	纤维名称	公定回潮率/(%)
棉	8.5	丙纶	0
羊毛	15.0	氯纶	0
蚕丝	11.0	醋酯纤维	7.0
麻	12.0	铜氨纤维	13.0
黏胶纤维	13.0	大豆纤维	6.8
涤纶	0.4	牛奶蛋白复合纤维	8.6
锦纶	4.5	蚕蛹蛋白黏胶长丝	15
腈纶	2.0	竹浆纤维	12
氨纶	1.0	聚乳酸纤维	0.5

由表2-3-3可知,天然纤维和再生纤维具有较高的公定回潮率(聚乳酸纤维虽然公定回潮率小,吸湿性能较差,但疏水性能较好,纤维具有独特的芯吸作用),所以能大量吸收人体的汗水,因此穿着舒适。特别是麻纤维、竹纤维,吸湿快,放湿也快,其服装穿着出汗不贴身,舒适性更好。而合成纤维由于吸湿性能差,所以在闷热潮湿的气候下会感到很不舒服。因此,用吸湿性高的纤维与吸湿性低的纤维进行混合纺纱,制成的服装舒适性可得到提高。

(三)触觉感和弹性

纤维表面的粗糙或光滑会影响与人体接触的舒适感,有的甚至会刺激皮肤引起刺痒或皮炎。麻纤维触感粗硬,用作服装时必须经过柔软整理。羊毛中细毛柔软性好,制作的服装柔软、舒适、保暖,而粗毛有刺痒感。脱胶前的蚕丝触感较硬,而脱胶后的蚕丝柔软平滑,做成的贴身服装与皮肤接触舒适感特好。

服装的舒适性不仅指能适应人体的生理变化,使人的身心处于良好的状态,而且还应适应人体动作,有助于人的生活和行动。应该在人体活动时伸缩自如,随身体运动而无束缚感、压迫感。因此弹力纤维氨纶已广泛应用于各类弹力服装中。

(四)静电性

纺织纤维是电的不良导体,当人体活动时,皮肤与内衣间、内衣与外衣间相互摩擦,产生的电荷不易逸散而积聚在服装上就形成了静电。如果在黑暗中穿脱静电性较大的衣服,就能听到"叭、叭"的响声,并看到闪光,这就是衣服上积聚电荷,引起静电的现象。当人体活动时,由于服装带静电而吸附在皮肤上,使人穿着很不舒服,并且带静电的服装会吸附灰尘粒子,污染服装,对健康极为不利。静电性主要与纤维的吸湿性有关,棉、麻、毛、丝、黏胶、蚕蛹蛋白黏胶、竹浆等纤维及铜氨纤维的吸湿性好,导电性较强,不易产生静电。而合成纤维的吸湿性差,特别是丙纶、氯纶不导电,涤纶、腈纶几乎不导电,它们在摩擦时带电现象严重。用静电严重的纤维做服装时,最好进行抗静电整理。

(五)密度

密度是指单位体积的纤维重量,常用 g/m^3 来表示,纤维在标准状态时的密度如表2-3-4所示。纤维的密度影响织物的覆盖性,密度小的纤维具有较大的覆盖性(能够覆盖或占有空间的大小);反之,覆盖性就小。在织物的结构、服装款式和规格相同的情况下,由密度小的纤维制成的服装重量较轻;反之,较重。随着人们生活水平的提高,参加健身和旅游已成为日常生活中的一部分,人们总希望穿着质轻的服装,因此,轻便舒适的服装越来越被人们重视。

表2-3-4 纤维在标准状态时的密度

纤维名称	密度/$g \cdot cm^{-3}$	纤维名称	密度/$g \cdot cm^{-3}$
棉	1.54	铜氨纤维	1.50
羊毛	1.32	蜘蛛丝	1.13~1.29
蚕丝	1.33	丙纶	0.91
麻	1.50	维纶	1.26~1.30
黏胶纤维	1.50	氯纶	1.39
涤纶	1.38	大豆蛋白纤维	1.28
锦纶	1.14	天丝	1.56

续表

纤维名称	密度/g·cm^{-3}	纤维名称	密度/g·cm^{-3}
腈纶	1.17	莫代尔纤维	1.45~1.52
氨纶	1.00~1.30	牛奶蛋白纤维	1.29
醋酯纤维	1.32	聚乳酸纤维	1.25
三醋酯纤维	1.30		

由表2-3-4可知,丙纶的密度最小,比水还轻,很适合制作水上运动的服装。锦纶、腈纶、蜘蛛丝的密度小,大豆蛋白纤维、牛奶蛋白纤维、聚乳酸纤维的密度较小,由这些纤维制成的服装质轻舒适。

三、耐用性能

纤维的强力、延伸性、弹性、耐磨性、耐热、耐光和耐化学药品等性能均会影响其使用寿命。不同服装对其耐用性要求不同。

(一) 拉伸强度和延伸性

1. 拉伸强度

纤维在各种外力作用下会产生各种变形,沿着纤维长度方向作用的外力称为拉伸力。纤维在拉伸力作用下产生的伸长称为拉伸变形;纤维受拉伸以致断裂所需要的力称为绝对强力。由于纤维的粗细不同无法比较其绝对强力的大小,因此常用相对强度来表示。相对强度是指每特纤维能承受的最大拉伸外力,法定单位为牛/特(N/tex),有时也用厘牛/分特(cN/dtex)来表示。

2. 延伸性

延伸性是指纤维在拉伸外力作用下伸长变形的能力,常用纤维的断裂伸长率来表示。

断裂伸长率是指纤维拉伸到断裂时的伸长量与纤维原长的百分比。断裂伸长率越大,表示纤维的延伸性越好。常用纤维强度和断裂伸长率如表2-3-5所示。

表2-3-5 常用纤维强度和断裂伸长率

纤维名称	干强/cN·dtex^{-1}	湿强/cN·dtex^{-1}	干断裂伸长率/(%)	湿断裂伸长率/(%)
棉	2.6~4.3	2.9~5.6	3~7	—
丝	3.0~3.5	1.9~2.5	15~25	27~33
毛	0.9~1.5	0.7~1.4	25~35	25~50
苎麻	4.9~5.7	5.1~6.8	1.2~2.3	2.0~2.4
普通黏胶(短纤维)	2.2~2.7	1.2~1.8	16~22	21~29
普通黏胶(长丝)	1.5~2.0	0.7~1.1	10~24	24~35
涤纶(短纤维)	4.2~5.7	4.2~5.7	35~50	35~50
涤纶(长丝)	3.8~5.3	3.8~5.3	20~22	20~22
锦纶6(长丝)	4.2~5.6	3.7~5.2	28~45	36~52
锦纶6(短纤维)	3.8~6	3.2~5.5	25~60	27~63
锦纶66(长丝)	2.6~5.3	2.3~4.6	25~65	30~70
锦纶66(短纤维)	3.0~6.3	2.6~5.4	16~66	18~68

续表

纤维名称	干强/cN·dtex^{-1}	湿强/cN·dtex^{-1}	干断裂伸长率/(%)	湿断裂伸长率/(%)
腈纶短纤维	2.5~4.0	1.9~4.0	25~50	25~60
氨纶长丝	0.2~0.9	0.4~0.9	450~800	—
丙纶(长丝)	2.6~7.0	2.6~7.0	20~80	20~80
丙纶(短纤维)	2.6~5.7	2.6~5.7	20~80	20~80
维纶(长丝)	2.6~3.5	1.9~2.8	17~22	17~25
维纶(短纤维)	4.1~5.7	2.8~4.8	12~26	12~26
莫代尔	3.4~3.6	2.0~2.2	12~14	13~15
大豆蛋白纤维	4.2~5.4	3.9~4.3	18	21
聚乳酸纤维	4.0~4.9	—	30	—
天丝	3.8~4.2	3.4~3.8	14~16	16~18
牛奶蛋白纤维	3.1~3.4	2.8~3.7	15~25	15~25
蚕蛹蛋白黏胶长丝	1.6~1.8	0.8~0.9	18~22	25~28

织物的耐用性不仅仅取决于纤维的强度,还取决于纤维的弹性和延伸性。一般来说,纤维的强度大,延伸性好,其织物的耐用性好;纤维的强度虽小,只要它的延伸性大,其织物的耐用性也好;纤维的强度虽大,但延伸性特小,它的耐用性也差。

从表2-3-5可知,棉纤维的强度大于毛纤维,因它的断裂伸长率远远小于毛纤维,所以,实际中在同样的条件下,毛织物比棉织物耐用。而苎麻纤维的强度虽比毛纤维大得多,但由于它的断裂伸长率比毛小的多,所以实际中,苎麻织物比毛织物脆而硬,耐用性差。氨纶的强度虽小,但它的断裂伸长率非常大,因此在织物中加入少量的氨纶长丝,可提高其耐用性。

(二)耐气候和耐磨性

1. 耐气候性

服装在穿着过程中不仅要受到日光照射,还会受到不同程度的风雪、雨露、霉菌、昆虫和大气中各种气体和微粒的侵袭,纤维抵抗这种侵袭的性能,称为耐气候性,通常主要指耐光性。日光中的紫外线会使纤维发黄变脆、强度降低,耐日光性对开发室外工作服和日常外出服装很重要。表2-3-6为纤维在不同日晒时间时的强度损失率。

表2-3-6 不同日晒时间与强度损失

纤维名称	日晒时间/h	强度损失/(%)	纤维名称	日晒时间/h	强度损失/(%)
棉	940	50	涤纶	600	60
羊毛	1 120	50	锦纶	200	36
蚕丝	200	50	腈纶	900	16~25
亚麻、大麻	1 100	50	聚乳酸纤维	500	45
黏胶纤维	900	50			

从表中可知,腈纶具有很强的耐光性,日晒900 h后,其强度仅损失16%~25%,而蚕丝纤维耐光性最差,日晒200 h,其强度损失达到50%。纤维日晒后强度下降的顺序为:腈纶>麻>棉>羊毛>黏胶纤维>聚乳酸纤维>涤纶>氨纶>锦纶>蚕丝。日光可使强度下降且颜色泛

黄的纤维有:蚕丝、羊毛、锦纶等。

2. 耐磨性

耐磨性是指纤维承受外力反复多次摩擦作用的能力。其耐磨性直接影响织物的结实耐用性,耐磨性好的纤维,制成的服装结实耐穿,反之,其服装在服用的过程中已损坏。纤维的耐磨性顺序为:锦纶 > 涤纶 > 腈纶 > 氨纶 > 羊毛 > 蚕丝 > 棉 > 麻 > 黏胶纤维。

(三)燃烧性能

燃烧性能不仅影响服装的耐用性,而且纤维在燃烧时对人体易造成严重的伤害。消防服、某些工作服、军装等都要有良好的阻燃性,儿童和老年人的服装也应有防火要求。因为由易燃纤维制成的服装,在遇火时,由于迅速燃烧或聚合物的熔融会严重伤害皮肤。

表示纤维燃烧性能的指标有两种:一种是表示纤维是否容易燃烧;另一种是表示纤维能否经受燃烧。前者评定纤维的可燃性,如开始燃烧的点燃温度和开始冒烟的发火点温度,如表2-3-7,表2-3-8所示;后者是评定纤维的阻燃性,如极限氧指数,表示纤维点燃后在大气中维持燃烧所需的最低含氧量的体积百分数,如表2-3-9所示。点燃温度和发火点低,说明该纤维制品容易燃烧。极限氧指数越低,表示该纤维越容易在点燃后继续燃烧。

表2-3-7 纤维的燃烧温度(单位:℃)

纤维	点燃温度	火焰最高温度	纤维	点燃温度	火焰最高温度
棉	400	860	涤纶	450	697
羊毛	600	941	锦纶6	530	875
黏胶纤维	420	850	锦纶66	532	—
醋脂纤维	475	960	腈纶	560	855
三醋脂纤维	540	885	丙纶	570	839

表2-3-8 纤维的发火点(单位:℃)

纤维	发火点	纤维	发火点
棉	160	桑蚕茧层	190
毛	165	柞蚕茧层	195
黏胶纤维	165	生丝	185
柞蚕丝	190	精练丝	180

表2-3-9 纤维的极限氧指数及燃烧性能

项目 分类	极限氧指数 LOI/(%)	燃烧状态	纤维品种
不燃纤维	≥35	不燃烧	石棉纤维、玻璃纤维、碳纤维、金属纤维、氯纶
难燃纤维	26~34	接触火焰燃烧,离开火焰自熄	芳纶、阻燃腈纶、阻燃涤纶、阻燃丙纶等
可燃纤维	20~26	可点燃,能续燃,但燃烧速度慢	涤纶、锦纶、维纶、羊毛、蚕丝、醋酯纤维
易燃纤维	≤20	易点燃,燃烧速度快	棉、麻、黏胶纤维、丙纶、腈纶、竹纤维、大豆蛋白纤维、牛奶蛋白纤维等

(四)耐化学品性

耐化学品性是指纤维抵抗化学品破坏的能力。纤维在纺织染整加工中需使用各种化学品，在穿用过程中需要洗涤，也同样可能使用含有酸、碱的化学品，为了使服装在洗涤的过程中不受破坏，必须了解纤维的耐酸碱性及耐氧化性。

纤维素纤维对碱的抵抗力较强，而对酸的抵抗力较弱；蛋白质纤维对酸的抵抗力较对碱的抵抗力强，无论是强碱还是弱碱都会使纤维受到不同程度的损伤，甚至分解。合成纤维的耐酸碱能力均优于天然纤维。常用纤维的耐酸碱及耐氧化性能如表2-3-10所示。

表2-3-10 常用纤维的耐酸碱性及耐氧化性

纤维名称	耐酸性	耐碱性	耐氧化性
棉	热稀酸、冷浓酸可使其分解，在冷稀酸中无影响	在苛性钠溶液中膨润（丝光化），但不损伤强度	一般氧化剂可使纤维发生严重降解
羊毛	在热硫酸中会分解，对其他强酸具有抵抗性	在强碱中分解，弱碱对其有损伤	在氧化剂中受损，羊毛的性质发生变化，卤素还能降低羊毛的缩绒性
桑蚕丝	热硫酸会使其分解，对其他强酸抵抗性比羊毛稍差	丝胶在碱中易溶解，丝素受损伤，但比羊毛好	含氯的氧化剂能使丝素发生氧化裂解
黏胶纤维	热稀酸、冷浓酸可使其强度下降，以至溶解；5%盐酸、11%硫酸对纤维强度无影响	强碱可使其膨润，强度降低；2%苛性钠溶液对其强度无甚影响	不耐氧化剂，与棉类似
大豆蛋白纤维	在浓盐酸中可完全溶解，在浓硫酸中很快溶解，但残留部分物质；在冷稀酸中只有少量溶解	在稀碱溶液中即使煮沸也不溶解，在浓碱中经煮沸后颜色变红	在双氧水中纤维软化，起初略显黄色，最终颜色很白；在次氯酸钠溶液中软化，颜色较白
涤纶	35%盐酸、75%硫酸、60%硝酸对其强度无影响，在96%硫酸中会分解	10%苛性钠溶液、28%氨水中，强度几乎不下降；但遇强碱时要分解	在双氧水及次氯酸钠溶液中强度几乎不下降
锦纶6	16%以上的浓盐酸以及浓硫酸、浓硝酸可使其部分分解而溶解	在50%苛性钠溶液或28%氨水中强度几乎不下降	在浓度较高、温度较高及pH值较大的双氧水及次氯酸钠溶液中，强度下降很大
锦纶66	耐弱酸，溶于并部分分解于浓盐酸、硝酸和硫酸中	在室温下耐碱性良好，但高于60℃时，碱对纤维有破坏作用	在浓度较高、温度较高及pH值较大的双氧水及次氯酸钠溶液中，强度下降很大
腈纶	35%盐酸、65%硫酸、45%硝酸对其强度无影响	在50%苛性钠溶液或28%氨水中强度几乎不下降	在双氧水及次氯酸钠溶液中强度下降较小
丙纶	耐酸性优良，一氯磺酸、浓硝酸和某些氧化剂除外	优良	—
维纶	10%盐酸、30%硫酸对纤维强度无影响，浓盐酸、浓硫酸、浓硝酸可使其膨润或分解	在50%苛性钠溶液中强度几乎不下降	—

四、保养性能

纤维保养的难易程度取决于其性能。优良的纤维材料不仅要求外观好，舒适和耐用，而且还应易保养。

（一）泛黄

泛黄是指白色或浅色服装在收藏、流通或穿着过程中，因受日光、环境条件的影响或药品的作用而发生的带黄光的变化。造成服装泛黄的原因错综复杂。如洗涤剂在服装上的残留，服装反复受日光、紫外线和干热、湿热的影响及服装保管不当等，所以这些都会引起服装泛黄脆化。易于泛黄的纤维依次为蚕丝、羊毛、锦纶、氨纶以及棉、麻等纤维素纤维。另外，科学研究发现多数香水有促进纤维泛黄的作用。

（二）霉菌、虫蛀

天然纤维素纤维和动物纤维都易受霉菌的侵蚀，如表2-3-11所示。在每年的6～10月，温度在20～30℃，相对湿度在75%以上时，霉菌极易繁殖，尤其是沾有油污的地方，更加速了霉菌的生长，致使纤维霉烂。存放时必须干燥且在通风干燥处；蛋白质纤维容易被蠹虫、衣鱼、衣蛾和蛀虫等咬破，存放时必须清洁、干燥和使用防虫剂等以保护纤维。合成纤维对霉菌和蛀虫等抵抗力较强，存放很方便，但因其易受精萘丸的损伤，使强力降低，所以应避免使用。

表2-3-11　纤维对虫蛀和微生物的抵抗性

纤维名称	抗虫蛀	抗微生物	纤维名称	抗虫蛀	抗微生物
棉	较弱	弱	醋酯纤维	强	稍有变色
羊毛	很弱	较弱	维纶	强	很强
蚕丝	很弱	弱	氯纶	很强	强
黏胶纤维	强	弱	蚕蛹蛋白纤维	强	强
涤纶	强	很强	大豆蛋白纤维	强	弱
锦纶	强	很强	竹纤维	强	强
腈纶	强	强	莫代尔	强	弱
氨纶	强	强			

五、加工性能

纤维的加工性能是指服装中的纤维在加工过程中会发生收缩、变色、强度下降、尺寸不准确等现象，这些现象直接影响着服装的外观美观性及耐用性，因此，应在加工过程中引起重视。

（一）缩水性

纤维的缩水性是指纤维吸水后会引起其横向膨胀，导致织物尺寸缩短，干燥后无法回复。因此在服装的加工中要充分考虑缩水因素。纤维的缩水性与其吸湿性有关，吸湿性好的纤维制成的服装易缩水，如棉、丝、麻、毛、黏胶、蚕蛹蛋白黏胶丝等纤维的吸湿性好，其织物缩水较大，所以在裁剪前应下水预缩，晾干后再裁剪。

（二）热定型性

为了保证加工后的服装在人体穿着后能保持平整、美观，除了通过结构设计进行收省、分割外，还可通过热定型进行工艺处理。热定型性是指纤维在热、湿及机械力的作用下容易变形并能使形变固定下来的性能。其条件为温度、湿度、压力、时间及冷却，其中温度和时间比较重要，温度过高，时间过长会对服装产生损伤作用，温度过低，定型效果较差，温度的高低与纤维的耐热性有关。表 2-3-12 为纤维在不同温度、时间处理后剩余强度。表 2-3-12 为竹原纤维、竹浆纤维及苎麻在不同温度、不同时间处理后的强度损失率。

合成纤维尤其是锦纶、氨纶受热后会发生收缩，甚至熔融；而天然纤维和蛋白质纤维在高温作用下，将会直接分解变黄，甚至炭化变黑。

表 2-3-12　纤维在不同温度、时间处理后剩余强度(单位:%)

纤维名称	20℃未加热	100℃		130℃	
		20 d	80 d	20 d	80 d
棉	100	92	68	38	10
亚麻	100	70	41	24	12
苎麻	100	62	26	12	6
蚕丝	100	73	39	—	—
黏胶纤维	100	90	62	44	32
锦纶	100	82	43	21	13
涤纶	100	100	96	95	75
腈纶	100	100	100	91	55

由表 2-3-12 可知，涤纶纤维的耐热性最好，蚕丝的耐热性最差。其他纤维随处理温度的升高和时间的延长，其强度都有不同程度的降低。

表 2-3-13　竹原纤维、竹浆纤维及苎麻在不同温度、不同时间处理后的强度损失率(单位:%)

温度/℃		20	40	60	80	100	120	140
竹原纤维	10 min 后	0	0.20	0.41	0.89	1.38	1.87	3.49
	30 min 后	0	0.40	0.81	1.37	3.59	4.32	5.74
竹浆纤维	10 min 后	0	−2.12	−2.03	1.65	2.34	3.56	5.78
	30 min 后	0	−1.54	0.69	2.67	5.31	7.52	9.16
苎麻纤维	10 min 后	0	0.31	0.48	0.76	1.15	1.83	3.64
	30 min 后	0	0.54	1.06	1.87	4.25	4.97	6.13

由表 2-3-13 可知，在 140℃以下，短时间(10 min)的热处理对竹原纤维和苎麻纤维强度的影响不是很大，而竹浆纤维的强度在低温处理后反而有所增加，随着热处理温度升高，则强度略有下降；若热处理时间较长(30 min)，则在温度较高时(如超过 100℃)，纤维强度有所降低，竹浆纤维降低会更大。

纤维在熨烫定型时，用合适的温度短时间处理，对纤维的强度影响较小。表 2-3-14 为各种纤维适宜的熨烫温度。

表 2-3-14 纤维熨烫的适宜温度

纤维名称	适宜熨烫温度/℃	纤维名称	适宜熨烫温度/℃
棉	180 ~ 200	锦纶	120 ~ 150
羊毛	120 ~ 150	涤纶	140 ~ 160
蚕丝	120 ~ 160	腈纶	130 ~ 140
麻	140 ~ 200	氨纶	90 ~ 110
黏胶纤维	120 ~ 160	维纶	120 ~ 150
醋酯纤维	120 ~ 130	丙纶	90 ~ 110
铜氨纤维	120 ~ 160		

（三）伸长性

延伸性好、弹性好的纤维，由于受外力拉伸时易伸长变形，其织物也易产生伸长，如含氨纶纤维的织物。铺布裁剪时，应平摊松弛，恢复其自然状态，操作时不可用力过大，以免引起延伸，造成裁片以后在自然状态下尺寸变小，影响服装尺寸规格的准确性。

（四）缝制性

缝制时，缝纫线的原料应尽可能和衣料一致或同类，以使其性能相当。缝纫线的坚牢度和延伸性应根据接缝和线迹种类来选择，如链式线迹需选用坚牢度和延伸性较好的缝纫线。如若选用不当，会造成缝口不结实或皱缩。

对于具有良好伸缩性能的服装，在制作工艺、辅料选用上必须配合这种特征，如采用伸缩性好的缝线、“之”字型线迹缝纫等。由于伸缩性好的面料成分中多含有化纤材料，故面料及缝线的熔点均较低，加工时当缝纫车速加快，便会发生缝线被熔断、或面料出现熔洞等现象，影响加工质量和速度。为解决此问题，生产中可采取相应的“针热对策”，如在过线处加硅油乳剂，或加装冷风管，以降低高速缝纫时的温升。

缝纫线的张力要适中，尤其是合成纤维织物，对缝纫线张力大小的敏感性较强，不恰当的张力会引起缝制时起皱。缝制前，在缝纫线下垂方向悬挂 50 克的重物，逐渐放松夹线螺丝，直到刚好缝纫线开始被拉下来时，这样的张力对合成纤维织物最合适，压布的压脚应稍轻。缝制时容易起皱的顺序是：锦纶 > 涤纶 > 腈纶。

第四节 纤维原料的定性鉴别

一、实验目的

根据服装纤维的外观形态特征和内在性能，采用物理或化学方法，认识并区别各种未知纤维。通过实验，要求掌握鉴别纺织纤维的几种常用方法。

二、实验仪器和试样

试验仪器为普通生物显微镜；试样为各种未知纤维、纱线或织物；使用的化学试剂有硫酸、盐酸、冰醋酸、间甲酚、次氯酸钠、二甲基甲酰胺、二甲苯。同时备有载玻片、盖玻片、酒精灯、甘油、火棉胶和试管等。

三、实验原理、方法和程序

(一) 感官鉴别法

也称手感目测法，根据原料纤维的外观形态、色泽、手感及强力等特点，通过人的感觉器官，手摸、眼看的方法，凭经验来初步判断出纤维的种类，如表2-4-1所示。

表2-4-1 纤维的感官特征

纤维种类		感官特征
天然纤维	棉花	纤维短而细，有天然转曲，无光泽，有棉结和杂质，手感柔软，弹性较差，湿水后的强力大于干燥时强力，伸长度较小
	麻	纤维较粗硬，常因存在胶质而呈小束状(非单纤维状)，纤维比棉花长，但比羊毛短，长度差异大于棉花，略有天然丝状光泽，纤维较平直，弹性较差，湿水后强度增大，伸长度较小
	羊毛	纤维长度较棉和麻长，有明显的天然卷曲，光泽柔和，手感柔软，温暖、蓬松，极富弹性，强度较低，伸长度较大
	羊绒	纤维极细软，长度较羊毛短，纤维轻柔、温暖，强度、弹性、伸长度优于羊毛，光泽柔和
	兔毛	纤维长、轻、软、净，蓬松温暖，表面光滑，卷曲少，强度较低
	马海毛	纤维长而硬，光泽明亮，表面光滑，卷曲不明显，强度高
	蚕丝	天然纤维中唯一的长丝，光泽明亮。纤维纤细、光滑、平直。手感柔软，富有弹性，有凉爽感。强度较好，伸长度适中
化学纤维	黏胶纤维	纤维柔软但缺乏弹性，质地较重。长度有长丝和短纤维两类。短纤维长度整齐，光泽明亮，稍有刺目感，消光后较柔和。纤维外观有平直光滑的，也有卷曲蓬松的。强度较低。特别是下水后，强力下降较多，伸长度适中
	莫代尔纤维	其外观与黏胶纤维相似，纤维细而等长，手感柔软、顺滑，具有真丝一般的光泽，有亮光和暗光两种，具有棉的柔软、麻的滑爽；纤维干强较高，伸长度适中
	合成纤维	纤维的长度、细度、光泽及曲直等可人为设定。合成纤维一般强度大，弹性较好，但不够柔软。伸长度适中，弹力丝伸长度较大。短纤维整齐度好，纤维端部切取平齐。锦纶强度最大；涤沦弹性较好；腈纶蓬松、温暖，类似羊毛；维纶外观近似棉花，但不如棉花柔软；丙纶强力较好，手感生硬；氨纶弹性和伸长度最大
新型纤维	天丝	其外观和黏胶纤维相似，手感柔软、光滑，富有弹性。纤维等长，具有丝一般光泽，干湿态强度均较高，其干强远超过其他纤维素纤维，湿强约为干强的85%，伸长度适中，水膨胀度较低
	竹原纤维	纤维长度由使用要求而定，长度较整齐，细度均匀；手感细腻滑爽，色泽洁白光亮，挺直平滑；纤维纵向有细的沟纹，有清凉感，强度高，弹性偏小
	大豆蛋白纤维	纤维纤细，相对密度较小，手感柔软、滑糯、蓬松、保暖性强，纤维明亮柔和，光泽亮丽，具有蚕丝般光泽和类似麻纤维的吸湿快干的特点
	蚕蛹蛋白纤维	此纤维集真丝和黏胶纤维的优点于一身，手感柔软、滑爽，强度低于黏胶纤维，伸长度与黏胶纤维相当，光泽柔和，相对密度大于蚕丝而小于黏胶纤维
	牛奶蛋白纤维	手感柔软、光滑、蓬松，有良好的肌肤感，具有蚕丝般的光泽，柔和而明亮，有一般合成纤维的特征，相对密度较大，伸长度较好

（二）显微镜鉴别法

1. 试验原理

利用各种纤维不同的横截面形状和纵向外观特征，通过显微镜观察未知纤维的纵向和横截面形态，对照纤维的标准显微镜照片和标准资料，以鉴别未知纤维类别。

2. 试验仪器与试剂

XSD-9 生物显微镜、Y172 型哈氏切片器（图 2-4-1）、单面刀片、剪刀、载玻片、盖玻片；甘油、火棉胶。

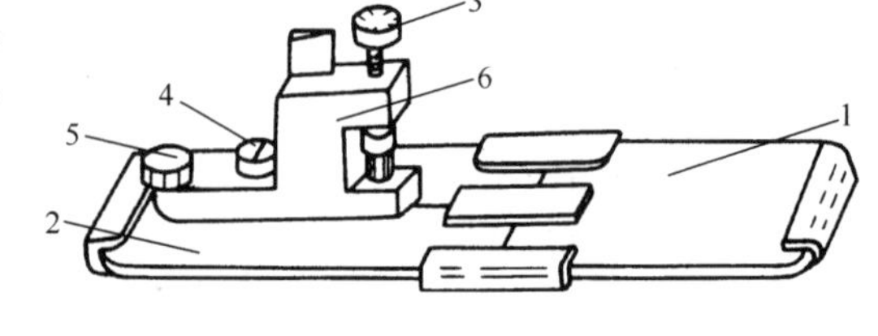

图 2-4-1 Y172 型哈氏切片器

3. 试验过程

（1）纵向形态特征观察

将纤维并向排齐，置于载玻片上，滴上一滴甘油，盖上盖玻片（注意不要带入气泡），放在 100 ~ 500 倍生物显微镜的载物台上，观察其形态，与标准照片或标准资料对比并加以判断。

（2）横截面形态特征观察

利用哈氏切片器，将切好的 10 ~ 30 μm 厚的纤维横截面，置于载玻片上，滴上一滴甘油，盖上盖玻片（注意不要带入气泡），放在 100 ~ 500 倍生物显微镜的载物台上，观察其形态，与标准照片或标准资料对比并加以判断。

注：Y172 型切片器的结构如图 2-4-1 所示，具有两块金属板，金属板 1 上有凸舌，金属板 2 上有凹槽，两块金属板相啮合，凹槽和凸舌之间留有一定大小的空隙，试样就填在此空隙中。空隙的正上方有与空隙大小相一致的小推杆，用螺杆控制推杆的位置。

① 松开螺丝 4，取下销子 5，将螺座 6 转到与金属板 2 成垂直的位置（或取下），抽出金属板 1。

② 用手扯法将一束纤维整理平直，把一定量的纤维放入金属板 2 的凹槽中，将金属板 1 插入并压紧纤维，纤维数量以轻拉纤维束时稍有移动为宜。对有些细而软的纤维或异型纤维，为使切片中纤维适当分散、保形性好，可在纤维束中加入少量 3% 的火棉胶，使其充分渗透到纤维中再压紧纤维。

③ 用锋利切片切去露在金属板正反面外的纤维。

④ 将螺座 6 转向工作位置，销子 5 定位，旋紧螺丝 4（此时精密螺丝 3 的下端推杆应对准纤维束上端）。

⑤ 旋转精密螺丝 3，使纤维束稍伸出金属板表面，然后在露出的纤维上涂一薄层火棉胶。

⑥ 待火棉胶干燥后，用锋利刀片沿金属板表面切下第一片试样。由于第一片厚度无法控制，所以一般舍去不用。然后由精密仪器控制切片厚度为 1 ~ 1.5 个螺扣，重复进行数次切片，从中选择符合要求的作为正式试样。在切片时，刀片和金属板间夹角要小，并保持角度不变，使切片厚薄均匀。

⑦ 把切片放在滴有甘油的载玻片上，盖上盖玻片，即可放在显微镜下观察。几种常见纤维的纵、横向形态特征如表 2-4-2 所示。

表 2-4-2 几种常见纤维的纵、横向形态特征

纤维名称	纵向形态特征	截面形态特征
棉	扁平带状、有天然转曲	腰圆形,有中腔
彩棉	扁平带状、有天然转曲,颜色深浅不一致	不规则的腰圆形,有中腔
苎麻	有横节、竖纹	腰圆形,有中腔及裂缝
亚麻	有横节、竖纹	多角形,中腔较小
羊毛	表面有鳞片	圆形或接近圆形,有些有毛髓
兔毛	表面有鳞片	哑铃形
桑蚕丝	表面如树干状,粗细不匀	不规则的三角形或半椭圆形
柞蚕丝	表面如树干状,粗细不匀	相当扁平的三角形或半椭圆形
黏胶纤维	纵向有细沟槽	四周呈锯齿形,有皮芯结构
富强纤维	平滑	较少齿形或接近圆形
醋酯纤维	有 1 ~2 根沟槽	不规则的带状
铜氨纤维	表面光滑,较细、粗细一致	圆形
维纶	有 1 ~2 根沟槽	腰圆形
腈纶	平滑或有 1 ~2 根沟槽	圆形或哑铃形
氯纶、丙纶	平滑或有 1 ~2 根沟槽	接近圆形
涤纶、锦纶	平滑	圆形
天丝	光滑	较规则的圆形,有皮芯结构
莫代尔纤维	表面有 1 ~2 根沟槽	接近于圆形或腰圆形,有皮芯结构
大豆蛋白纤维	表面有不规则的沟槽	呈扁平状的哑铃形或腰圆形,并有海岛结构,有细微空隙
牛奶蛋白纤维	有隐条纹和不规则的斑点,边缘平直,光滑	呈扁平状的哑铃形或腰圆形,且截面上有细小的微孔
竹纤维	表面呈多条较浅的沟槽	不规则的锯齿形,无皮芯结构
甲壳素纤维	表面有不规则微孔	近似圆形

(三)燃烧鉴别法

1. 实验原理

由于各种纤维的化学组成不同,其燃烧特征也不同。根据各种纤维靠近火焰、接触火焰、离开火焰时所产生的各种不同现象以及燃烧时产生的气味和燃烧后的残留物状态来分辨纤维大类。

2. 实验工具

酒精灯、镊子、剪刀。

3. 实验过程

① 将纤维用手捻成细束(一小段纱或一小块织物)用镊子夹住,慢慢靠近酒精灯,观察纤维接近火焰时状态。

② 再将纤维移入火焰中，观察纤维在火焰中的燃烧状态。

③ 然后离开火焰，观察纤维的燃烧状态，闻火焰刚熄灭时的气味。待试样冷却后观察残留物灰烬的状态。常见纤维的燃烧特征如表 2-4-3 所示。

表 2-4-3 常见纤维的燃烧特征

纤维名称	接近火焰	在火焰中	离开火焰后	气　味	残渣形态
棉、麻、黏纤、富纤	不熔，不缩	迅速燃烧	继续燃烧	烧纸味	少量灰白色的灰
羊毛、蚕丝	收缩	逐渐燃烧	不易延烧	烧毛发臭味	松脆黑灰
涤纶	收缩，熔融	先熔后烧，有熔液滴下	能延烧	特殊芳香味	玻璃状黑褐色硬球
锦纶	收缩，熔融	先熔后烧，有熔液滴下	能延烧	氨臭味	玻璃状黑褐色硬球
腈纶	收缩，微熔，发焦	熔融燃烧，有发光小火花	继续燃烧	有辣味	松脆黑色硬块
维纶	收缩，熔融	燃烧	继续燃烧	特殊的甜味	松脆黑色硬块
丙纶	缓慢收缩	熔融燃烧	继续燃烧	轻微的沥青味	硬黄褐色球
氯纶	收缩	熔融燃烧，有大量黑烟	不能延烧	带有氯化氢臭味	松脆黑色硬块
醋酸纤维	不熔不缩	快速熔融燃烧，并产生火花	边熔边燃	醋酸味	硬而脆不规则黑色灰烬，手指可压碎
铜氨纤维	不熔不缩	迅速燃烧	继续燃烧	烧纸味	灰烬少，呈灰白色
天丝	不熔不缩	迅速燃烧，有白烟	继续燃烧	烧纸味	灰烬少，呈浅灰或灰白色
莫代尔纤维	不熔不缩	迅速燃烧，有少量白烟	继续燃烧	烧纸味	灰烬少，呈浅灰或灰白色
大豆蛋白纤维	软化并收缩	燃烧，有黑烟	不易延烧	烧毛发味	松而脆硬块手指可压碎
牛奶蛋白纤维	收缩并微融	逐渐燃烧	不易延烧	烧毛发味	灰烬松脆，呈黑灰色，有微量硬块
竹纤维	不熔不缩	迅速燃烧	继续燃烧	烧纸味	少量松软，深灰色

（四）化学溶解法

1. 实验原理

根据纺织纤维的化学组成不同，在各种化学溶剂中的溶解性能各异而进行鉴别的，适用于各种纺织纤维和各种产品的定性鉴别，具有可靠、准确、简单的优点。根据感官判断、燃烧鉴别或显微镜观察等方法初步鉴定后，再采用溶解法加以证实，即可准确鉴别出构成织物的纤维原料。

2. 实验工具与试剂

试管、玻璃棒、酒精灯；硫酸、盐酸、冰醋酸、间甲酚、次氯酸钠、二甲基甲酰胺、二甲苯。

3. 实验步骤

将需要鉴别的纤维放入装有相应化学溶液的试管中,用玻璃棒使其完全浸入,观察其溶解情况。各种纤维在化学溶液中溶解情况如表2-4-4所示。

表2-4-4 在常温下,几种常见纤维在相应化学溶液中溶解情况

纤维类别	20%盐酸	37%盐酸	70%硫酸	冰醋酸	间甲酚	次氯酸钠	二甲基甲酰胺	二甲苯
棉	不溶	不溶	溶	不溶	不溶	不溶	不溶	不溶
麻	不溶	不溶	溶	不溶	不溶	不溶	不溶	不溶
黏胶纤维	不溶	溶	溶	不溶	不溶	不溶	不溶	不溶
羊毛	不溶	不溶	不溶	不溶	不溶	溶	不溶	不溶
蚕丝	不溶	溶	溶	不溶	不溶	溶	不溶	不溶
醋酯纤维	不溶	溶	溶	溶	溶	不溶	溶	不溶
涤纶	不溶	不溶	不溶	不溶	溶(加热)	不溶	不溶	不溶
锦纶	溶	溶	溶	溶	溶	不溶	不溶	不溶
腈纶	不溶	不溶	微溶	不溶	不溶	不溶	溶(加热)	不溶
丙纶	不溶	不溶	不溶	不溶	不溶	不溶	不溶	溶
维纶	溶	溶	溶	溶	溶(加热)	不溶	不溶	不溶
氨纶	不溶	不溶	大部溶	不溶	溶	不溶	溶(加热)	不溶
莫代尔纤维	—	溶	溶	—	—	—	—	—
天丝	—	溶	溶	—	—	—	—	—
大豆蛋白纤维	不溶	不溶	不溶	不溶	不溶	不溶	不溶	不溶

第五节 涤棉混纺织物中纤维混纺比的测定

一、实验目的

① 学会测试二组分混纺产品纤维的含量,并计算混纺比。

② 熟悉行业及相关标准:GB 2910—1997《纺织品二组分纤维混纺产品定量化学分析法》和相关标准 GB 8170《数值修约规则》、GB 9994《纺织材料公定回潮率》、GB/T 2911。

③ 会进行数据处理并填写检测报告。

二、实验仪器与试样

YG086 型缕纱测长仪、Y802K 型通风式快速烘箱;恒温水浴锅、索氏萃取器、电子天平(分度

值为 0.2 mg);真空泵、干燥器;250 mL 带玻璃塞三角烧瓶、称量瓶、玻璃砂芯坩埚、抽气滤瓶、温度计及烧杯等;石油醚、硫酸、氨水、蒸馏水等;试样 1 和试样 2 等。

三、基本原理

混纺产品的组分经定性鉴定后,选择适当试剂溶解,去除一种组分,将不溶解的纤维烘干、称重、从而计算出各组分纤维的百分含量。

四、实验步骤

1. 将预处理过的试样至少 1 g,放入已知质量的称量瓶内,连同瓶盖(放在旁边)和玻璃砂芯坩埚放入烘箱内烘干。烘箱温度为 105℃ ±3℃,一般烘燥 4 ~ 16 h,至恒重。烘干后,盖上瓶盖迅速移至干燥器内冷却 30 min 后,分别称出试样及玻璃砂芯坩埚的干重。

2. 配制

① 75% 硫酸:取浓硫酸 (20℃时密度为 1.84 g/mL) 1 000 mL,徐徐加入 570 mL 蒸馏水中,浓度控制在 73% ~77% 之间。

注:初次作业人员一定要在指导老师的陪同和指导下完成! 稀释硫酸过程:将浓硫酸沿着器壁缓缓注入蒸馏水里,并用玻璃棒不断搅拌。切忌蒸馏水倒入硫酸中! 并且做好防护,注意安全。

② 稀氨溶液:取氨水(密度为 0.880 g/mL)80 mL,倒入 920 mL 蒸馏水中,混合均匀,即可使用。

3. 化学分析

① 将试样放入有塞三角烧瓶中,每克试样加入 100 mL 75% 的硫酸,用力搅拌,使试样浸湿。

② 将三角烧瓶放在恒温水浴锅内,温度保持在 40 ~ 50℃,每隔断 2 ~ 3 min,加速溶解。30 min 后,棉纤维完全溶解。

③ 取出三角烧瓶,将剩余纤维全部倒入已知干重的玻璃砂芯坩埚内过滤,用少量硫酸溶液洗涤烧瓶。真空抽吸排液,再用硫酸倒满玻璃砂芯坩埚,靠重力排液,或放置 1 min 用真空泵抽吸排液,再用冷水连续洗数次,用稀氨水洗 2 次,然后用蒸馏水充分洗涤,洗至用指示剂检查呈中性为止。每次洗液先靠重力排液,再真空抽吸排液。

④ 将不溶纤维连同玻璃砂芯坩埚(盖子放在边上)放入烘箱,烘至恒重后,盖上盖子迅速放入干燥器内冷却,干燥器放在天平边,冷却时间以试样冷至室温为限(一般不能少于 30 min)。冷却后,从干燥器中取出玻璃砂芯坩埚,在 2 min 内称完,精确至 0.2 mg。

注:在干燥、冷却、称重操作中,不能用手直接接触玻璃砂芯坩埚、试样、称量瓶等。

五、结果计算

$$涤纶含量百分率 = \frac{W_A}{W} \times 100\%$$

$$棉纤维含量百分率 = 100\% - 涤纶含量百分率(\%)$$

式中:W_A——残留纤维的干重,g;

W——预处理后试样的干重,g。

课后练习

一、名词解释

化学纤维　合成纤维　拉伸强度　吸湿性　悬垂性　起毛起球性

二、填空题

1. 服装用纤维,按来源可分为________、________。

2. 棉纤维为________状,纵向有________________,截面为________,因而光泽柔和暗淡。

3. 毛纤维纵向有________、表面有________覆盖,从而使其织物具有缩绒性。

4. 蚕丝的光泽________,耐光性________。

三、选择题

1. 下列纤维中,用来做高弹面料的是________。
   (1) 棉　(2) 锦纶　(3) 麻　(4) 氨纶
2. 从服装舒适性角度选择夏季面料,最佳面料是________。
   (1) 棉　(2) 麻　(3) 竹纤维　(4) 涤纶
3. 下列织物中,________不易缩水。
   (1) 棉　(2) 涤纶　(3) 丝　(4) 黏胶纤维
4. 下列织物中,________弹性耐磨性好。
   (1) 棉　(2) 锦纶　(3) 麻　(4) 黏胶纤维
5. 下列纤维中,________有保健作用。
   (1) 棉　(2) 竹炭纤维　(3) 毛　(4) 涤纶
6. 燃烧后有烧毛发味的纤维是________。
   (1) 毛　(2) 锦纶　(3) 涤纶　(4) 氨纶
7. 燃烧后有烧纸味的纤维是________。
   (1) 棉　(2) 锦纶　(3) 蚕丝　(4) 氨纶

四、判断题

1. 棉纤维比莫代尔纤维制成的服装柔软性好、光泽好。
2. 纯棉织物吸湿快、放湿快,其服装穿着出汗不贴身,特别适合制作夏季服装。
3. 天丝、竹纤维及牛奶纤维都具有丝一般光泽。
4. 黏胶纤维的悬垂性好,特适合制作夏季的连衣裙。
5. 涤纶、锦纶的耐用性比棉、丝好。
6. 棉、麻织物的抗皱性比涤纶好。
7. 一般来说,纤维素纤维易发霉,蛋白质纤维易虫蛀。
8. 纤维材料中包含的空气越多,则其保暖性越好。

五、简答题

1. 简述棉、毛、丝、涤纶、锦纶的特性?
2. 简述黏胶纤维的性能?

3. 你认为哪些纤维制作的服装具有保健作用？说明理由？

六、实训题

2 个学生一组，从身边找寻 2 件不同季节的服装，用感官法和抽纱燃烧法鉴别该服装所用的纤维原料。

第三章 服装用纱线

第一节 纱线的分类及结构

纱线是由纤维经纺纱加工而成的具有一定粗细的细长物体，是机织物、针织物、缝纫线、绣花线等的线材。所以纱线是构成纤维服装的基本组成要素。纱线的形态结构和性能为服装创造各类花色品种，并在很大程度上决定了服装的表面特征、风格和性能，如表面的光滑性、粗糙性、保暖性、透气性、丰满性、柔软性、弹性、耐磨性、起毛起球性等方面。

随着现代科学技术的高速发展，出现了许多新型的纺纱方法，大大增加了纱线的花色品种，使纱线具有多种外观、风格、手感和内在品质。在某些新型纱线结构中，还使各种纤维的优异品质得到更充分的利用，大大丰富了服装材料，拓宽了纱线的应用领域。

一、纱线的分类和结构

（一）纱线的分类

由于构成纱线的纤维原料和加工方法不同，纱线的种类繁多，形态和性能各异，其分类方法也多种多样。

1. 按纱线的形态结构分

① 短纤维纱：是指由短纤维经纺纱加工而成的，可分为单纱和股线。单纱：由几十根或上百根短纤维经并合加捻而组成连续的纤维束，称单纱，简称“纱”；股线：由两根或两根以上的单纱合并加捻而成为股线，简称“线”。

纱线是纱和线的总称。图3-1-1为单纱的形态结构，图3-1-2为股线中的双股线的形态结构。

图3-1-1 单纱

图3-1-2 双股线

短纤维纱通常结构较疏松，且表面覆盖着由纤维端形成的绒毛，故光泽柔和，手感柔软，覆盖能力强，具有较好的服用性能。广泛用于各类棉织物、毛织物、麻织物、绢丝织物以及天然纤维和化学纤维混纺织物、纯化纤织物。大多数缝纫线、针织纱都属于短纤维纱。

② 长丝纱：直接由高聚物溶液喷丝而成的长丝或由蚕吐出的天然长丝而制成，根据其外观可分为单丝和复丝；单丝：长度很长的连续单根纤维；复丝：由两根或两根以上的单丝并合在一起的丝束；复合捻丝：复丝经加捻而制成的丝。图3-1-3、3-1-4为单丝和复丝的形态结构。

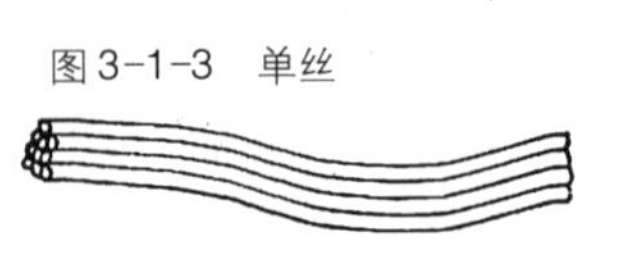
图3-1-3 单丝

图3-1-4 复丝

单丝织成的织物通常用于袜子、连裤袜、头巾和轻薄而透明的夏装、泳装中；复丝广泛用于礼服、里料和内衣等；捻丝用来织造绉织物或工业用丝。

总之，长丝纱具有良好的强度和均匀度，可制成很细的纱线，其外观和手感取决于纤维的光泽、手感和断面形状等特性。化学长丝纱比化学短纤维纱手感光滑、凉爽、覆盖性差和光泽亮。

③ 特殊纱线：特殊纱线可分为变形长丝纱，花式纱线，包芯纱。

变形长丝纱是指化纤原丝经过变形加工使之具有卷曲、螺旋、环圈等外观特性并呈现蓬松性、伸缩性的长丝纱。图3-1-5为各种变形长丝纱。

卷曲、螺旋长丝纱　　环圈长丝

图3-1-5　各种变形长丝纱

以蓬松性为主的成为膨体纱，其蓬松、柔软、保暖性好，具有一定的毛型感，主要用于毛衣、保暖性好的袜子、仿毛型针织物和其他家庭装饰织物；以弹性为主的称为弹力丝，弹力丝又分为高弹丝和低弹丝，前者具有优良的弹性变形和恢复性能，而蓬松性一般，适宜做紧身服装、袜子等，以锦纶长丝变形纱为主。后者具有一定的弹性和一定的蓬松性，织成的织物尺寸比较稳定，主要用于内衣、毛衣及其他针织物和机织物，以涤纶、丙纶和锦纶为主。

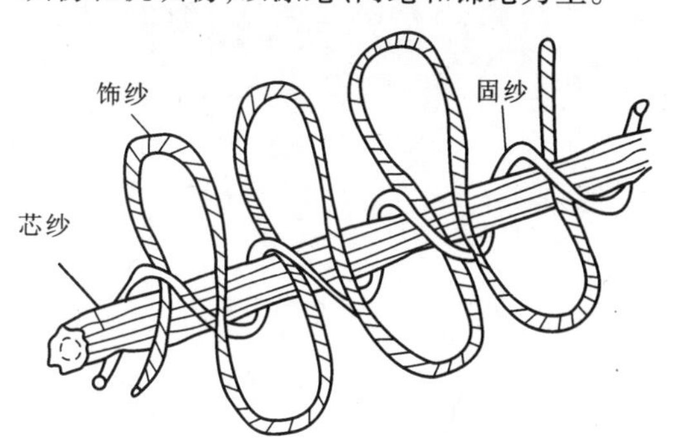

图3-1-6　复杂花式线的结构

花式纱线是指通过各种加工方法使之具有特殊的外观、手感、结构和质地的纱线，其主要特征是纱线粗细不匀或捻度不匀，色彩差异，或有圈圈、结子、绒毛等新颖外观。复杂的花式纱线一般由芯纱、饰纱和固纱三部分组成(图3-1-6)。花式纱线的主要品种有：

圈圈线：饰纱围绕在芯纱上形成纱圈。其纱线丰满、蓬松、柔软，保暖性好，织物具有毛感。但圈圈纱易于磨毛和勾丝(图3-1-7)，其主要用于花呢、大衣呢、毛衣等。

竹节纱：具有粗细分布不匀的外观(图3-1-8)。其主要用于织制轻薄的夏令织物和厚重的冬季织物，既可织造衣用织物，也可用于装饰织物。其织物上竹节醒目，风格别致，立体感强。

图3-1-7　圈圈线

图3-1-8　竹节纱

结子线:也称疙瘩线,饰纱围绕芯纱在短距离上形成一个结子,结子可有不同长度、色泽和间距(图3-1-9)。

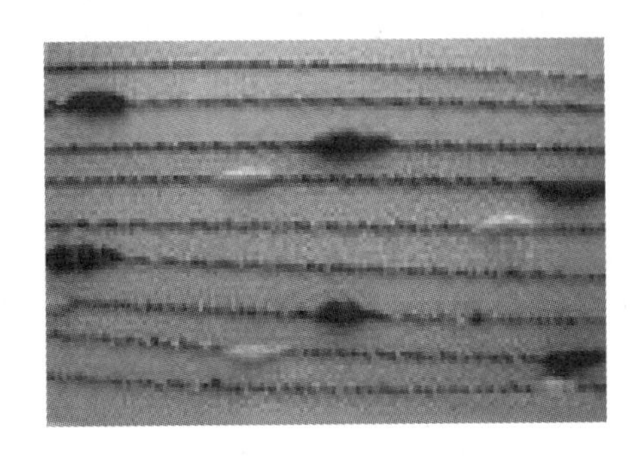

图3-1-9 结子线

大肚纱:两根交捻的纱线中夹入一小段断续的粗纱,该粗节段呈毛茸状,易被磨损。但由它织成的织物花型凸出,立体感强(图3-1-10)。

花股线:采用两种或两种以上不同色泽的单纱合股而成(图3-1-11)。

图3-1-10 大肚纱

图3-1-11 花股线

彩点线:纱上有单色或多色彩点,这些彩点的长度短,体积小。这种纱多用来织制女装和男夹克。

此外还有其他花式纱线,其中特种花式纱线如图3-1-12所示。

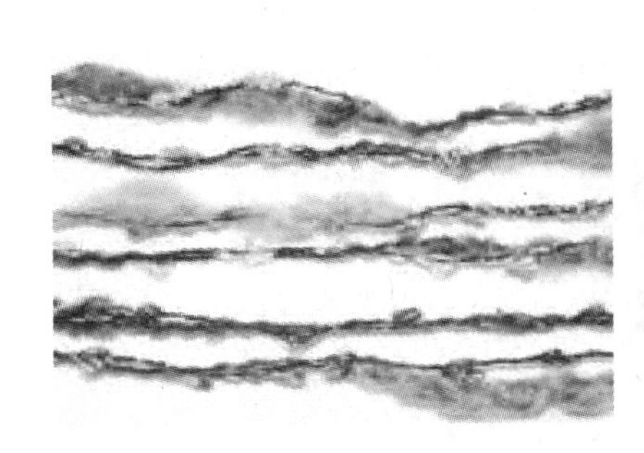
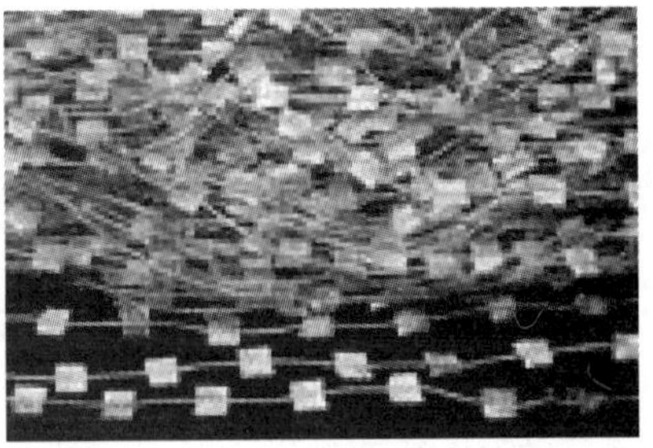

图3-1-12 特种花式纱线

包芯纱是由芯纱和外包纱所组成。其形态结构如图3-1-13所示。芯纱在纱的中心，通常为强度和弹性都较好的合成纤维长丝(氨纶丝、涤纶丝、锦纶丝、腈纶)，外包棉、毛等短纤维纱或长丝纱，这样的包芯纱既具有天然纤维的良好外观、手感、吸湿性和染色性能，同时兼有长丝的强度、弹性和尺寸稳定性。以腈纶为芯，外包棉纤维纱时，其包芯纱具有棉纤维的手感和腈纶的轻暖及柔软，常用于蓬松的针织物；以涤纶为芯，外包黏胶或棉纤维纱，常用作夏季衬衫，舒适耐用，性能优于棉织物或涤棉混纺织物，还可用于烂花织物(图3-1-14)；以氨纶长丝为芯，可制成弹力服装(图3-1-15)。

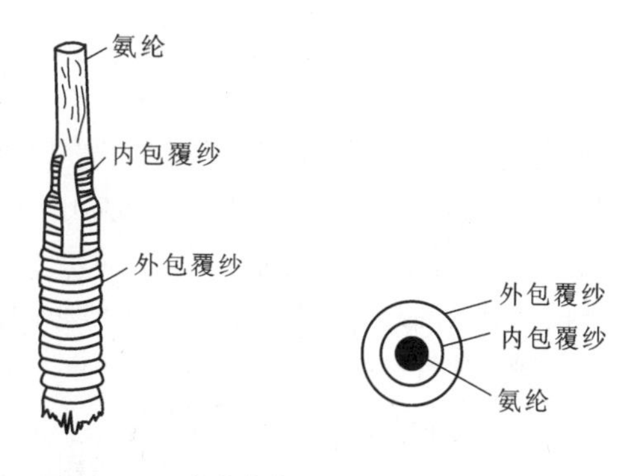

图3-1-13　包芯纱的结构

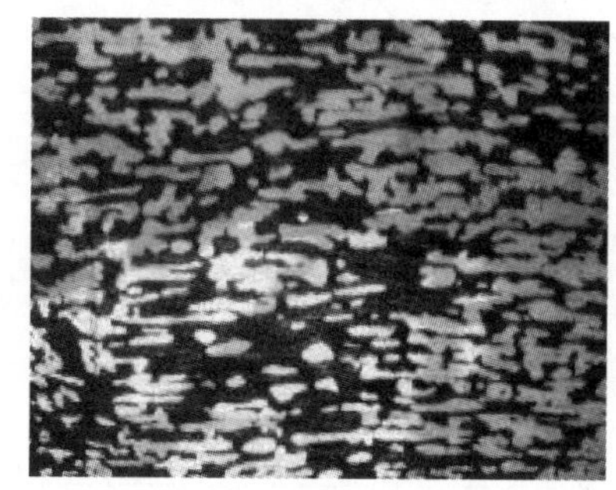
图3-1-14　烂花织物

芯纱为氨纶长丝，外包棉纱

芯纱为氨纶长丝，外包涤纶长丝

图3-1-15　以氨纶为纱芯的包芯纱

2. 按纱线的原料分

(1) 纯棉纱线

纯棉纱线是指由棉纤维构成的纱线，在服装中应用广泛。

(2) 纯毛纱线

纯毛纱线是指由毛纤维构成的纱线，主要用来作西装和大衣等服装。

(3) 蚕丝线

蚕丝线俗称丝线，其产品有生丝、熟丝、厂丝、土丝、绢丝等。生丝是经过缫丝工艺直接从蚕茧的茧衣中抽取的丝，其光泽较暗，手感生硬。生丝经过精炼处理，去除丝胶后称为熟丝或练丝，其光泽优雅、色泽白净、手感柔顺。厂丝是指用完善的机械设备和工艺缫制而成的蚕丝。厂丝品质细洁，条干均匀，粗节少，一般用于高档的丝绸服装。土丝是指用手工缫制的蚕丝。其光泽柔润，但糙节较多，条干不均匀，品质远不及厂丝，用于织制较粗犷的丝绸服装。绢丝是茧与丝的下脚料经过纺纱加工而得到的纱线，它是短纤维纱。一般用于中档的丝绸服装。

(4) 化纤纱线

化纤纱线有长丝纱和短纤维纱之分。长丝纱有单丝和复丝。短纤维纱有棉型纱线、毛型纱线、中长型纱线三种。棉型纱线是指用棉型化纤纺成的纱线，主要用于仿棉织物；毛型纱线是指用毛型化纤纺成的纱线，而中长型纱线是指用中长型化纤纺成的纱线，它们主要用于仿毛织物。

(5) 金银丝

金银丝大多是采用涤纶薄膜上镀一层铝箔，外涂树脂保护层，经切割而成，如铝箔上涂金黄涂层的为金丝；涂无色透明层的为银丝；涂彩色涂层的为彩丝。一般在织物织造时加入，起装饰点缀服装的作用。

(6) 混纺纱线

混纺纱是指由两种或两种以上的纤维经混合纺纱工艺加工而成的纱线。混纺的目的是降低成本、取长补短、增加品种、获得特殊风格。混纺纱在服装中应用较为广泛。表 3-1-1 是一些纤维在混纺中所起的作用比较。

表 3-1-1 纤维在混纺中所起的作用

作用	棉	毛	黏胶	涤纶	锦纶	腈纶
蓬松性	差	优	中	差	差	优
强度	中	差	中	优	优	中
耐磨性	中	好	差	优	优	中
吸湿性	优	优	优	差	差	差
干态折皱恢复性	差	优	差	优	中	好
湿态折皱恢复性	差	中	差	优	中	中
尺寸稳定性	中	差	差	优	优	优
抗起球性	优	差	优	差	差	中
抗静电性	优	好	优	差	差	差

由表 3-1-1 可知，涤棉混纺纱比纯棉纱强度大，弹性好，抗皱性好，但易起毛起球，易产生静电；涤棉混纺纱比纯涤纶纱吸湿性好，抗起毛起球好、抗静电性能好，但强度小、弹性差、抗皱性差、耐磨性差。

3. 按纺纱工艺分

棉纱线按纺纱工艺可分为精梳棉纱和普梳棉纱。精梳棉纱是指棉纤维在棉纺纺纱系统普通梳理加工的基础上又经过精梳加工过程。精梳加工过程去除了一定长度以下的短纤维及杂质，并经过多次梳理，纱条中纤维平行顺直，条干均匀、光洁，纱线细，其外观和品质均优于普梳棉纱（图3-1-16）。精梳棉纱常用于高档服装，普梳棉纱常用于中、低档服装。

精梳棉纱

普梳棉纱

图3-1-16　精梳棉纱和普梳棉纱

毛纱线按纺纱工艺可分为精梳毛纱和粗梳毛纱。毛纱线根据所用原料和加工工序不同，可分为精梳毛纱和粗梳毛纱。精梳毛纱所用纤维是以较细、较长且均匀的优质羊毛作原料，并经精梳毛纺过程去除了一定长度以下的短纤维及杂质，所以，纱中纤维平行顺直，条干均匀、光洁，其主要用于精纺毛织物；粗梳毛纱所用原料品质较低，且不经过精梳毛纺过程，所以纱中纤维长短不匀，纤维不够平行顺直，结构松散，毛纱粗，捻度小，表面毛绒多，其主要用于粗纺毛织物。

4. *按纺纱方法分*

按纺纱方法，纱线主要分为环锭纱、气流纱和包缠纱。环锭纱是指用环锭细纱机纺成的纱线，是传统的现在最为普遍的一种纺纱方法。纺纱时，须条通过钢丝圈绕在锭子上旋转，进行加捻。而气流纱的纺纱方法它属于自由端纺纱，即纺纱时，加捻须条发生断裂，通过转杯高速转动，形成负压，使须条加捻。其纱线结构如图3-1-17所示。气流纱比环锭纱蓬松、耐磨、染色性能好，棉结杂质和毛羽少，其主要缺点是强力较低。环锭纱在服装中用途较广，而气流纱适用蓬松厚实、起毛均匀的机织物，还可用于针织物中的棉毛衫、内衣、睡衣、衬衫、裙装等。

环锭纱

气流纱

图3-1-17　环锭纱与气流纱结构

包缠纱是利用空心锭子所纺制的纱。由于其纱芯纤维无捻，呈平行状，所以也称平行纱。包缠纱居于双组分纱线，即由长或短纤维组成纱芯，外缠单股或多股长丝线。其结构如图3-1-18所示。

图3-1-18　包缠纱

以棉纱为芯，外包35%～50%真丝，纱线具有平滑和蓬松的表面。使用这种纱线织成的织物有极好的吸湿性能，穿着舒适，有真丝外观。这种织物可代替真丝织物，适用于舒适性较好的衬衫、女装等。

以羊毛为芯，外包真丝。这种纱线具有羊毛的保暖性和真丝的光泽和外观，可用于时尚的冬季轻薄便装、衬衣、冬天穿的内衣及女礼服等。

以锦纶或涤纶为芯，外包真丝的包缠纱，其织物具有优良的悬垂性、抗皱回复性和光泽，耐用性也较好，可用于高级套装、衬衣等。

以氨纶为芯，外包10% ~20%合纤长丝或蚕丝长丝，使纱具有良好的弹性。由真丝包缠氨纶而成的弹力真丝包缠纱，现已用于内衣、运动衣和时装等，既具有真丝的触觉快感和视觉美感，又能随身体运动而伸缩自如，无束缚感。

5. 按用途分

(1) 机织用纱

机织用纱分经纱和纬纱，由于织造的需要，一般要求经纱品质较高，特别是强度和耐磨性要大，纬纱要求相对较低。

(2) 针织用纱

与机织用纱相比，针织用纱的捻度略小于机织用纱，这是因为针织用纱强度、柔软性、延伸性、条干均匀度等指标要适应弯曲成圈的要求，同时使织物具有结构较松、手感柔软等特点。

(3) 其他用途纱线

包括缝纫线、刺绣线、编结线等。

6. 按纱线的后加工分

① 丝光纱：棉纱经氢氧化钠强碱处理，并施加张力，使纱线的光泽和强力都有所改善的纱线。

② 烧毛少：用燃烧的气体或电热烧掉纱线表面茸毛，使得纱线更加光洁。

③ 本色纱：又称原色纱，是未经漂白处理保持纤维原有色泽的纱线。

④ 染色纱：把原色纱经煮练染色制成的色纱。

⑤ 漂白纱：把原色纱经煮练、漂白制成的纱。

(二) 纱线的捻向和捻度

为形成具有一定强度的纱线，需对其进行加捻，同时加捻可以改变纱线的弹性、手感和光泽，纱线的加捻一般是指捻向和捻度。

1. 捻向

捻向是指纱线加捻时旋转的方向。加捻是有方向的，一种是从下向上，从左到右，称之为"反手捻"、"左手捻"，又称"Z"向捻；另一种是从下向上，从右到左，称之为"顺手捻"、"右手捻"，又称"S"向捻(图3-1-19)。

图3-1-19 捻向

一般单纱大多采用Z捻，股线采用S捻。股线捻向的表示方法是第一个字母表示单纱的捻向，第二个字母表示股线的捻向。经过两次加捻的股线，第三个字母表示复捻的捻向。例如单纱捻向为Z捻、初捻(股线加捻)为S捻、复捻为Z捻，这样加捻后的股线捻向以ZSZ表示。纱线的捻向对织物的光泽、厚度和手感都会有一定的影响。

2. 捻度

捻度是指纱线单位长度内的捻回数。通常化纤长丝的单位长度取1 m，短纤维纱线的单位长度取 10 cm,蚕丝的单位长度取 1 cm。

纱线加捻的捻度直接影响纱线的性能。由于随着纱线捻度的增加,其紧密度增大、直径变小、强度变大(一定范围内),纱线上毛羽紧贴表面,故覆盖能力降低,纱线光滑,手感更加挺爽。纱线按其加捻程度不同分为弱捻纱、中捻纱和强捻纱等。纱线加捻程度的大小对织物厚度、强度、耐磨性以及手感、风格甚至外观有很大的影响。如弱捻的主要作用是增强纱线的强度,削弱纱线的光泽;而强捻的主要作用是使织物表面皱缩,产生皱效应或高花效果,增加织物的强度和弹性。

二、纱线的细度

纱线的细度主要是指纱线的粗细程度,纱线的粗细影响织物的结构、外观和服用性能,如织物的厚度、刚硬度、覆盖性和耐磨性等。

纱线细度表示方法有直接指标和间接指标两种,但由于直接指标如直径、面积、周长在测量上的困难,故很少使用。一般纱线粗细的指标按我国法定计量单位常采用线密度来表示。纱线细度衡量的指标有定长制和定重制两种,前者数值越大,表示纱线越粗,如线密度和旦数;后者数值越大,表示纱线越细,如公制支数和英制支数。它们的计算公式如下:

1. 线密度(T_t)

又称特克斯,特数,旧称号数。指 1 000 m 长的纱线,在公定回潮率时的重量克数,若纱线的长度为 L(m),在公定回潮率时的重量为 G(g),则该纱线的线密度(T_t)为:

$$T_t = \frac{G}{L} \times 1\ 000$$

线密度的单位名称为特[克斯],单位符号为 tex。

特数越大,表示纱线越粗。股线的特数,以组成股线的单纱特数乘以合股数来表示,如单纱为 14 特的二合股股线,则股线特数为 14 ×2,当股线中两根单纱的特数不同时,则以单纱的特数相加来表示。

2. 旦尼尔(N_{den})

又称旦数,简称旦,指 9 000 m 长的纱线在公定回潮率时的重量克数。若纱线的长度为 L(m),在公定回潮率时的重量为 G(g),则该纱线的旦尼尔(N_{den})为:

$$N_{den} = \frac{G}{L} \times 9\ 000$$

旦数越大,表示纱线越粗。通常用来表示化学纤维和长丝的粗细。如复丝由 n 根旦数为 D 旦的单丝组成,则复合丝的旦数为 nD 旦。股线的细度表示方法常把股数写在前面,如 2 ×70 旦,表示二股 70 旦的长丝线;2 ×3 ×150 旦,表示该复合股线先由两根 150 旦的长丝合股成线,然后将三根这种股线再复捻而成。

3. 公制支数(N_m)

简称公支,指在公定回期率时,1 g 重的纱线所具有的长度米数。若纱线长度为 L(m),公定回潮率时的重量为 G(g),则公制支数为:

$$N_m = \frac{L}{G}$$

公制支数越大,表示纱线越细。股线的公制支数以组成股线的单纱支数除以合股数,如 50/2 表示单纱为 50 公支的二合股股线。如果组成股线的单纱支数不同,则将单纱支数用斜线分开,如 21/22/23。

4. 英制支数(N_e)

简称英支,指公定回潮率时,1 磅(lb)重的纱线所具有的长度,其标准长度视纱线种类而不同,如棉型和棉型混纺纱长 840 码(yd)为 1 英支,精梳毛纱 560 码为 1 英支,而粗梳毛纱 256 码为 1 英支,麻纱线则是 300 码为 1 英支等。英制支数常用来表示棉纱线的细度。股线英制支数的表示方法与公制支数的表示方法相同,只是在英制支数数值的右上角加以"s"将其与公制支数区分开来。

5. 纱线细度指标之间的换算关系

$$特克斯数 = 1\,000/公制支数 = 0.111 \times 旦数 = C/英制支数$$

式中:C 为换算常数,纯棉纱 C 为 583,化纤纱 C 为 590。

第二节 纱线的结构对服装服用性能的影响

由纱线结构所决定的纱线品质,影响织物的外观和性能,并影响服装的外观审美和内在的舒适性、耐用性和保养性。

一、外观性

服装的表面光泽除了受纤维的性质、织物组织、密度和后整理加工的影响外,也与纱线的结构特征有关。

普通长丝纱织成的服装表面光滑、光亮、平整、均匀。短纤维纱织成的服装由于短纤维绒毛多、光泽少,它对光线的反射随捻度的大小而变。当无捻时,光线从各根散乱的单纤维表面散射,因此纱线光泽较暗;随着捻度增加,光线从比较平整光滑的表面反射,可使反射量增加达最大值;但继续增加捻度,会使纱线表面反而不平整,光线散射增加,故亮度又减弱。

采用强捻纱所织成绉织物的服装表面具有分散且细小的颗粒状绉纹,所以服装表面反光柔和;而用光亮的长丝织成缎纹织物的服装表面具有很亮的光泽。起绒织物的服装中的纱线捻度较低,这样便于加工成毛茸茸的外观。

纱线的捻向也影响服装的光泽与外观效果,如平纹织物的服装中,经纬纱捻向不同,则服装表面反光一致,光泽较好,松厚柔软。斜纹织物的服装,当经纱采用 s 捻、纬纱用 z 捻时,则经纬纱捻向与斜纹方向相垂直,因而纹路清晰。又当若干根 S 捻、z 捻纱线相间排列时,服装表面将产生隐条、隐格效应。当 S 捻和 z 捻纱捻合在一起时,或捻度大小不等的纱线捻合在一起构成的服装,表面会呈现波纹效应。捻度小的纱线易使服装表面起毛起球。

当单纱的捻向与股线的捻向相同时,纱中纤维倾斜程度大,光泽较差,捻回不稳定,股线结构不平衡,容易产生扭结。当股线的捻向与单纱捻向相反时,股线柔软,光泽好,捻回稳定,股线结构均匀、平衡。多数服装中的纱线采用单纱和股线异向捻。如单纱为 z 捻,股线为 s 捻,由于股线结构均衡紧密,股线强度一般也较大。

二、舒适性

(一) 手感

纱线的捻度对服装的手感有一定的影响。通常普通长丝纱具有蜡状手感,而短纤维纱有温暖感。随着捻度的增加,纱线结构紧密,手感越来越硬,故服装的手感也越来越挺爽。捻度大、手感挺爽的纱线适宜制作春夏秋季的服装,蓬松、柔软的纱线适宜做冬季保暖服装。单纱与股线异向捻的纱线比同向捻纱线手感松软。

(二) 保暖性

纱线的结构与服装的保暖有一定的关系。纱线的结构决定了纤维之间能否形成静止空气层,纱线的蓬松性有助于服装用来保持体温。但是另一方面,结构特松散的纱又会使空气顺利地通过纱线之间,空气流动将加强服装和身体之间空气的交换,会有凉爽的感觉。因此,结构紧密度适当的纱线能防止空气在纱中通过,会产生暖和的感觉。捻度大的低特纱,其绝热性比蓬松的高特纱差。含静止空气多的纱线的热传导性较小,保暖性好。所以,纱线的热传导性随纤维原料的特性和纱线结构状态的不同面有所差异。

(三) 透气透湿性

纱线的透气、透湿性能是影响服装舒适性的重要方面,而纱线的透气、透湿性又取决于纤维特性和纱线结构。如普通长丝纱表面较光滑,织成的织物易贴在身上,如果织物的质地又比较柔软、紧密,会紧贴皮肤,汗水就很难渗透织物,穿着后感到不适。短纤维纱因有纤维的毛茸伸出在织物表面,减少了织物与皮肤的接触,从而改善了透气性,使人穿着舒适。当织物密度相同,捻度大的纱线结构紧密,纱线与纱线之间的空隙较大,则织物透气、透湿性能大大改善。经变形处理的合纤长丝就具有类似短纤维纱的品质。

三、耐用性

纱线的拉伸强度、弹性和耐磨性能等与服装的耐用性能紧密相关。而纱线的这些品质除取决于组成纱线的纤维固有的强伸度、长度、线密度等品质外,同时也受纱线结构的影响。

长丝纱的强力和耐磨性优于短纤维纱。这是因为长丝纱中纤维具有同等长度,能同等地承受外力,纱中纤维受力均衡,所以强力较大。又由于长丝纱的结构比较紧密,摩擦应力将分布到多数纤维上,所以纱中的单纤维不易断裂和撕裂。一般长丝的强度是用它的组成纤维全部强度的近似值来表示。而短纤维纱的强度除与纤维本身的性能有关外,还随纤维在纱中排列程度和捻度的强弱而变化,通常纱的强度仅是单纤维强度乘以纤维根数的四分之一到五分之一。

纱线的结构也同样影响弹性。如果纱中的纤维可以移动,即使移动量很小,也能使织物具有可变性,反之,如果纤维被紧紧地固定在纱中,那么织物就会板硬。若纱线中的纤维呈卷曲

状，在一定外力下可被拉直，去除张力又能卷曲，使纱具有弹性。如纱线捻度大，纤维之间摩擦力大，纱中的纤维不容易滑动，所以纱的延伸性能差，随着捻度的减小，延伸性提高，但拉伸恢复性能降低，这会影响服装的外观保持性。

纱线中所加的捻度，明显地影响纱线在织物中的耐用性。捻度过低，纤维间抱合力小，受力后纱很容易断裂，使强度降低，且捻度小的纱线易使服装表面勾丝、起毛起球；捻度过大时，又因内应力增加而使强度减弱，所以在中等捻度时，短纤维纱的耐用性最好。

第三节 纱线捻向和捻度的测定

一、实验目的

捻向是通过人工方法测定，而捻度是使用 Y331 型捻度机，根据退捻加捻法和直接计数法原理测定单纱和股线的捻度。通过试验，熟悉捻度机的结构，掌握操作方法和纱线的捻度及捻向。

二、实验仪器和试样

实验仪器为 Y331 型捻度机，试样为单纱和股线各一种。

三、基本知识

捻向是指纱线加捻时旋转的方向。从下向上，从左到右，称之为“反手捻”、“左手捻”，又称“Z”向捻；从下向上，从右到左，称之为“顺手捻”、“右手捻”，又称“S”向捻；

纱线捻度是纱线单位长度上的捻回数，用以衡量同一细度纱线的加捻程度。特数制的纱线，捻度用 10 cm 长度内的捻回数表示；公制采用每米长度内的捻回数表示。试样的实际捻度按下式计算：

特数制实际捻度 T_t

$$T_t = \frac{\text{试样捻回数总合}}{\text{试样夹值长度(mm)} \times \text{试验次数}} \times 100(\text{捻}/10\ \text{cm})$$

公制支数实际捻度 T_m

$$T_m = \frac{\text{试样捻回数总合}}{\text{试样夹值长度(mm)} \times \text{试验次数}} \times 1\,000(\text{捻}/10\ \text{cm})$$

四、实验步骤

（一）捻向的测定

取一定长度的纱线，将其一端固定，给另一端加捻，观察纱线的变化，若纱线越来越松，说明所加捻与原捻相反。反之,与原捻相同。根据捻向的概念来判断纱线的捻向。

(二)捻度的测定

① 检查捻度机的各部分是否正常,包括仪器水平、读数零点、夹头回转、转向调换、指针失灵、电动机转动等。

② 调好纱夹之间的距离(其长即是试样长度),旋紧固定螺丝,选定预加张力,确定好张力重锤的位置,以及张力盘中的砝码;当采用退捻加捻法时,还需定好针片的位置。

③ 将定位片刹好,插上纱管,拉去管纱头端数米纱线。然后沿纱管轴向轻轻拉出纱线,防止意外伸长和退捻,先用左纱夹,夹住纱线,将纱线头端引入右纱夹,放开定位片,使纱线受到一定张力而伸直。当伸长指针指在伸长弧标尺的零位时,揿动右纱夹的弹簧柄,使纱线夹紧在斜槽内。

④ 将计数盘上的指针均拨至"0"处,根据不同试样选定转速,一般棉、丝为 1 500 r/min,毛、麻为 750 r/min。

⑤ 根据纱线的捻向决定退捻方向。如为"Z"捻,则将换向扳手移至"S"处;反之,移向"Z"。开动电机开关,使右纱夹转动,退捻开始。直接计数法:如是纱线,退至纱中的纤维即将平行,关掉马达,用手摇手柄,直至完全伸直平行;如是股线,则退至即将退完时,关掉马达,用挑针从左端插入试样之间,向右移动,转动右纱夹,继续退捻,直至完全平行无捻度为止。退捻加捻法:首先使捻度退尽,但仍继续退捻,即相当于反向加捻,伸长指针向右移动,当其回到零点时,关闭电动机,停止转动。

⑥ 记录计算盘上的数字,精确到一个捻回。直接计数法测得的数据直接代入公式计算;退捻加捻法先除以 2,再代入式公式中计算。

⑦ 按上述步骤重复进行,完成规定的试验次数。

⑧ 计算单纱和股线的捻度。

第四节 纱线线密度测试

一、实验目的

① 熟悉纱线线密度的测试过程,掌握测试操作要领。

② 能根据实验结果填写出检测报告。

③ 熟悉行业标准 GB/T 4743 为 2009《纱线线密度的测定绞纱法》,GB 6529《纺织品的调湿和试验用标准大气》,GB 8170《数值修约规则》。

二、实验仪器与试样

1. 仪器用具

YG 086 型缕纱测长仪结构如图 3-4-1 所示、电光天平或电子秤(灵敏度等于待称重量的千分之一或百分之一)、Y802A 型烘箱如图 3-4-2 所示。

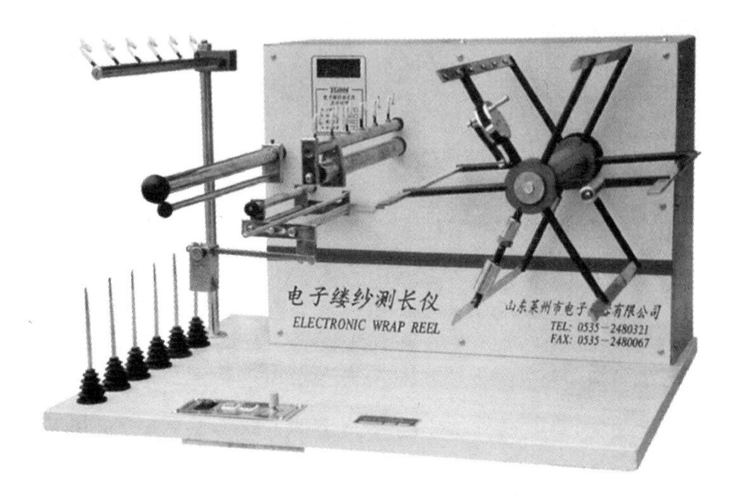

图 3-4-1 YG086 型缕纱测长仪

图 3-4-2 Y802A 型烘箱

2. 试样

长丝纱至少试验 4 个卷装,短纤维纱至少试验 10 个卷装。每个卷装至少取 1 缕绞纱。

三、测试原理

缕纱测长仪由单片微机控制,可以设定绕取圈数,每圈(纱框周长)一米,预加张力可以调节,仪器启动后电机带动纱框转动,按规定绕取一定长度的缕纱(一绞),逐缕称重作为试样。然后将绕取的缕纱通过通风式快速烘箱烘干，在箱体内对试样进行称重，最后根据测得的质量计算纱线的线密度。

四、实验步骤

纱线线密度是指1 000 m长的纤维或纱线在共定回潮率时的克数。测定一定长度纱线的干燥重量 G_0，通过计算式得到纱线线密度和线密度偏差。测定纱线的线密度采用"绞纱法"，即用缕纱测长机绕取纱线若干圈(每圈纱线长1 m)，使之成为缕纱(绞纱)，每个试样取30缕，用烘箱法求得缕纱的平均干重，并计算公定回潮率时的平均质量代入式，即可得到纱线的实际线密度。

① 按规定的方法取样。

② 将试验纱线放在试验用大气中(65% ±2% RH,20℃ ±2℃或65% ±3% RH,20℃ ±2℃)作调湿，时间不少于8 h。然后从卷装中退绕纱线，去除开头几米纱，在YG086型纱框测长机(图3-4-3)上摇出试验绞纱(缕纱)，绞纱长度要求如表3-4-1所示。

表3-4-1 绞纱长度要求

绞纱长度/m	纱线/tex
200	低于12.5
100	12.5 ~100
50	大于100
10	大于100的复丝纱

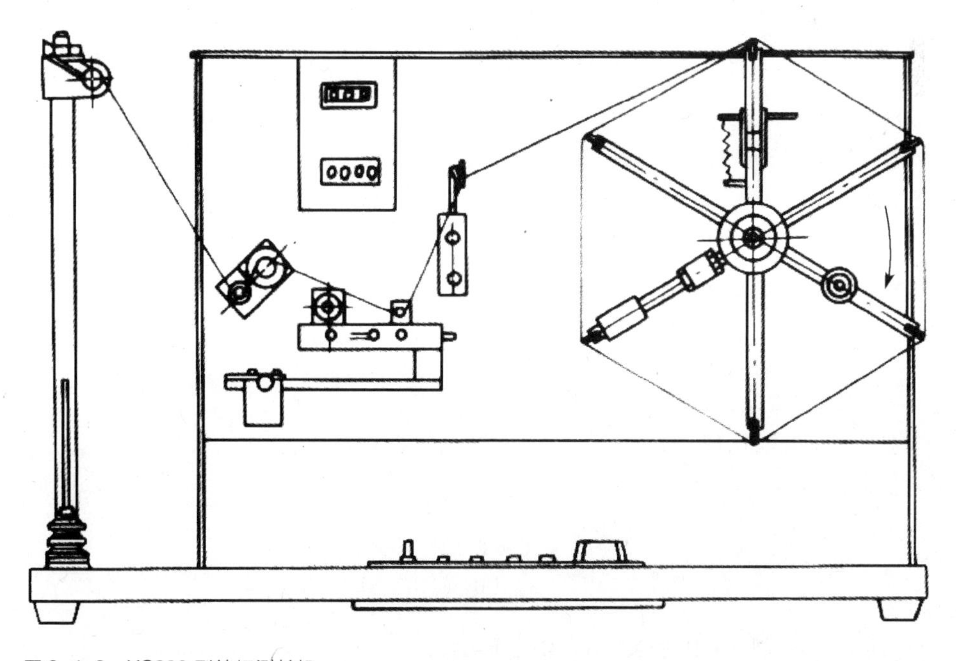

图3-4-3 YG086型纱框测长机

卷绕时应按标准采用一定的卷绕张力,在没有标准时,采用表 3-4-2 数值。

表 3-4-2 摇纱张力

公称线密度/tex	7～7.5	8～10	11～13	14～15	16～20
摇纱张力/cN	3.6	4.5	6	7.3	9
公称线密度/tex	21～30	32～34	36～60	64～80	88～192
摇纱张力/cN	12.8	16.5	24	36	70

3. 从摇纱器上取下绞纱。

4. 称重

① 调湿折纱线为基础时:经调湿后的绞纱,用灵敏度等于待称每绞质量千分之一的天平,称取各绞纱质量。

② 以烘干纱线为基础时:把试样放在规定温度条件下烘干至恒定重(时间间隔 20 min,逐次称重,重量变化不大于 0.1%)。

测定纱线英制支数的缕纱测长机,纱框周长 1.5 码,每缕 80 圈,因此英制缕纱长 120 码;纯棉纱线的英制公定回潮率 W_k 是 9.89%。用烘箱法求得缕纱平均干重后,然后可求得实际英制支数。

五、结果计算

1. 调湿后纱线线密度

$$T_t = \frac{10^3 \cdot G}{L}$$

式中:T_t——纱线线密度,tex;

G——调湿绞纱质量,g;

L——绞纱长度,m。

2. 纱线线密度

$$T_t = \frac{10^3 \cdot G_0}{L}(1 + W_k)$$

式中:G_0——烘干纱线质量,g;

W_k——纱线公定回潮率,(%)。

若试样纱线为混纺时,

$$T_t = \frac{G_0 \times 1\,000}{L}\left(1 + \frac{A \times W_{AK}}{100} + \frac{B \times W_{BK}}{100}\right)$$

式中:A、B 为分别是组分混纺纱中两种组分的混合比例,(%);

W_{AK}、W_{BK}为分别是双组分混纺纱中公定回潮率,(%)。

课后练习

一、名词解释

单纱　股线　变形纱线　花式纱线　　捻度　纱线的线密度　公制支数

二、填空题

1. 短纤维纱可分为______________、_____________。
2. 长丝纱包括_________、_________、_________三种。
3. 长丝纱比短纤维纱表面_________，光泽______，柔软性_________。
4. 特殊纱线包括___________、_____________、_____________。
5. 纱线的捻向可分为_________和_________。一般单纱采用_________捻，股线采用_________。

三、判断题

1. 纱线的线密度越大，说明纱线越细。
2. 纱线的英制支数值越大，说明纱线越粗。
3. 棉氨纶包芯纱的纱芯为棉纱，外包氨纶长丝。
4. 气流纱比环锭纱表面光滑、毛绒少。适合作蓬松保暖的服装。

四、简答题

1. 简述精梳棉纱和普梳棉纱的区别？
2. 简述包芯纱及包缠纱的应用？
3. 纱线的特克斯、公制支数、旦尼尔、英制支数之间的换算？
4. 简述纱线的结构对其服装服用性能的影响？

五、实训题

收集用花式纱线、变形纱线、包芯纱线及其他纱线织成的织物或服装，其外观、手感有何特征？

第四章

服装用织物

第一节　机织物的分类及组织结构

机织物，又称梭织物，是由相互垂直排列（即横向和纵向）的两个系统的纱线，在织机上根据一定的规律交织而成的织物。机织物组织结构稳定、织物表面平整，易于裁剪加工。

一、机织物的分类

（一）按原料组成方式分类

1. 纯纺织物

纯纺织物指经纬纱用同种纯纺纱线织成的织物。如：棉织物、毛织物、麻织物、涤纶织物。特点是体现了其组成纤维的基本性能。

2. 混纺织物

混纺织物指用两种或两种以上不同品种的纤维混纺的纱线织成的织物。如：麻/棉、毛/棉、毛/麻/绢、涤/棉、涤/毛。特点是体现各组中纤维的优越性，以改善织物的服用性能，扩大适用范围。

混纺织物的命名原则是：混纺比大的在前、混纺比小的在后；混纺比相同时，天然纤维在前，合成纤维在其后，人造纤维在最后。

3. 交织织物

指经纬纱使用不同纤维的纱线或长丝织成的织物，如经纱用真丝，纬纱用毛纱的丝毛交织物；经纱用棉线，纬线用毛纱的粗呢等。此类织物特点由织物中不同种类的纱线决定，经纬向各向异性。

4. 色织织物

先将纱线全部或部分染色整理，然后按照组织和配色要求织成的织物。此类织物的图案、条格立体感强，清洗牢固。

5. 色纺织物

先将部分纤维或纱条染色，再将原色（或浅色）纤维或纱条与染色（或深色）纤维或纱条按一定比例混纺或混并制成纱线，所织成的织物叫色纺织物。也可用不同原料的纤维或染色性不同的纤维混纺织成织物，经染色呈现不同色彩。色纺织物具有混色效应。有经纬向均匀混色，也有单一方向混色，呈现“横条雨丝”、“纵条雨丝”。

（二）按纤维长度和线密度分类

按纤维长度和线密度的不同，可分为棉型织物、中长纤维织物、毛型织物和长丝织物。

1. 棉型织物

棉型织物是用棉型纱线织成的织物，所使用的是细而短的纤维，原料不一定局限在棉，可以使用化纤原料。织物通常手感柔软、光泽柔和外观朴实自然。如涤棉布、涤粘布、纯绵布等。

2. 中长纤维织物

中长纤维织物是用中长纤维化纤纱线织成的织物,大部分做成仿毛风格,也有仿棉风格的。如涤纶中长纤维织物、涤腈中长纤维织物。

3. 毛型织物

毛型织物是用毛型纱线织成的织物,所用纤维较长较粗,原料不一定局限在毛,可以使用化纤原料。织物具有蓬松、丰厚、柔软的特征,保暖性能好。如毛黏织物、黏胶人造毛织物、纯毛织物、毛涤织物等。

4. 长丝织物

长丝织物是用长丝织成的织物,织物表面光洁、手感柔滑、悬垂性能好、色泽鲜艳、光泽好。如黏胶人造丝织物、涤纶丝织物、真丝织物等。

(三)按纱线的结构和外形分类

按经纬所使用的纱线结构是单纱还是股线,可把织物分为纱织物、半线织物和线织物三种。

1. 纱织物

纱织物是指经纬纱都是用单纱织成的织物。其特点是比线织物柔软、轻薄。

2. 半线织物

半线织物是指经纬纱分别用单纱和股线的织物,一般是经纱用股线,纬纱用单纱织成的织物。其主要特点是与同类织物相比,其股线方向强度高,悬垂性差。

3. 全线织物

全线织物是指经纬纱均是用股线织成的织物。其特点是比同类单纱织物结实、硬挺、光泽度好。

也可根据经纬纱的外形,将织物分为普通纱线织物、花式纱线织物和变形纱织物。花式纱线是指在纺纱和制线过程中采用特种原料、特种设备或特种工艺对纤维或纱线进行加工而得到的具有特种结构和外观效应的纱线,是纱线产品中具有装饰作用的一种纱线。变形纱是经过特殊加工处理的化学纤维,其加工原理是利用合成纤维受热后可塑化变形的特性而制成一种具有高度膨松性和弹性的纱线。

(四)按织物印染加工方法分类

织物从织机上织好后,还要经过多道染整加工方法才能用来制作服装,而经过的加工方法不同,又可把织物分成坯布、漂白布、染色布、色织布、印花布等多种。

1. 坯布

坯布也叫原色布,是没有经印染加工的本色布。通常不用于做成品服装。

2. 漂白布

经过漂白加工的布是漂白布。由于省去了染色费用,成本较低,且没有颜色,一般用作辅料中的衬布、口袋布,也可用作面料。

3. 染色布

坯布进行匹染加工,产生均匀着色的织物叫染色布。以单色为主,但在毛织物中,为了染色均匀,提高布面质量,也有采用纤维染色、毛条染色或染纱而制成的素色染色织物。

4. 印花布

印花布是经过印花加工的织物,它是由于染料或颜料的作用产生图案效果的织物。

(五) 按机织物的组织结构分类

织物组织种类繁多，大致可分为基本组织、变化组织、联合组织、复杂组织四类。由这几种组织构成的织物相应叫基本组织织物、变化组织织物、联合组织织物、复杂组织织物。

1. 基本组织织物

基本组织织物包括平纹织物、斜纹织物和缎纹织物三种。

2. 变化组织织物

变化组织织物是在基本组织的基础上变化某些条件而形成的织物。包括变化平纹织物、变化斜纹织物和变化缎纹织物三种。

3. 联合组织和复杂组织织物

联合组织和复杂组织织物都属于织物组织中较为复杂的组织，但都是在基本组织和变化组织的基础上变化而来。

二、机织物的织物组织

(一) 织物组织基本概念

1. 织物组织

机织物是由相互垂直的经、纬纱两套纱线系统，按照一定规律，在织机上相互交织而成。经纬纱线相互交错，彼此沉浮的规律即为织物组织。

2. 经纱与纬纱

与布边平行的长度称为匹长，匹长的方向就为织物经向。与布边相垂直的长度为幅宽，幅宽的方向为织物的纬向。用于经向的纱为经纱，用于纬向的纱称为纬纱。

3. 组织点

织物中经纬纱交叉重叠的点称为组织点；经纱在上、纬纱在下的组织点称为经组织点(经浮点)；纬纱在上、经纱在下的点称为纬组织点(纬浮点)。

4. 浮长

一个系统的纱线浮在另一个系统纱线上的长度称为浮长。分为经浮长和纬浮长。

5. 完全组织

当经组织点和纬组织点沉浮规律达到一个循环时所构成的单元，称为一个完全组织，或称为一个组织循环。

6. 完全纱线数

在一个完全组织中的所有的经纱根数称为完全经纱数，用 R_j 表示；在一个完全组织中的所有的纬纱根数称为完全纬纱数，用 R_w 表示。构成一个组织循环的经纱根数和纬纱根数可以相等，也可以不相等。组织循环纱线数越大，织成的花纹可能越复杂多样。但组织循环纱线数相同，其织物组织不一定相同。

在一个组织循环中，若经组织点与纬组织点数相同，称同面组织；若经组织点多于纬组织点数称为经面组织；若纬组织点数多于经组织点数称为纬面组织。

7. 飞数

在一个完全组织中，同一系统中相邻两根纱线上对应的组织点之间所间隔的另一个系统的纱线根数称为飞数，用“S”表示。

经向飞数(S_j):在一个完全组织中,相邻两根经纱上对应的组织点之间相隔的纬纱根数。

纬向飞数(S_w):在一个完全组织中,相邻两根纬纱上对应的组织点之间相隔的经纱根数。

飞数是一个矢量,通常对经向飞数来说,以右边纱线上的组织点为起点,左边相邻纱线上相应的组织点向上数为正,向下数为负;对纬向飞数来说,以下边纱线上的组织点为起点,上边相邻纱线上相应组织点向右数为正,向左数为负。

8. 织物组织图

织物的组织常用组织图来表示,如图4-1-1所示。经纬纱的交织规律可在方格纸(意匠纸)上表示。方格纸的纵行代表经纱,横行代表纬纱,每根经纱与纬纱相交的方格代表一个组织点,经组织点常用"■"、"×"等符号表示,纬组织点常用空格表示。在组织图上经纱的顺序从左至右,标在图的下方,纬纱的顺序从下至上,标在图的左方,经纬纱的顺序标号也可省略。

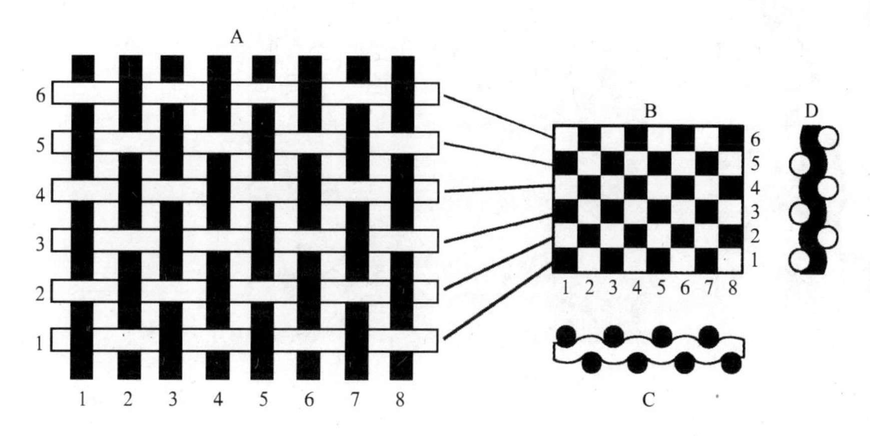

图4-1-1 织物组织及结构图

(二)常用组织及其特征

织物组织种类繁多,大致可分为原组织、变化组织、联合组织、复杂组织四类(图4-1-2)。

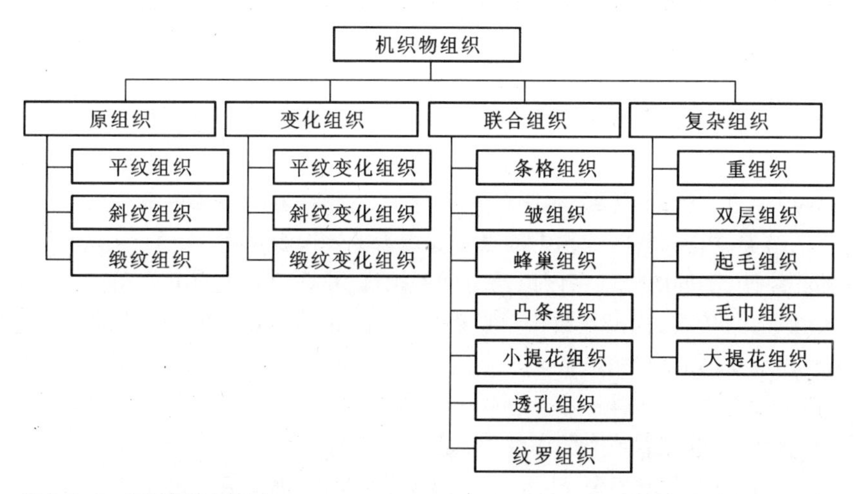

图4-1-2 机织物组织类型

1. 原组织

原组织是机织物组织中最简单、最基本的组织,是一切组织的基础,其他组织都是在原组织的基础上变化发展而得到的,因此又称为基础组织。原组织的特点为:完全经纱数与完全纬纱数相等。$R_j = R_w$;飞数为常数;同一系统的每根纱线只与另一系统的纱线交织一次。

原组织包括平纹组织、斜纹组织、缎纹组织三种组织,因而又称为三原组织。

① 平纹组织

平纹组织是机织物组织中最简单的一种,如图 4-1-3 所示。

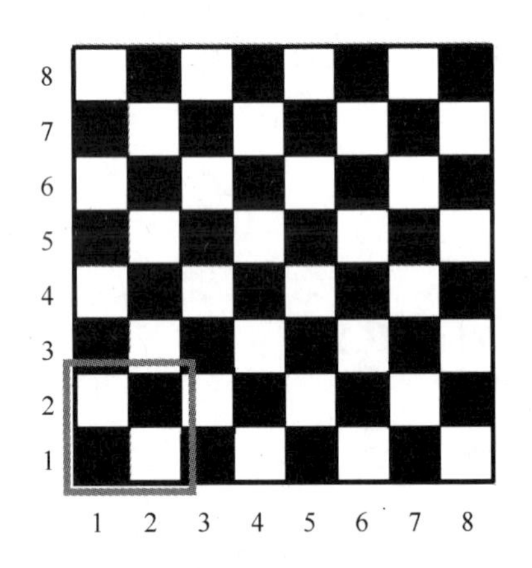

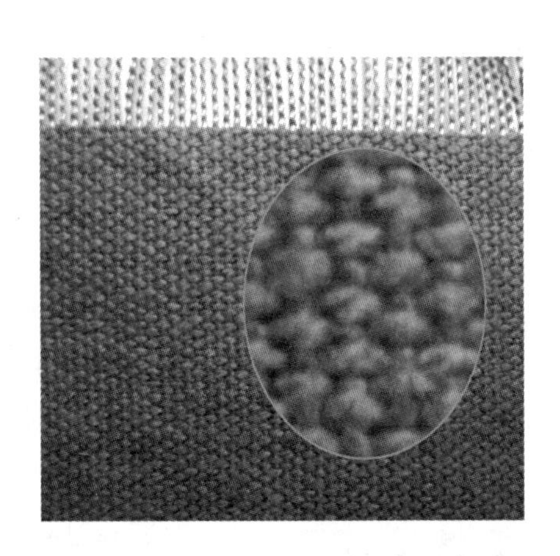

图 4-1-3 平纹组织及织物

平纹的组织参数:$R_j = R_w = 2, S_j = S_w = 1$。

平纹的表示方法:用分式 1/1 表示,分子表示经组织点,分母表示纬组织点,又称为一上一下平纹组织。

特点:织物表面平坦,正反面外观相同。与其他组织相比,平纹组织的经纬纱每间隔一根纱线就交织一次,交织次数最多,因而纱线不易相互靠紧,易拆散。由于组织中浮线短,故织物不易磨毛,抗勾丝性能好。但在相同规格下与其他组织织物相比最轻薄。平纹组织织物质地坚牢,耐磨而挺括,手感较硬挺,又由于纱线一上一下交织频繁,纱线弯曲较大,故织物表面光泽较差。

应用:平纹组织的应用十分广泛,如棉织物中的平布、细布、府绸;毛织物中的派力司、凡立丁、法兰绒等;丝织物中的纺类、塔夫绸;麻织物中的夏布等均为平纹组织织物。

当采用不同粗细的经纬纱,不同的经纬密度以及不同的捻度,捻向,张力,颜色的纱线时,就能织出呈现横向凸条纹、纵向凸条纹、格子花纹、起皱、隐条、隐格等外观效应的平纹织物,若应用各种花式线,还能织出外观新颖的织物。

② 斜纹组织

斜纹组织织物表面呈较清晰的左斜或右斜向纹路,如图 4-1-4 所示。

斜纹的组织参数:构成斜纹的组织循环至少要有三根经纱和纬纱,因此 $R_j = R_w \geq 3$。

斜纹的表示方法:根据织物表面的斜向,斜纹分为右斜纹和左斜纹,用分数的形式表示。如

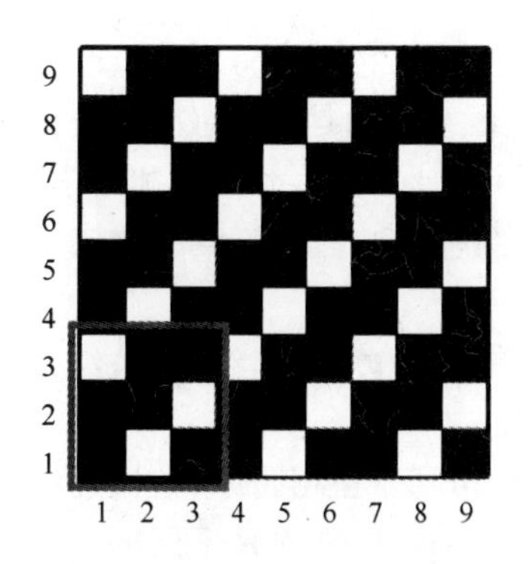

图 4-1-4　斜纹组织及织物

1/2 ↗右斜纹，可读成一上二下右斜纹或三枚右斜纹。其中，分子代表一根经纱或纬纱在一个完全组织内经组织点的数目，分母则表示一根经纱或纬纱在一个完全组织内纬组织点的数目。分子与分母之和表示一个完全组织的经纬纱个数，简称枚数。↗表示纹路右斜向，↖则表示纹路左斜向。当分子大于分母时，在组织图中经组织点占多数，称之为经面斜纹；纬组织点占多数，称之为纬面斜纹。通常正面呈右斜纹，而反面呈左斜纹。

特点：与平纹组织相比，斜纹组织的组织循环数比平纹大，交织次数减少。由于斜纹组织中不交错的经（纬）纱容易靠拢，单位长度中纱线可以排得较多，因而增大了织物的厚度和密度。又因交织点少，故织物光泽提高，手感较为松软，弹性较好，抗皱性能提高，使织物具有良好的耐用性能。

应用：斜纹组织的应用较为广泛，如棉、毛织物中的卡其、哔叽、华达呢，丝织物中的绫类、羽纱、美丽绸等。

③ 缎纹组织

缎纹组织是原组织中最复杂的一种组织，它最大的特点是在布面上形成单独的互不连续的组织点（图 4-1-5）。

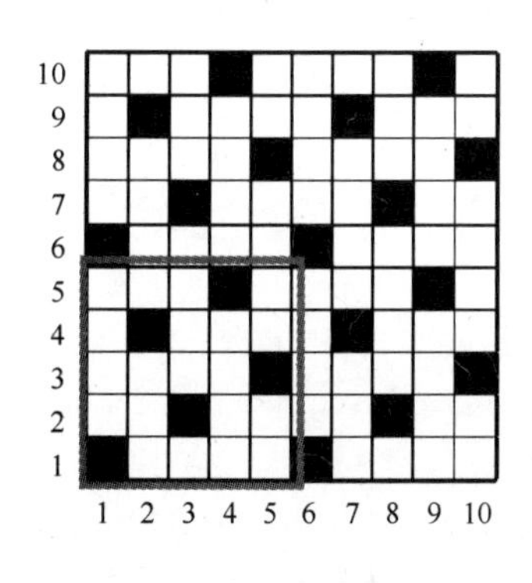

图 4-1-5　缎纹组织图及织物

缎纹的组织参数：$R\geqslant5$（6 除外）；$1<S<R-1$；S 与 R 互为质数。

缎纹的表示方法：缎纹也用分式表示，分子表示组织循环纱线数，一般表示为几枚，分母表示飞数，通常表示为几枚几飞。

特点：表面平整、光滑、富有光泽，因为较长的浮线可构成光亮的表面，它更容易对光线产生反射，特别是采用光亮，捻度较小的长丝纱时，这种效果更为明显。缎纹组织是三原组织中交错次数最少的一类组织，因而有较长的浮线在织物表面，这就造成该织物易勾丝、易磨毛和磨损，从而降低了织物的耐用性能。但因纱线相互间易靠拢，织物密度能够增大，通常该类织物比平纹和斜纹厚实、质地柔软、悬垂性好。

应用：缎纹组织在棉织物中有横贡缎、直贡缎；毛织物中有直贡呢、马裤呢、驼丝锦等；丝织物中有素缎、花软段、织锦缎等。

以上三种机织物原组织由于结构不同，织物的外观效果也各不相同。在相同原料、相同纱线规格情况下，三种组织的织物在光泽、柔软度、抗皱性、耐磨性以及密度等方面是不同的。光泽性：平纹较暗淡，斜纹较光亮，缎纹最为明亮。强度和耐磨性：平纹最好，斜纹次之，缎纹最差。密度：缎纹可以达到最大，斜纹次之，平纹最小。总体而言，缎纹织物柔软光滑，平纹织物硬挺坚牢，斜纹织物介于二者之间。

2. 变化组织

变化组织是在原组织基础上改变组织点浮长、飞数、织纹方向等因素中的一个或几个而获得的组织。包括平纹变化组织、斜纹变化组织和缎纹变化组织。各种变化组织的形态虽有所不同，但仍具有原组织的某些特征。

(1) 平纹变化组织

平纹变化组织通常以平纹组织为基础，在一个方向或两个方向上延长组织点而形成(图4-1-6)。如重平、方平以及变化重平、变化方平等。

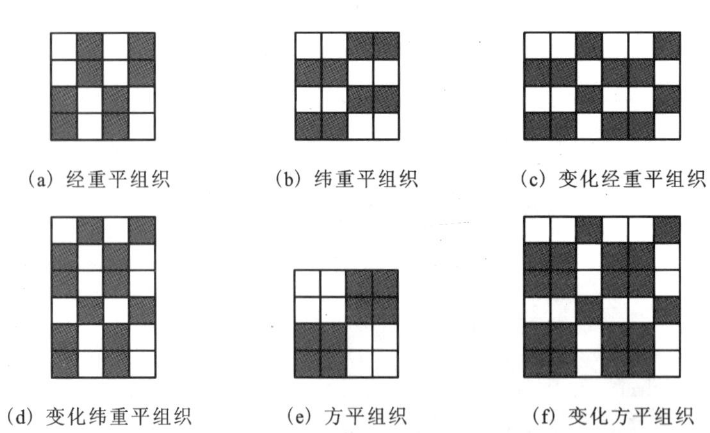

图4-1-6 平纹变化组织

在经向上延长组织点所形成的组织叫经重平组织；在纬向上延长组织点所形成的组织叫纬重平组织；在组织循环中有规律地将个别组织点延长，加以变化形成变化重平组织；在经、纬向同时延长组织点的叫方平组织。

经重平组织表面呈现横凸条纹，纬重平组织表面呈现纵凸条纹，并可借助经纬纱的粗细搭配，使凸条纹更加明显(图4-1-7(a))。这种组织常用作布边组织。当重平组织中的浮长长短不同时称为变化重平组织，多用于毛巾织物。方平组织的织物外观平整，呈板块状席纹，有小颗粒，较平纹组织的织物质地松软、丰厚，有一定的抗皱性，悬垂性好，但易勾丝，耐磨性不如平纹组织。如配以不同色纱和纱线原料，在织物表面可呈现色彩丰富、式样新颖的小方块花纹（图 4-1-7（b））。方平组织也常用作各种织物的边组织。

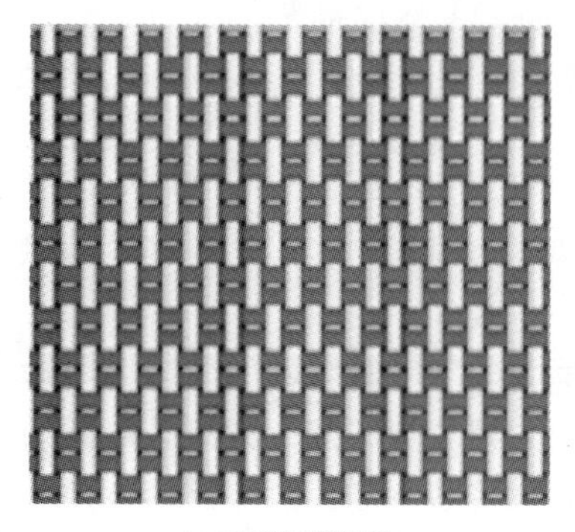

(a) 重平组织织物　　(b) 方平组织织物

图 4-1-7　平纹变化组织织物

（2）斜纹变化组织

在斜纹原组织基础上，采用延长组织点浮点长度改变组织点飞数或改变斜纹方向等方法，可变化出多种斜纹变化组织。斜纹变化组织有：加强斜纹（图 4-1-8）、复合斜纹、角度斜纹、山形斜纹、破斜纹、菱形斜纹等。

图 4-1-8　加强斜纹组织及织物

加强斜纹组织是在斜纹组织的组织点旁沿着经（纬）向增加其组织点而形成的，加强斜纹是最简单的也是应用最广泛的斜纹变化组织。如：棉织物中的哔叽、华达呢、卡其；丝织物中的斜纹绸、真丝绫、闪色绫等。精纺毛织物中的（毛）哔叽、（毛）华达呢、啥味呢等。采用这一组织的毛织物易缩绒。所以呢绒类织物大都采用加强斜纹，粗纺毛织物中的麦尔登、海军呢、制服呢等也采用加强斜纹。

复合斜纹组织是一个完全组织中具有两条或两条以上不同宽度的斜纹线，多用于花呢。

山形斜纹：这是改变斜纹线方向，使其一半向右倾斜，一半向左倾斜，在织物表面形成对称的连续山形纹样。常用于棉织物中的人字呢、男线呢、床单布；毛织物及混纺织物中的大衣呢、女士呢等。

破斜纹：在山形斜纹的右斜纹和左斜纹的交界处组织点相反，并有一个明显的界限，呈现“断面”效应。破斜纹具有清晰的人字效应，一般用于棉织物中的线呢、床单布等。

山形斜纹与破斜纹大量应用在各类花呢、大花呢中。由几个山形斜纹组织合成菱形，就是菱形斜纹组织。

(3) 缎纹变化组织

在缎纹原组织的基础上。采用增加经(纬)组织点飞数或延长组织点浮长的方法可构成缎纹变化组织。缎纹组织主要有加强缎纹和变则缎纹。

加强缎纹组织是以原组织缎纹为基础，在其单个经(纬)组织点四周添加单个经(纬)组织点而形成的(图4-1-9(a))，其织物和缎纹织物外观相似，但由于交汇点增多，浮长线缩短，从而提高了织物的坚牢度。加强缎纹织物如配以较大的经纱密度，就可得到正面呈斜纹(图4-1-9(b))，而反面呈经面缎纹的外观(图4-1-9(c))，即“缎背”，如缎背华达呢，驼丝锦等。

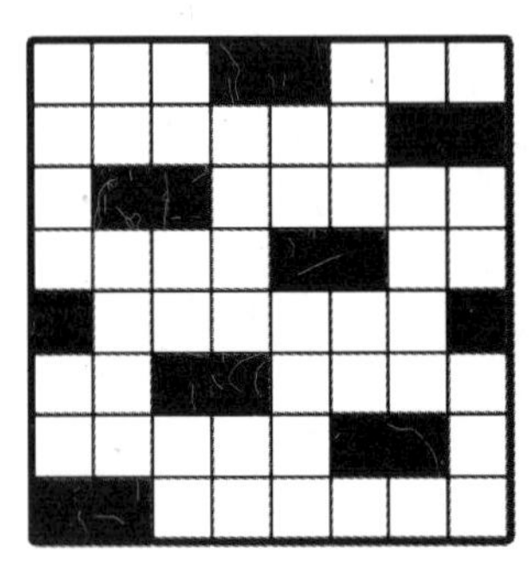

(a) 加强缎纹组织图

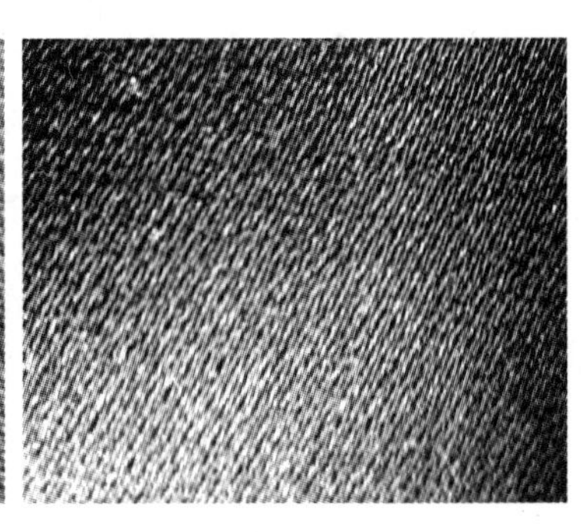

(b) 加强缎纹组织织物正面

(c) 加强缎纹组织织物反面

图4-1-9 加强缎纹组织及织物

3. 联合组织和复杂组织

联合组织是采用两种或两种以上的原组织、变化组织，通过各种不同的方式联合而成形成的一种新组织，此类组织品种较多，风格各异。常见的有条格组织、绉组织、蜂巢组织、透孔组织、凸条组织等。

复杂组织是指在构成织物的经纱和纬纱中，至少有一种是由两个或两个以上系统的纱线组成的织物组织。这种组织结构能增加织物厚度和提高织物的耐磨性，使织物表面致密、质地柔软或能赋予织物一些特殊性能等。常见的复杂组织有重组织、双层及多层组织、起毛组织、毛巾组织、纱罗组织及大提花组织等。

三、机织物的结构

织物结构是指经纬纱线在织物中的几何形态，服装的外观风格特征及穿着性能归根到底是由组成织物的材料的结构特征和性能所决定的。除织物组织外，织物的结构参数主要有以下几种。

1. 宽度

也称为织物幅宽,国内常用cm(厘米)作为机织物的幅宽单位,国外有时用in(英寸)作其单位。织物常用幅宽见表4-1-1。幅宽一般根据织物的用途、生产条件、生产效益、产品管理等因素确定,并有一定的规范。例如有梭织机生产的织物幅宽一般不超过150 cm,无梭织机生产的织物幅宽可达300 cm以上。从服装裁剪排料的需求,织物以宽幅为好,随着无梭织机的逐渐普及,机织物幅宽可达300 cm以上。

表4-1-1 机织物常用幅宽

织物类型	幅宽/cm
棉织物	80、90、120、106.5、122、135.5、127~168
精梳毛织物	144、149
粗梳毛织物	143、145、150
丝织物	70、90、114、140
麻织物	80、90、98、107、120、140

2. 长度

也称为织物匹长,国内常用m(米)作为机织物的长度单位,国外有时用yd(码)作为长度单位,它一般根据织物的种类和用途来确定。一般来说,棉织物匹长30~50 m,精纺毛织物匹长50~70 m,粗纺毛织物匹长30~40 m,丝织物一般匹长为25~50 m。

3. 重量

常用g/m^2(每平方米克重)为单位。重量一般与原料、纱线(精梳、粗梳)、织物结构(机织物、针织物、絮制品)有关,不仅影响织物的服用性能和加工性能,也是价格计算的主要根据。机织物的品种、用途、性能不同,对其主要要求也不相同。各类机织物根据自身特点将其分为轻型、中厚型和厚重型,各类织物重量见表4-1-2。

表4-1-2 机织物面密度

机织物类型	精纺/$g \cdot m^{-2}$	粗纺/$g \cdot m^{-2}$
轻型织物	<180	<300
中厚型织物	180~270	300~450
厚重型织物	>270	>450

4. 厚度

机织物厚度是指在一定压力下织物的绝对厚度,以mm(毫米)为单位,但丝织物由于较薄,常以重量间接表示。织物厚度与织物的所用的纱线细度、弯曲程度、组织结构等有关,会直接影响服装的风格、保暖性、透气性、悬垂性、重量和耐磨性等服用性能。一般织物的厚度如表4-1-3所示。

表4-1-3 机织物厚度

机织物类型	棉织物/mm	精梳毛织物/mm	粗梳毛织物/mm
轻型织物	<0.24	<0.4	<1.10
中厚型织物	0.24~0.4	0.4~0.6	1.1~1.6
厚重型织物	>0.4	>0.6	>1.6

5. 经纬向密度和紧度

织物的经向或纬向密度，是指沿织物纬向或经向单位长度范围内经纱或纬纱排列的根数。一般用 10 cm 内纱线根数表示。如织物写成 200 × 180 表示经向密度 200 根/10 cm，纬向密度 180 根/10 cm。

织物经纬向密度的大小，以及经纬向密度的配置，对织物的性能如重量、紧密度、手感以及透湿性、透气性等有较大的影响。一定范围内，织物强度随密度的增大而增大，但过大反而降低；织物经纬向密度与重量成正比；织物经纬向密度越小，织物越柔软，织物的弹性降低、悬垂性增加，保暖性增加。

但织物的紧密程度不能用经纬向密度表示，因为经纬向密度相同的织物，采用较粗纱线的织物更为紧密。所以要比较组织相同而纱线粗细不同的织物的紧密程度，需采用紧度这一衡量指标，经纬向紧度是指经纬纱的直径与两根纱线间的平均中心距离之比，用百分数表示。

第二节　针织物的分类及组织结构

针织物是通过织针有规律的运动而使纱线形成线圈，线圈和线圈之间互相串套而形成的织物。

由于针织物的结构特点，使它具有良好的延伸性、弹性、柔软性、保暖性、通透性、吸湿性等服用性能，但同时也带来易脱散、卷边和易起毛起球和勾丝的缺点。

针织物是服装用织物的主要类型之一，与机织不同，针织生产可以直接做出成品服装，如毛衣裤、袜子等，也可以先生产针织面料，再进一步设计加工成 T 恤衫、运动服等。

一、针织物的特点

（一）针织物的基本结构

针织物结构因素主要包括线圈结构、线圈的排列组合及排列方式等，针织物的基本结构单元为线圈。

1. 线圈形式

针织物组织的基础是纱线被弯曲呈线圈。针织物基本线圈形式有三种，如图 4-2-1 所示。

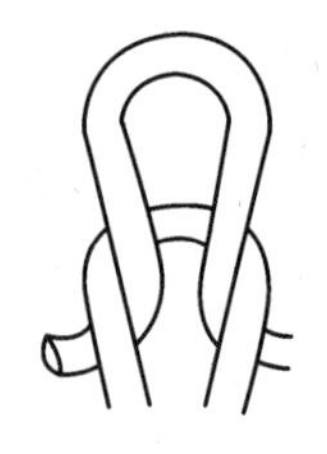

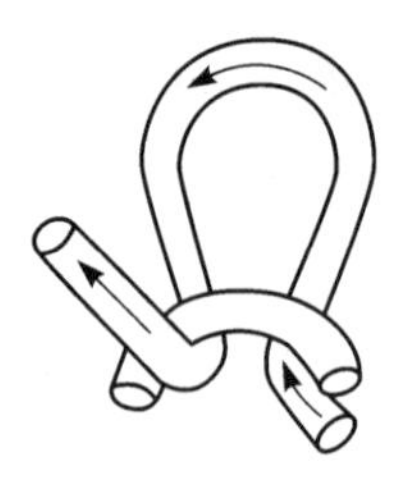

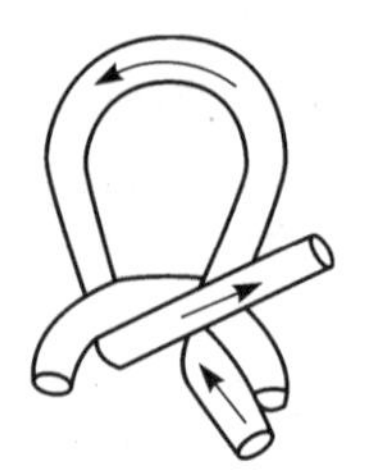

纬编线圈　　经编开口线圈　　经编闭口线圈

图 4-2-1　针织物的线圈形式

2. 线圈纵行与横列

线圈在纵向的组合称为线圈纵行;线圈在横向的组合称为横列,如图 4-2-2 所示。

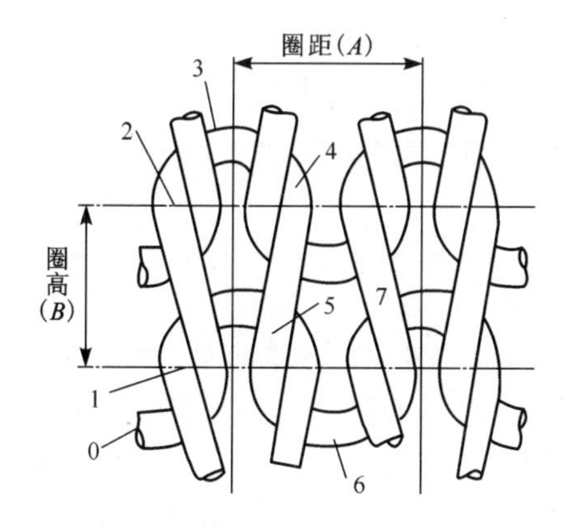

图 4-2-2 针织物的线圈结构

3. 线圈的圈距与圈高

同一横列中相邻两线圈对应点之间的距离称为圈距,一般以 A 表示;同一纵行巾相邻两线圈对应点之间的距离称为圈高,一般以 B 表示。

4. 线圈的正反面

单面针织物的基本特征是线圈圈距或线圈圈弧集中分布在针织物的一个面上,如果分布在针织物的两面时则称为双面针织物。单面针织物的外观,有正面和反面之分。线圈圈柱覆盖于线圈圈弧的一面称为正面;线圈圈弧覆盖于线圈圈柱的一面称为反面。

(二)针织物的主要规格

1. 线圈长度

线圈长度是指每一个线圈的纱线长度,一般以毫米(mm)为单位。线圈长度可以用折算的方法来测定,或根据线圈在平面上的投影近似地测量。

线圈长度越长,针织物越稀疏,也越容易变形,线圈长的针织物尺寸稳定性和弹性较差,强度也较差,脱散性也较大,此外耐磨性、抗起毛起球性和勾丝性等也较差,但透气性较好。

2. 密度

针织物的密度,用以表示一定的纱支条件下针织物的稀密程度,是指针织物在单位长度内的线圈数。通常采用横向密度和纵向密度来表示。

横向密度简称横密,指沿线圈横列方向在规定长度(50 mm)内的线圈数;纵向密度简称纵密,指沿线圈纵行方向在规定长度(50 mm)内的线圈数。

密度较大的针织物比较厚实,保暖性、强度、弹性、耐磨性、抗起毛起球性和勾丝性较好,透气性较差。

3. 单位面积干燥重量

国家标准中规定,针织物的单位面积干燥重量用每平方米针织物的干燥重量(g)表示。它是考核针织物质量的重要指标之一。当原料种类和纱线线密度一定时,单位面积重量间接反映了针织物的厚度、紧密程度。它不仅影响针织物的物理机械性能,而且也是控制针织物质量,进

行经济核算的重要依据。

4. 未充满系数

未充满系数是指线圈长度与纱线直径的比值。该值越大，表明织物中未被纱线充满的空间愈大，织物愈疏松。

5. 厚度

针织物的厚度取决于它的组织结构、线圈长度和纱线线密度等因素，一般以厚度方向的纱线数乘以纱线直径来表示，也可以用织物厚度仪测量。

（三）针织物的特征

1. 脱散性

针织物的脱散性是指当针织物的某根纱线断裂或线圈失去串套联系后，线圈在外力作用下，依次从被串套的线圈中脱出，从而使针织物的线圈结构受到破坏，针织物的这种特性称为脱散性。

一般针织物均可沿逆编结方向脱散，线圈脱散顺序正好与编织顺序相反。由于针织物中纱线断裂，使得线圈发生脱散，并且这种脱散会越来越大，以至于不仅影响针织物的外观，而且大大降低其耐用性。但是另一方面可以利用针织物的脱散性为生产服务，如将针织物线圈脱散成纱线，制造变形纱。

这种脱散性与织物组织结构有关，但所用纱线的品质品种不同，如摩擦系数、线圈长度等不同，其脱散性也有差别。一般纬编针织物较经编织物易脱散，基本组织比变化组织或花色组织的脱散性大。由于脱散性的存在，在设计和缝制时就要采用防止脱散的线迹结构，如包缝线迹或绷缝线迹。

2. 卷边性

某些组织的针织物，在自由状态下其边缘发生包卷，这种性质称为卷边性。针织物的卷边性是由于弯曲的纱线在自由状态下力图伸直所造成的。

针织物卷边的方向大都是相同的。一般沿线圈横列向坯布正面卷边，沿线圈纵行向坯布反面卷边。由于横向和纵向的卷边方向不同，所以在针织物的四角，卷边作用力相互平衡，保持平直状态。

卷边性与织物的组织结构、纱线弹性、纱线特数、捻度以及织物的密度有关，一般卷边性发生在单面针织物上。卷边后会影响裁剪和缝纫的操作，降低工作效率。

3. 延伸性和弹性

针织物由于其线圈结构上的特点，在受外力拉伸时有尺寸伸长的特性，当外力去除后，线圈结构又回复到原来形状。针织物延伸性和弹性与坯布的组织结构、纱线粗细、种类、纱线的弹性及线圈长度等因素有关，而且面料的染整加工条件不同也会产生一定影响。

延伸性和弹性好的面料，在裁剪、缝制、整烫等工序作业中均应加以注意，防止产品牵拉使规格尺寸发生变化，缝制时要选用弹性相适应的缝线及线迹类型。

4. 勾丝与起毛起球

织物中的纤维或纱线被外界物体勾出，在织物表面形成丝环的现象，称为勾丝。织物在穿着或洗涤过程中，不断经受摩擦而使纤维从织物表面外露出来形成毛茸的现象，称为起毛。这些起毛的纤维不能及时脱落而被纠缠在一起形成纤维团，即所谓的起球。

织物起毛起球与原料种类、纱线结构、组织结构、后期整理加工以及产品服用条件有关。

5. 工艺回缩性

针织面料在缝制加工过程中,在长度与宽度方向会发生一定程度的回缩,其回缩量与原衣片长、宽尺寸之比称为"缝制工艺回缩率"。缝制工艺回缩率是针织面料的重要特性,其回缩率大小与坯布组织结构、原料纱支与种类、染整加工条件等密切相关。

工艺回缩率是设计针织服装样板时需要慎重对待的一个工艺参数,以确保成品规格的准确。

6. 透气性和吸湿性

针织面料由线圈组成,其中含有空气量较多,透气性和吸湿性均较好。在成品流通和仓储中应注意通风干燥,以防成品霉变。

7. 针织物的线圈歪斜

某些针织物在自由状态下,其线圈经常发生歪斜现象,从而导致线圈纵向的歪斜,直接影响到针织物的外观和服用性能。

线圈的歪斜是由于纱线捻度不稳定引起的,当纱线捻度较低且捻度较稳定时,线圈的歪斜较小;针织物的结构较为紧密时,线圈歪斜碰到较大的阻力,则线圈的歪斜也较小。

8. 抗剪性

针织物的抗剪性表现在两个方面:一是由于面料表面光滑,用电刀裁剪时层与层之间易发生滑移现象,使上下层裁片尺寸产生差异;二是裁剪化纤面料时,由于电刀速度过快,铺料又较厚,摩擦发热易使化纤熔融、粘结。

为了防止这些现象,对光滑面料裁剪时,不宜铺料过厚,需采用专用的布夹夹住再开裁或用手工裁剪。化纤面料更不宜过厚,电裁刀的速度要降低或采用波形刀口的刀片等。

二、常用针织物的组织结构

针织物的组织就是指线圈的排列、联合及联合的方式,它决定着针织物的外观和性能。根据加工方式的不同,针织物可分为纬编针织物和经编针织物两大类。

针织物组织根据线圈结构及其相互间排列的不同,可分为原组织、变化组织和花色组织三类。

原组织又称基本组织,它是所有针织物组织的基础,其线圈以最简单的方式组合。例如,纬编针织物中,单面的有纬平针组织,双面的有罗纹组织和双反面组织。经编针织物中,原组织是经平组织、经缎组织和编链组织。

变化组织是由两个或两个以上的基本组织复合而成,即在一个基本组织的相邻线圈纵行间,配置着另一个或者另几个基本组织,以改变原有组织的结构与性能。例如,纬编针织物中,单面的有变化纬平针组织,双面的有双罗纹组织。

花色组织是以基本组织和变化组织为基础的,利用线圈结构的改变或者另外加入一些辅助纱线或其他原料,以形成具有显著花色效应和不同性能的花色针织物。复合组织是由基本组织、变化组织和花色组织组合而成的。这些不同组织的针织物,由于其不同的花色效应和不同的物理机械性能,被广泛应用于内衣、紧身衣、运动衣、外衣、袜品、手套和围巾等。

(一) 纬编针织物

1. 纬编针织物的形成及分类

纬编针织物是指每根纱线按照一定顺序在一个横列(纬向)中形成线圈而编织成的织物,其

形成及组织结构如图 4-2-3 所示。纬编针织物中,每根纱线形成的线圈沿着针织物的纬向配置,一根纬纱就可以织成一幅纬编针织物。所有的纬编针织物都可以逆编织方向而脱散成线,因此,纬编针织物可以手工编织。

纬编针织物有以下组织:

基本组织:纬平针组织、罗纹组织、双反面组织,又称三原组织。

变化组织:双罗纹组织、变化平针组织。

花色组织:提花组织、集圈组织、衬垫组织、毛圈组织、长毛绒组织、纱罗组织、菠萝组织、波纹组织、复合组织等。

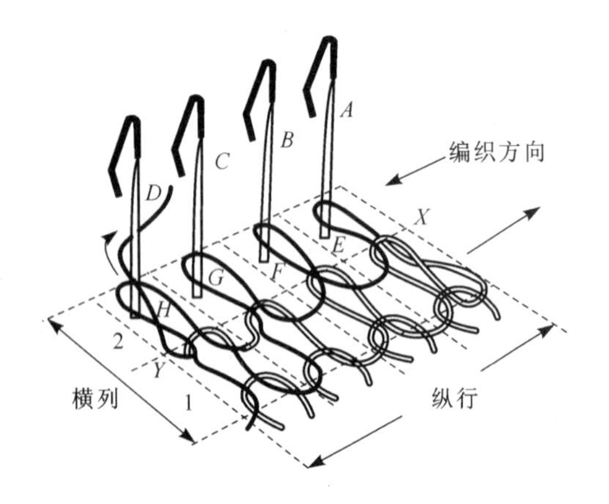

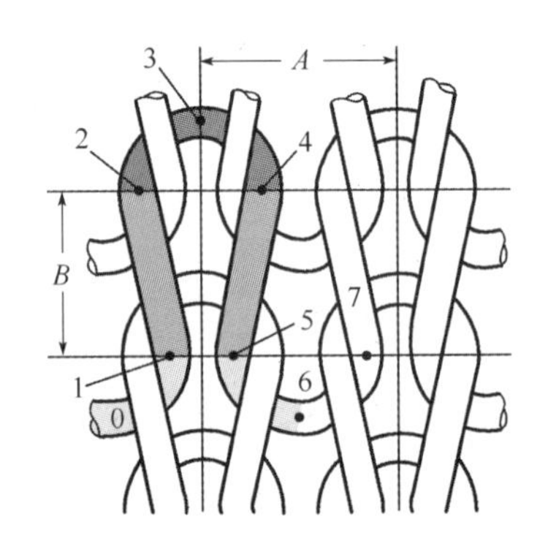

图 4-2-3　纬编针织物的形成及结构

2. 主要纬编组织及织物

(1) 纬平针组织

纬平针组织是最简单、最基本的单面纬编组织,由连续的单元线圈单向相互串套而成。如图 4-2-4 所示,正反面具有不同的外观,纬平针织物的正面显示纵向条纹,反面是横向圈弧。由于圈弧比圈柱对光线有较大的散射作用,故纬平针织物的正面比反面明亮。

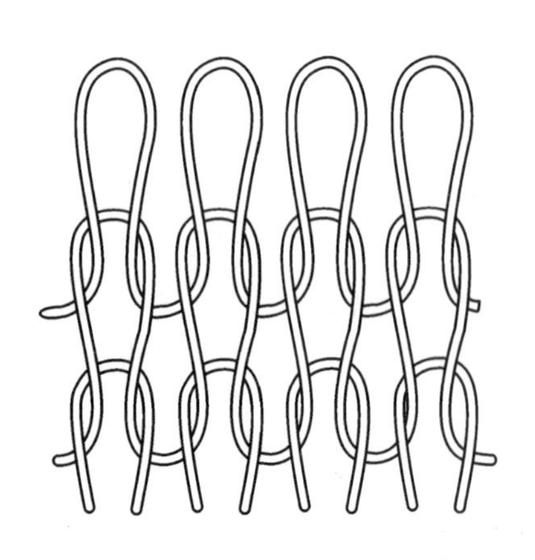

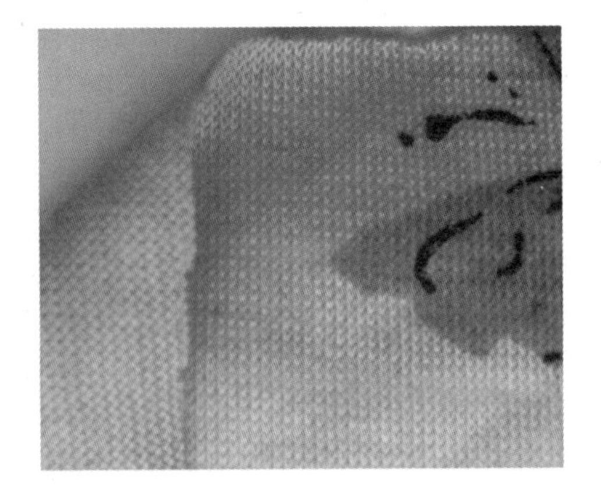

图 4-2-4　纬平针组织及织物

纬平针织物的布面光洁、纹路清晰、延伸性好,其横向延伸性比纵向延伸性大,吸湿性和透气性较好。纬平针织物脱散性较大,能沿顺、逆编织方向脱散,边缘具有明显的卷边性,有时还会产生线圈歪斜的现象。由于纬平针织物的组织结构简单,编织方便,所以使用广泛。一般用来做内衣如汗衫、背心、T 恤衫、童装、睡衣、袜子、手套等。

(2) 罗纹组织

罗纹组织是由正面线圈纵行和反面线圈纵行以一定的组合相间排列配置而成的,正反面都呈现正面线圈的外观(图 4-2-5)。改变正反面线圈的不同配置,可以得到不同条形排列的罗纹组织,如 1 +1、2 +2、4 +2、5 +3 罗纹等,前面的数字表示正面线圈纵行数,后面的数字表示反面线圈纵行数。

图 4-2-5 罗纹组织及织物

罗纹组织针织物最大的特点是具有较大的横向延伸性和弹性。1 +1 罗纹只能沿逆编织方向脱散,因为沉降弧被正反面纵行之间的交叉串套牢牢握持住,当某一线圈中的纱线断裂时,这个线圈所处的纵行只能沿逆编织方向脱散。其他如 2 +2 由于具有同纬平针组织相似的彼此连在一起的正面或反面线圈纵行,故线圈纵行除沿逆编织方向脱散外,还能沿顺编织方向脱散。罗纹针织物的卷边性是由正反面线圈纵行数决定,相同则由于卷边力的彼此均衡,基本不卷边,而不相同则由于卷边力的不均衡,卷边现象是存在的。

罗纹织物通常用来制作弹力衫裤、弹力背心、游泳衣裤等,也常用于只做服装中的袖口、领口、衣服下摆、袜口等。

(3) 双反面组织

双反面组织由正面线圈横列和反面线圈横列相互交替配置而成。在织物的正反两面均呈现纬平针组织反面的外观,外观成横向凹凸条效应。图 4-2-6 为 1 +1 双反面组织,也有 1+2、3 +2 等双反面组织,前面的数字表示正面线圈的横列数,后面的数字表示反面线圈的横列数。

双反面针织物由于线圈的倾斜,使得纵向缩短,织物的厚度增加,而在纵向拉伸时具有很大的弹性和延伸性,因此具有纵、横向延伸性相近的特点;其卷边与正、反面线圈横列数有关,当正、反面线圈横列数较小时,织物的卷边性很小,1 +1 双反面织物几乎无卷边。双反面针织物的顺、逆编织方向脱散性较大,这种组织多用于毛衫。

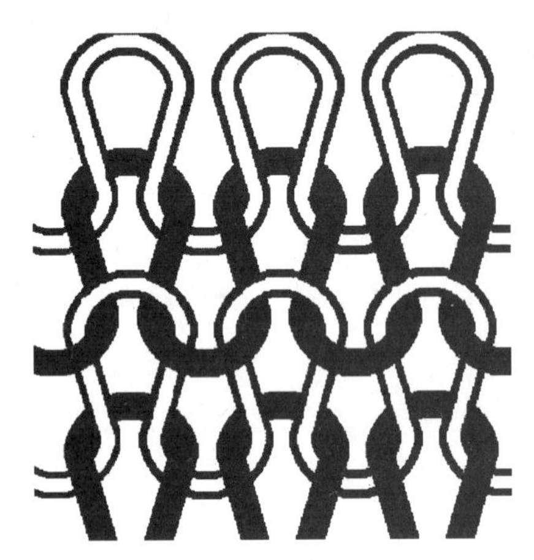

图 4-2-6 双反面组织及织物

(4) 双罗纹组织

双罗纹组织又叫棉毛组织或双正面组织。它是由两个罗纹组织彼此复合而成,正反面都呈现正面线圈。在一个罗纹组织的线圈纵行之间,配置另一个罗纹组织的线圈纵行,是罗纹组织的变化组织(图 4-2-7)。双罗纹组织由于是由两个拉伸的罗纹组织复合而成,因此其延伸性和弹性都比罗纹织物小。在双罗纹织物中,当个别线圈断裂时,因受另一个罗纹组织中纱线的摩擦阻力的作用,不易脱散,不卷边,表面平整而且保暖性好,被广泛应用于内衣和运动衫裤。

图 4-2-7 双罗纹组织及织物

(5) 提花组织

提花组织是把纱线垫放在按花纹要求所选的某些针上成圈而形成的一种组织。提花组织有单面和双面之分。单面提花织物的卷边性与纬平针织物相同。双面提花织物不卷边,脱散性小,织物稳定性好。提花织物的横向延伸性和弹性较小,可以作为内外衣的面料(图 4-2-8)。

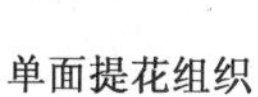

单面提花组织

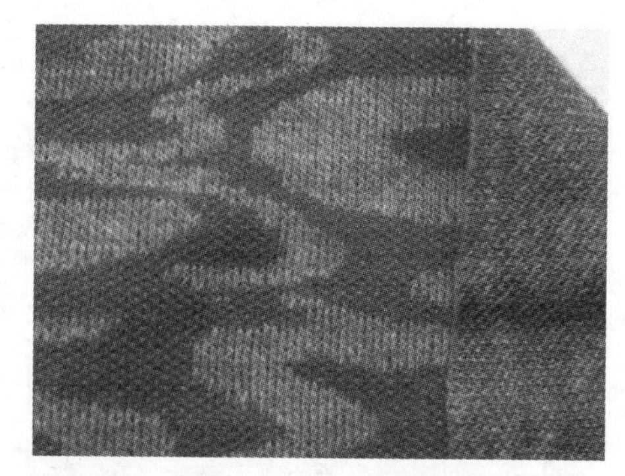

单面提花织物

双面提花组织

双面提花组织织物

图 4-2-8　提花组织及织物

（6）集圈组织

集圈组织是在针织物的某些线圈上，除套有一个封闭的旧线圈外，还有一个或几个未封闭的悬弧（图 4-2-9）。

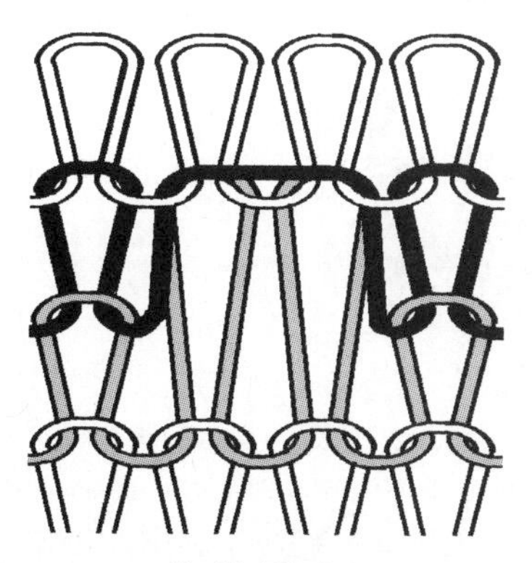

单面集圈组织

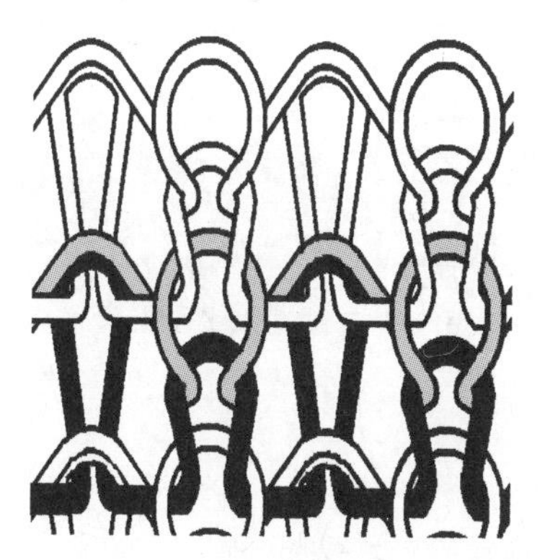

双面集圈组织

集圈织物

图 4-2-9 集圈组织及织物

集圈组织可分为单面和双面集圈两种。单面集圈是在单面组织基础上编织的。双面集圈一般是在罗纹组织或双罗纹组织的基础上集圈编织而成的。

集圈组织的花色较多,利用集圈的排列和不同色彩的纱线,可使织物表面具有图案、闪色、孔眼以及凹凸等效应。集圈针织物较厚,脱散性小,延伸性小,易抽丝,被广泛用作外衣面料。

(7) 添纱组织

添纱组织指一部分线圈或全部线圈是由两根或两根以上纱线组成的组织(图 4-2-10)。添纱织物的正反面有不同的色泽和性质,部分线圈添纱织物多用于袜品,全部线圈添纱织物多用于舒适性和功能性要求较高的服装中。

图 4-2-10 添纱组织及织物

(8) 衬垫组织

衬垫组织是以一根或几根衬垫纱线按一定比例在针织物的某些线圈上形成不封闭的圈弧,在其余的线圈上,呈浮线停留在织物的反面(图 4-2-11)。

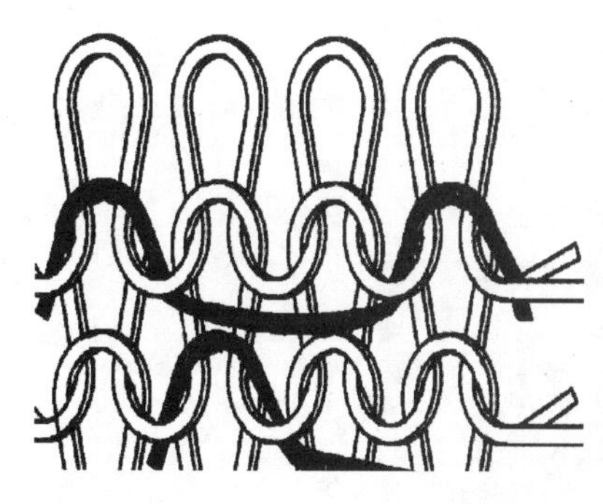

图 4-2-11　衬垫组织及织物

衬垫针织物的特征是织物的正面类同于平针地组织外观。织物表面平整、保暖性好，横向延伸性小，尺寸稳定性好。衬垫组织主要用于各种绒布的生产，绒的产生是在后整理时对衬垫纱的悬弧进行拉毛处理，使之成为短绒状，增加织物的柔软和保暖性。

(9) 毛圈组织

毛圈组织是由平针线圈和带有拉长沉降弧的毛圈线圈组合而成(图4-2-12)。毛圈组织可分普通毛圈和花色毛圈，还可分为单面和双棉毛圈。毛圈织物厚实、柔软，具有良好的吸湿性和保暖性。经剪毛等后整理可制得绒类织物。

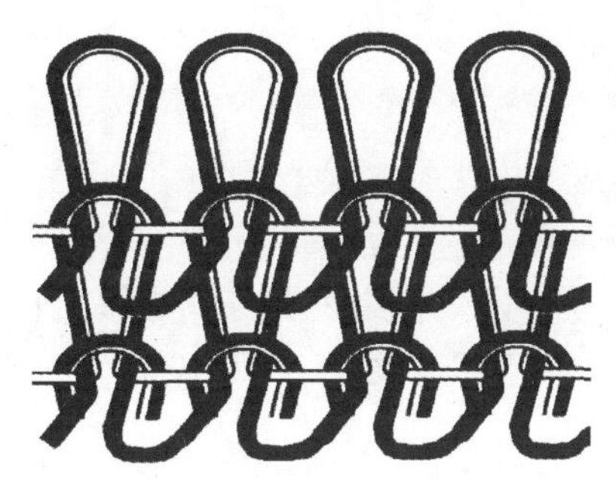

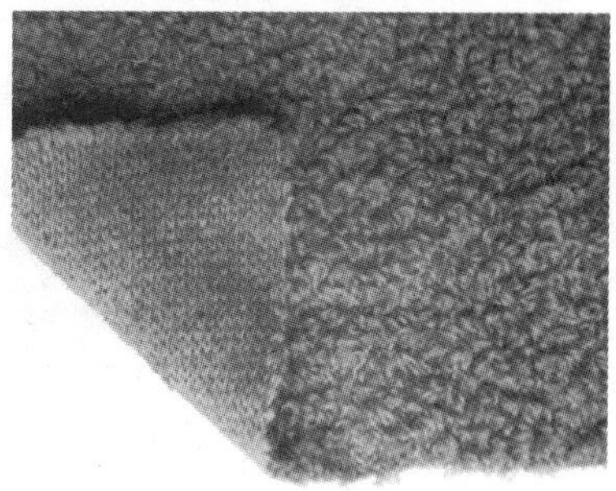

图 4-2-12　毛圈组织及织物

(10)长毛绒组织

长毛绒组织是指用纤维和地纱一起喂入织针编织，使纤维以绒毛状附在针织物表面的织物(图 4-2-13)。长毛绒组织与天然毛皮相比，具有重量轻、柔软度高、弹性和延伸性好以及保暖、耐磨、防蛀、易洗涤等优点。可以用于制作仿裘皮外衣、童装、帽子、夹克等。

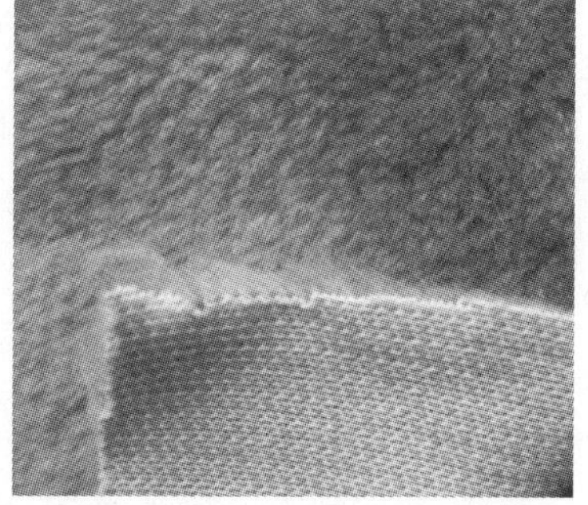

图 4-2-13　长毛绒组织及织物

(11)复合组织

由两种或两种以上的纬编组织复合在一起而形成的织物均称为复合组织织物。复合组织变化丰富,能改善织物的服用性能,还可用于扩大织物的花色品种(图4-2-14)。

图4-2-14 复合组织及织物

(二)经编针织物

1. 经编针织物的形成及分类

经编形成的织物组织中,每根纱线在一个线圈横列中只形成一个或两个线圈,即每根纱线所形成的线圈沿着针织物经向配置。因此,一幅经编针织物要由很多根经纱织成。通常采用一组或几组平行排列的纱线,于经向喂入针织机的所有工作针上,同时进行成圈而形成针织物。其形成及组织结构如图4-2-15所示。经编针织物的特点是脱散性小,延伸性小,稳定性较好。

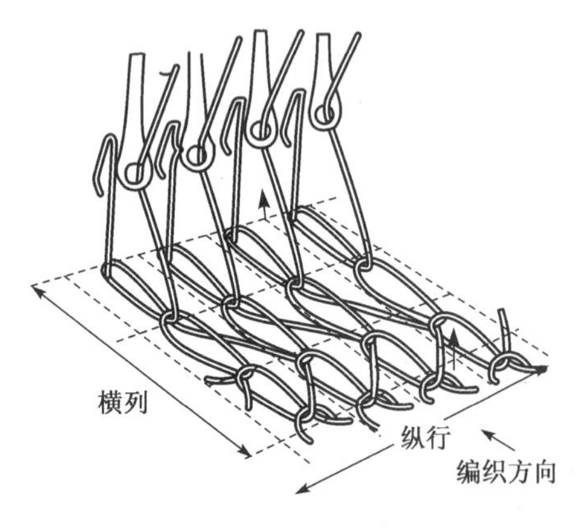

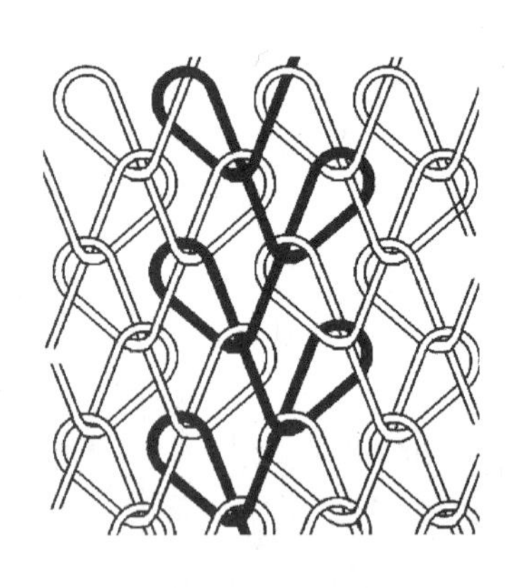

图4-2-15 经编针织物的形成及结构

经编针织物主要有以下组织:

基本组织:编链组织、经平组织、经缎组织。

变化组织:变化经平组织、变化经缎组织、变化重经组织。

花色组织:多梳组织、空穿组织、衬纬组织、缺压组织、缺垫组织、缝边组织等。

2. 主要经编组织及织物

(1) 编链组织

编链组织如图 4-2-16 所示,是每根经纱始终在同一枚织针上垫纱成圈的经编组织,各根经纱所形成的线圈纵行之间没有联系。

编链组织纵行之间没有延展线,因此它本身不能形成织物,要与其他组织复合才可以形成纵向延伸性小、横向收缩小、布面尺寸稳定性好的织物,常被用于外衣和衬衫料。

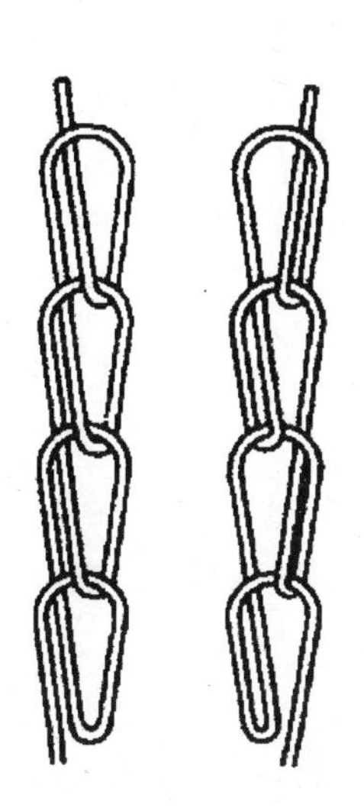

图 4-2-16 编链组织及编链体

(2)经平组织

经平组织是每根经纱在相邻的两枚织针上交替垫纱成圈的经编组织,如图 4-2-17 所示,织物的正反面都呈菱形网眼。

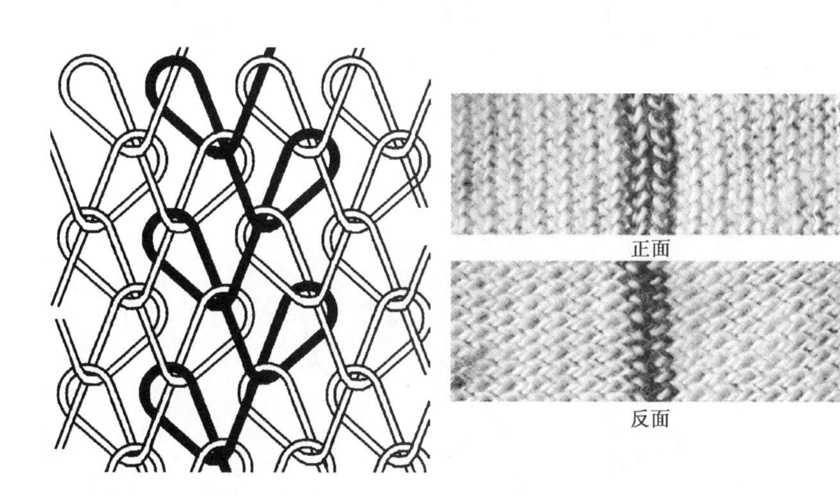

图 4-2-17 经平组织及织物

由于线圈呈倾斜状，经平组织针织物具有一定的纵、横向延伸性。织物的卷边性不显著，但容易脱散，因为一个线圈断裂后，横向受到拉伸时，线圈纵行有逆编织方向脱散的现象，并能导致织物纵向分离。一般不单独使用，经常与其他组织结合而得到不同性能和效应的织物。

(3) 经缎组织

经缎组织是指每根经纱顺序在三根或三根以上的针上垫纱成圈的组织，图 4-2-18 为最简单的经缎组织及织物。

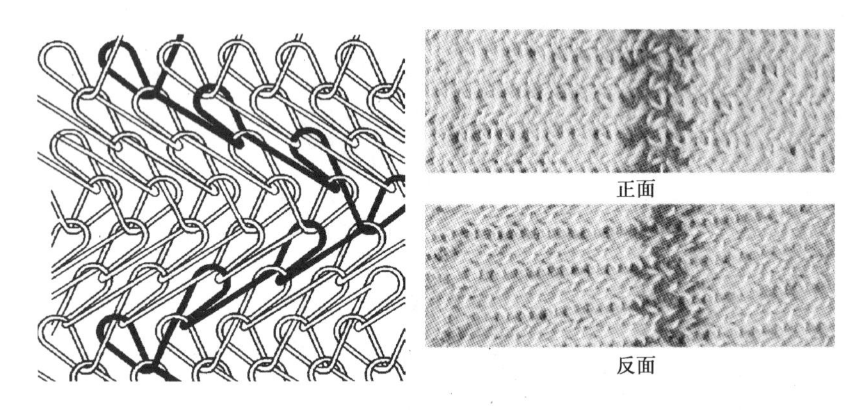

图 4-2-18 经缎组织及织物

经缎针织物的线圈倾斜较小，其卷边性及其他一些性能类似于纬平针织物，也具有脱散性，但不会造成织物分离。由于不同方向倾斜的线圈横列对光线的反射不同，因而在针织物表面形成横条。经缎组织与其他组织复合，可得到一定的花纹效果，常被用于外衣料。

(4) 经绒组织和经斜组织

如图 4-2-19 所示，经绒组织是每根纱线在中间相隔一针的两枚织针上轮流编织成圈的组织。纱线在中间相隔二针的两枚织针上轮流编织成圈的组织称为经斜组织。

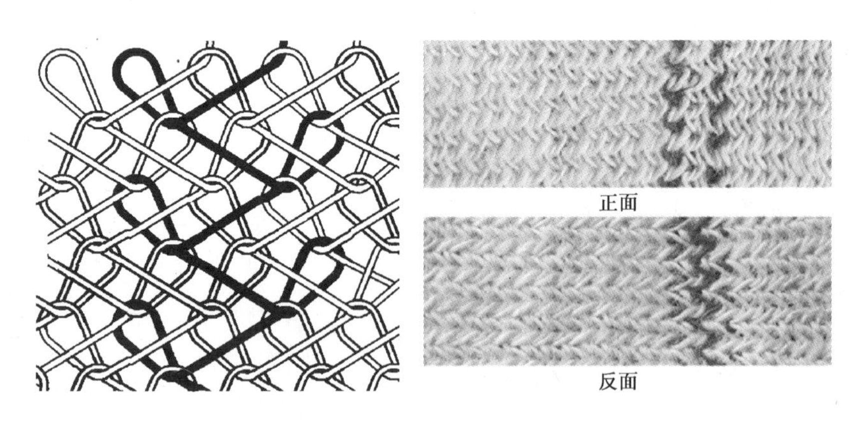

图 4-2-19 经绒组织及织物

两种组织的横向延伸性较经平组织小，纵向延伸性则较经平组织大。经绒组织卷边性与经平组织相同，脱散性小。经斜组织不卷边、不脱散，是拉毛的理想组织。

(5) 经平绒组织和经绒平组织

经平绒是指在使用两把梳栉编织时,后梳用经平,前梳用经绒(图4-2-20),经绒平是经平绒前后梳组织的对调,两梳对称垫纱(图4-2-21)。两种织物正面呈V形线圈纵行。经平绒和经绒平组织常用不同的原料编织,可用作内外衣面料。

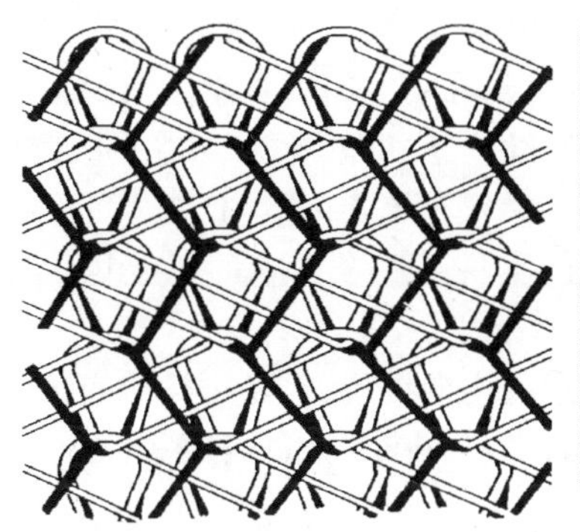

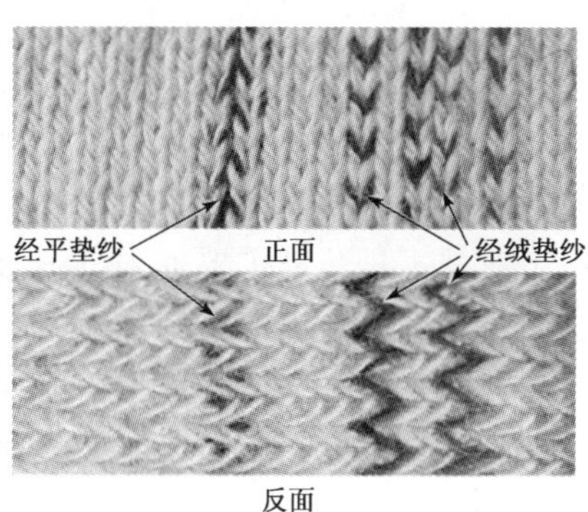

图4-2-20 经平绒组织及织物

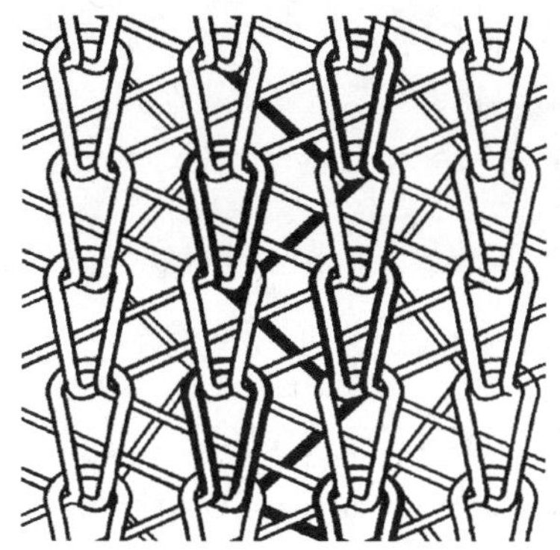

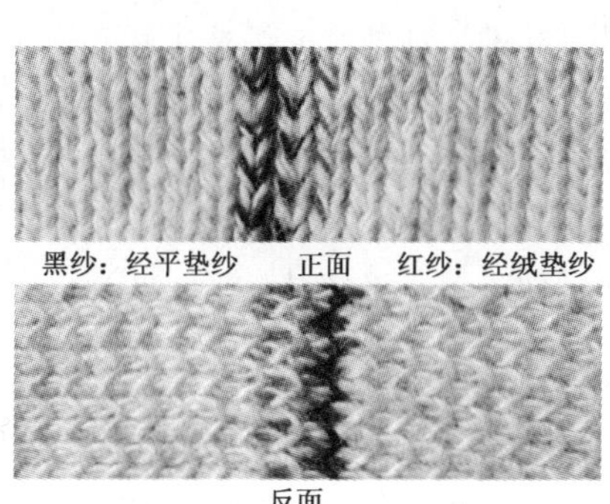

图4-2-21 经绒平组织及织物

(6) 经编起绒组织

经编起绒组织是指可使织物表面有耸立或平排的紧密绒毛的组织(图4-2-22)。经编起绒织物有的外观酷似呢绒,有的类似梭织物的平绒。经编起绒织物按结构可分经编衬纬起绒和经平斜或编链经起绒,还有单面和双面起绒织物。可用作男女风衣、上衣、礼服、鞋面、帷幕及装饰面料。

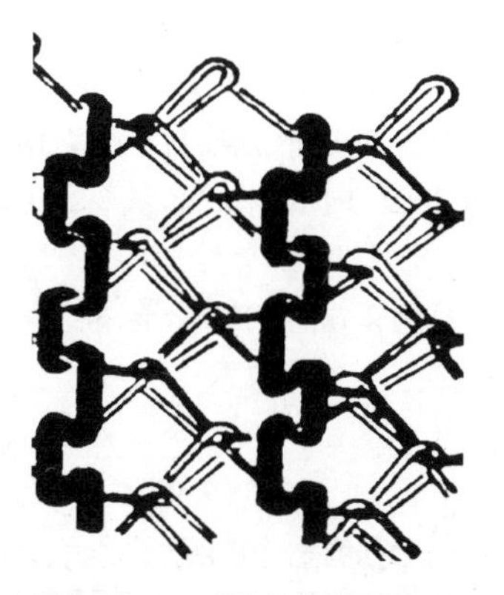

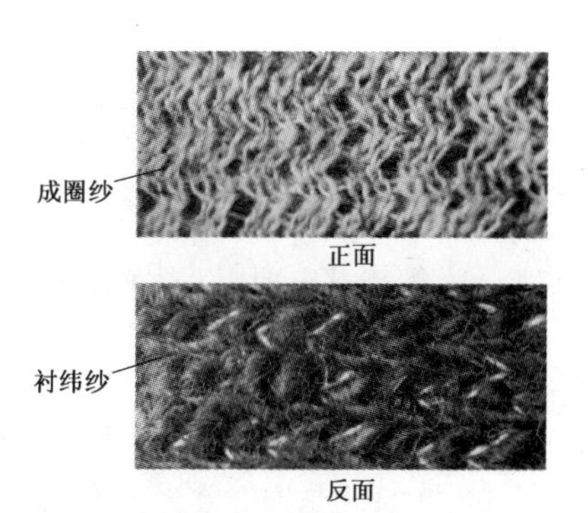

图4-2-22 经编起绒组织及织物

第三节　非织造织物的分类及结构

一、非织造布的定义与分类

（一）定义

非织造布又称非织布、非织造织物、无纺织布、无纺织物、无纺布。非织造技术是纺织工业中最年轻而最有前途的一种技术。它突破了传统的纺织原理，综合了纺织、化工、塑料、造纸等工业技术，充分利用现代物理、化学等学科的有关知识。因此，一个国家非织造生产技术的发达程度就成了这个国家纺织工业技术进步的重要标志之一，也反映了一个国家的工业化发展水平。

非织造布是一种由纤维层构成，这些纤维相互呈杂乱状态或定向铺置，再经过机械或化学方法的加固而形成的纺织品。其结构特点是介于传统纺织品、塑料、皮革与纸四种系统之间的一种新材料系统。

（二）分类

1. 按纤维原料和类型分类

按纤维原料可分为单一纤维品种纯纺非织造织物和多种纤维混纺非织造织物。按纤维类型分为天然纤维非织造织物和化学纤维非织造织物。在非织造织物的生产中，其纤维原料的选择是一个至关重要而又非常复杂的问题，涉及最终产品用途、成本和可加工性等因素。

2. 按产品厚度分类

可分为厚型非织造织物和薄型非织造织物（有时也细分为厚型、中型和薄型三种）。非织造织物的厚薄直接影响其产品性能和外观质量，不同品种和用途的非织造织物的厚度差异较大。

3. 按耐久性或使用寿命分类

可分为耐久型非织造织物和即用即弃型非织造织物（使用一次或数次就废弃的）。耐久型的非织造织物产品要求维持一段相对较长的重复使用时间，如服装衬里、地毯等；即用即弃型非织造织物多见于医疗卫生用品。

4. 按用途分类

① 医用及卫生保健类非织造织物。医用非织造织物，如手术服、手术帽、口罩、包扎材料、医帕巾、绷带、纱布，此外还包括病员床单、枕套、床垫等。卫生保健类非织造织物，如卫生巾、卫生护垫、婴幼儿尿布、成人失禁用品、湿巾以及化妆卸妆用材料等。

② 服装及鞋用非织造织物。主要用于衬基布、服装及一些垫衬类，如粘合衬、衬里、衬绒、领底衬、胸衬、垫肩、保暖絮片、劳动服、防尘服、内衣裤、童装以及鞋内衬、鞋中底革、鞋面合成革、布鞋底等。

③ 家用及装饰用非织造织物。主要用于被胎、床垫、台布、沙发布、窗帘、地毯、墙布、家具布以及床罩及各类清洁布等。

二、非织造布的生产流程

非织造物是以纤维为主体，加以纠缠或粘结固着所构成的，不同的非织造织物对应于不同的加工方法和工艺技术原理。除了根据产品用途、成本、可加工性等要求进行的原料选择外，其生产过程通常可分为纤维成网(简称成网)、纤维加固(成型,有时也称为固结)和后整理三个基本步骤。

(一) 纤维成网

纤维成网是指将纤维分梳后形成松散的纤维网结构。成网和加固构成了非织造织物最为重要的加工过程。成网的好坏直接影响到非织造织物的外观和内在质量,同时成网工艺也会影响到生产速度,从而影响到成本和经济效益。

按照纤维成网的方式,非织造织物可分为干法成网非织造织物、湿法成网非织造织物和聚合物直接挤压成网非织造织物。

1. 干法成网

非织造织物的成网过程是在纤维干燥的状态下,利用机械、气流、静电或者上述方式组合形成纤维网。一般又可进一步细分为机械成网、气流成网、静电成网和组合成网技术。

2. 湿法成网

非织造织物的成网过程则是类似造纸的工艺原理,又称为水力成网或水流成网,是在以水为介质的条件下,使得短纤维均匀悬浮于水中,并借水流作用,使纤维沉积在透水的帘带或多孔滚筒上,形成湿的纤网。湿法成网又可进一步细分为圆网法和斜网法。

3. 聚合物直接成网

非织造织物利用聚合物挤压纺丝的原理,首先采用高聚物的熔体、浓溶液或溶解液通过熔融纺丝、干法纺丝、湿法纺丝或静电纺丝技术形成的。前三种方法是先通过喷丝孔形成长丝或短纤维,然后将这些所形成的纤维在移动的传送带上铺放形成连续的纤网。静电纺丝成网主要是利用静电纺丝的原理,然后收集纤维成网。此外还有一些不是很常用的成网方法,如裂膜法、闪蒸法等。

(二) 纤网加固

通过上述方式形成的纤维网,其强度很低,还不具备使用价值。由于非织造织物不像传统的机织物或针织物等纱线之间依赖交织或相互串套而联系,所以加固也就成为使纤网具有一定强度的重要工序。加固的方法主要有机械加固、化学粘合和热粘合三种。

1. 机械加固

机械加固指通过机械方法使纤网中的纤维缠结或用线圈状的纤维束或纱线使纤网加固,如针刺、水刺和缝编法等。

2. 化学粘合

化学粘合是指首先将粘合剂以乳液或溶液的形式沉积于纤网内或周围,然后再通过热处理,使纤网内纤维在粘合剂的作用下相互粘结加固。通常粘合剂可通过喷洒、浸渍或印花、泡沫浸渍等方式施加于纤网表面或内部。不同方法所得非织造织物在柔软、蓬松、通透性等方面有较大的差别。

3. 热粘合

热粘合是指将纤网中的热熔纤维或热熔颗粒在交叉点或轧点受热熔融固化后使纤网加固,又分为热熔法和热轧法。

(三) 后整理

非织造织物后整理的目的是为了改善或提高其最终产品的外观与使用性能,或者与其他类

型的织物相似，赋予产品某种独特的功能，但并非所有的非织造织物都必须经过后整理，这取决于产品的最终用途，通常非织造织物的后整理方法可以分为以下三类。

1．机械后整理

机械后整理主要是指应用机械设备或机械方法，改进非织造织物的外观、手感或悬垂性等方面的性能，如起绒、起皱、轧光等。

2．化学后整理

化学后整理主要是指利用化学试剂对非织造织物进行处理，赋予其产品某些特殊的功能，如阻燃、防水、防臭、抗静电、防辐射等，同时还包括染色及印花等。

3．高能后整理

高能后整理是指利用一些热能、超声波能或辐射波能等对非织造行进行处理，主要包括烧毛、热缩、热轧凹凸花纹、热缝合等。

三、非织造布的特点

非织造布中的纤维大多是无序排列的，呈现一种多孔的结构构造，它具有以下特点：

① 具有一定的透气性、过滤性和保温性，具有较强的吸水性和吸附性。

② 原料范围广，不受限制。几乎每一种已知的纺织纤维原料都可用于非织造布的生产，无论是天然纤维、化学纤维或是它们的下脚纤维，还是难以用传统纺织方法加工的石棉纤维、玻璃纤维、碳纤维、石墨纤维、金属纤维或是耐高温的芳纶等，都可在非织造布的生产设备上加工。

③ 工艺流程短，劳动生产率高，成本低。一般的非织造布生产，只需在一条连续生产线上进行，工艺流程短，不受纺纱和织造速度的限制，因而生产速度大大提高。

④ 产品稳定性好。由于工艺流程简单，易于控制，原料适应广，所以非织造布的批差（每批之间的差异）很小。

⑤ 产品的厚度可以任意调节：除材料质感外，非织造布的形态及形态指标与机织物类似。但其厚度和重量一般以 100 g/m^2 为分界线，低于此值的为薄型，高于此值的为厚型。也有把小于 75 g/m^2 的称为薄型，75～150 g/m^2 的称为中厚型，大于 150 g/m^2 的称为厚型。

四、常见非织造布产品

1．化学粘合法非织造布

化学方法对纤网加固，是采用化学粘合剂的乳液或溶液，施加到纤网中去，施加的方法可以采用浸渍、喷洒、泡沫、印花等，然后纤网经热处理，就达到了纤网粘合加固的目的。也可采用化学溶剂或其他化学材料，使纤网中纤维表面部分溶解或膨润，产生粘合作用，因而达到纤网加固的目的。

化学方法加固是非织造布干法生产中应用历史最长、适用范围最广的一种纤维加固方法。近几年由于聚合物挤出直接成布方法的迅速发展及机械加固方法、热粘合推广应用继续增加，而某些化学粘合剂有不利于环境保护及人体健康的副作用，使得化学方法在干法非织造布采用的比重有所降低。然而尽管如此，对不少产品来说化学粘合法仍是一种十分重要的干法非织造布加工方法。并且化学粘合剂的制造技术已有很大改进，出现了许多无毒性、无副作用或者说“绿色”化学粘合剂，大大促进了化学粘合法非织造布的发展。其主要产品是喷胶棉。

2．针刺法非织造布

其加工的基本原理是纤维经开松、梳理成网后，喂入针刺机，针刺机中截面为三角形（或其他形状）且棱边带有钩刺的针，对蓬松的纤维网进行反复针刺，当成千上万的刺针进入纤网时，刺针上的钩刺就带住纤网表面的一些纤维随刺针穿过纤网，同时，由于摩擦力的作用，使纤网受到压缩。刺针刺入一定深度后回升，因钩刺顺向而使纤维以垂直状态留在纤网内，起加固作用，这就制成了具有一定厚度和强力的针刺法非织造布，针刺法非织造布的应用非常广泛，可用于家用装饰、地毯、毛毯、汽车内饰、过滤材料、土工合成材料、建筑、农用丰收布等。在服装领域里可用于里衬、填料、肩垫、女用内衣垫、雨衣内里、广告宣传衣、登山防寒棉袄、手套、高尔夫球手套等，还可用于人造革基布。

3．水刺非织造布

水刺法工艺也称射流喷网工艺，是通过高压水柱高速水流对纤网进行喷射，在水力作用下使纤网中纤维运动而重新排列和相互缠结，从而纤网得以加固而具备一定的强力。水刺非织造布是非织造布中较晚发展起来的一个品种，但由于其手感柔软、强度高、吸湿性和悬垂性好、无化学粘合剂、表现与传统纺织品近似，深得用户的欢迎。它已被广泛用于医疗卫生用品、揩布、合成革基布、防护服等诸多领域。

4．纺粘法非织造布

纺粘法非织造布是利用化纤纺丝原理，在聚合物纺丝过程中使连续长丝纤维铺制成网，经机械、化学或热方法加固而成，它是化纤技术与非织造技术最紧密结合的成功典型。其产品具有高强力、多品种、工艺变化快等优点，但手感和均匀度较差。纺粘布也是一个应用很广的产品。如在鞋材、家俱、床上用品、农业用布、包装布、土工用布等方面广泛应用。

5．熔喷法非织造布

熔喷法非织造布是将挤压机挤出的高聚物熔体经过高速的热空气（310～374℃）或采用其他手段（如离心力、静电力等）使高聚物受到极度拉伸，而形成极细的短纤维，并凝集到多孔滚筒或帘网上形成纤网，最后经自身粘合或热粘合加固而制成。目前，熔喷法非织造布主要用途有：过滤材料、医用材料、卫生用品、吸油材料、服装材料、擦布、热熔粘合材料、电子专用材料（蓄电池、电池隔层等）、特殊纤维等。

保暖用熔喷法非织造布的应用目前最成功的是美国3M公司开发的一种特殊熔喷法产品，它是在熔喷成纤过程中，另外有一股气流混入聚酯短纤，让熔喷的超细纤维与普通聚酯短纤充分混合，形成由弹性良好的聚酯短纤与聚丙烯超细纤维构成的空气保暖结构，这种保暖材料具有轻而暖的效果，已成功用于滑雪衫、手套、帽子、夹克等产品。直接作为服装面料的是SMS复合非织造布，除用于医用手术衣外，还成功用于生产工业用途的保护服，如高粉尘场合、喷漆间、核辐射车间等处的劳防服，一般加工成连帽子脚套的全身密封型工作服。熔喷法非织造布用作合成革基布，目前主要是在日本。它利用熔喷非织造布的超细纤维结构类似天然革的特点，采用了多种聚合物，并经复杂后处理，制成酷似天然革的合成革。目前，这方面应用量还很小，但很有发展前途。

6．热熔粘合法非织造布

热熔粘合法非织造布的加工原理就是利用合成纤维的热塑性，当合成纤维加热到一定温度时就会软化、熔融，发生粘性流动，在冷却时就会发生纤网加固现象，它很好地解决了化学粘合

法的三废问题。热熔粘合法非织造布包括热风非织造布和热轧非织造布两大类，热风法是采用热气流穿过纤网，纤网迅速受热，其中低熔点纤维部分迅速熔融，冷却后纤网得到加固。主要都用于生产薄型卫生及医疗用产品，还有相当数量厚型产品，如絮片、气体液体过滤、海绵类产品。热轧非织造布采用蒸汽、导热油、电热管及最新的电感应等方式加热钢辊，常用两只钢辊或者有一只钢辊与一只棉辊组成的一对热轧辊，纤网喂入轧辊与加热滚接触加热，其中低熔点纤维迅速受热软化，趋向熔融，在未熔融前，纤网由于同时受到热轧辊的巨大线压力作用，使纤维产生变形热而进一步升温，因而纤网达到热粘合加固目的。热风粘合和热辊粘合的最大区别是产品特性，热风粘合适合生产薄型及厚型、蓬松型产品，产品面密度范围很宽，从16～400 g/m^{2}或更高定量的非织造布都可利用热风粘合生产线生产，而热辊粘合的产品一般比较平滑、手感较差，可生产面密度范围一般不超过100 g/m^2，大都适于生产15～80 g/m^{2}的非织造布。

7. 缝编法非织造布

缝编法就是利用经编线圈结构对纤网、纱线层、非织造材料或它们的组合体进行类似缝纫加工进行穿刺或类似针织生产形成线圈结构加固，以制成非织造布。随着缝编技术的发展，现在还出现了复制缝编或修饰性缝编，它不以加固成布为目的，而是为了在底基材料上取得某中效应，如毛圈、绒头、棱条等，甚至用缝编法获得花色效应，扩大了缝编产品的品种和应用范围。缝编法非织造布除具有一般非织造布的优点外，最突出的优点是在外观和织物特性上接近传统的机织物或针织物。许多缝编产品单从外观上看，很难将它们与机织物或针织物区别开来。缝编法非织造布在服装上的应用主要有衬衫、裙子及外衣料、人造毛皮等。

五、服装用非织造布

1. 非织造布衬里和粘合衬

这是非织造布在服装领域中应用最多的一种用途。包括一般衬里和热熔粘合衬，几乎均采用化学纤维（主要是聚酯、聚酰胺和黏胶纤维），其用途主要包括衬里（多采用粘合衬）、缝纫合理化辅料（一些冲压片，用作袋盖等）、加工辅料（用以简化缝纫加工的衬料）。

这种非织造布可采用多种方法制造，如热轧、水刺、浸渍等方法。与传统的纺织品相比，非织造布具有定量轻、易剪裁、布边整齐、光洁、高回弹性、良好的适形性、生产标准化等特点。

2. 外衣

由于非织造布不具有良好的成型性，限制了其作为外衣的应用，但近年来非织造布有了突飞猛进的进步，大大扩大了其在衣着领域的应用。外衣用非织造布除合成革外，最主要的是用缝编法生产的秋冬季服装面料。缝编法非织造布的外观与传统的纺织产品非常相似，因此可以用来加工各式外衣，如西服、夹克衫、风衣外套等。另外，水刺法非织造布同样具有良好的手感及织物样的外观，经过印花、染色及其他方式后整理的水刺布已经开始应用到休闲装、童装上。薄型的热轧及热熔粘合非织造布，经过一系列后整理也同样可以应用到外套及其他类型服装上。

3. 非织造保暖絮片

这类非织造布已广泛用于服装行业，代替羽绒、羊毛胎、棉絮等生产滑雪衫、防寒大衣等，具有轻而暖的优点。用于保暖的非织造材料主要有两大类，一类是用于被褥等床上用品的喷胶棉、仿丝棉、仿羽绒棉及热熔棉，它们也可以用于防寒服，具有定量轻、蓬松度高，静止空气含量大、保暖性好,不霉不蛀、不受潮,可以整体洗涤,加工工艺简单,价格便宜等特点;另一类是用于保暖性服装的太空棉、丙纶熔喷保健棉、舒适性覆膜针刺毡等,具有定量重,厚度薄,蓬松度适中,弹性好,抗拉伸能力较第一类强,保型性好,并有较好的保暖性、舒适性的特点。可以采用热风法、粘合法、针刺法、缝编法等加工方法。

4. 内衣

内衣用非织造布主要是一次性内裤,所用原料多为黏胶纤维,加工方法以水刺、纺粘法为主,再经染色、印花后加工成男女内裤。

5. 服装标签

非织造布类服装标签多由聚乙烯、聚酰胺经纺丝成网,热轧粘合而成,目前国外用得较多的是用线性聚乙烯为原料,通过闪蒸法生产的非织造布来加工服装标签。这种非织造布具有超高强度,质地细密,表面光滑,切编后不会出现散边、毛边等现象。

6. 人造革基布

由于非织造布的良好的透气性,各向同性,特别是采用超细复合纤维的人造麂皮,广泛用于服装面料。具有良好的悬垂性、稳定性、透湿性、耐磨性、耐光色牢度好。

第四节　织物的服用性能

织物应用到服装上,它所体现出来的已不仅仅是织物及其原料本身,而是以整个服装材料的综合性能以及给服用者及评价者的整体印象和具体感受。所以,服用织物无论是外在体现的性能还是实际应用中的表现都是服用织物的实用价值和个性化的具体反映。

织物的服用性能是指在一定的条件下,由于内因和外因的综合作用,织物某一方面特性的显现和发生变化的特征。服装材料在使用过程中,始终受到外部力的作用,如随着人体的活动,服装材料会被拉伸、弯曲或压缩;服装材料随着人体的活动接触到其他物体发生摩擦;织物承受自身的重力及人体各个部位的支撑产生的作用力等。由此可见,织物始终处于一个外力的环境当中,在此条件下,它基本表现的是动态变化中的相对稳定性。

再者,在服用过程中,由于服装的本身特点,织物要不断洗涤、晾晒、整烫等,所以织物的外观、色泽、整体造型、尺寸稳定等会发生一系列的变化,所有这些都要求织物具备一定的服用持久性和耐久性。同时服用织物作为服装材料的主要组成部分,必须符合服装的各种需求,要满足服装符合人体的各种造型等要求,这也给织物的造型及造型保持性提出了与其他纺织织物应用不同的要求。

一、织物的服用力学性能

织物的力学性能是服用性能的基本要求,是保障服装成品的良好服用性能的基础。只有在一定的力学性能的保障下,服装材料才能在服装加工、服装款式造型、服装的功能性及服装的洗涤保管中保持服装的所有要求。

（一）织物的强度

强度是织物的基本属性，也是其力学性能的基础。织物的强度定义为抵抗外力破坏的能力。一般情况下，服装受到突发性力学破坏的几率很小，但一些特种服装，如训练服和劳保服装等，则要求面料有足够的强度来保证其使用的可靠性。织物的强度是通过标准化的强力实验进行测定的，主要包括拉伸强度、撕裂强度和顶破强度。

1. 拉伸强度

织物在受拉伸力时，受力方向的纱线共同承担外力并随负荷的增加而发生形变，首先纱线由波状屈曲趋向伸直，继而产生伸长变形直至断裂。织物拉伸强度的大小主要取决于纱线本身的强度和织物的密度。一般情况下，非拉伸方向纱线密度的增大，也能增加织物的拉伸强度。这是因为纱线伸长时由另一系统纱线所造成的摩擦阻力使纱线受力趋于一致，从而避免了外力集中于部分纱线，提高织物的抗拉能力。

2. 撕裂强度

撕裂强度是织物受到撕裂力作用时，在受力方向上，相继承受外力而逐根发生断裂的纱线强力的最大值。该强度指标除取决于纱线的强度外，与受力纱线的伸长能力和织物结构的紧密程度有关。如果纱线有较好的伸长性，它通过变形会将撕裂力部分转移至下一根纱线上，这样依次传递下去，就会有几根纱线同时承担外力，织物强度因此而显著提高。同样，结构松弛的织物会允许纱线沿受力方向移动，向下一根纱线靠拢，造成若干根纱线合并于一处共同受力，因此强度值会有数倍的增长。

3. 顶破强度

当织物受到垂直于其平面的外力作用，负荷使之局部变形并导致破裂的现象称为织物的顶破，其特点是织物被撕开。通常，除纱线强力的影响外，经、纬纱相同，织物的经、纬向密度接近时顶破强度较好，此时，裂口呈“L”形；反之，经、纬纱不能均衡发挥作用，使得受力较大的一方发生断裂，裂口呈直线形。

（二）织物的拉伸性能

织物的拉伸现象在日常服用中也是常见的，当人体做出肢体屈曲的动作时，服装相应部位的衣料会由于拉伸力的作用而产生一定程度的伸长。由于织物变形能力的局限，人在活动时会感觉到限制行动的阻力，同时，变形的积累也会影响织物的外观形态。因此，织物的拉伸特性在实际应用中十分重要。织物的伸长能力一般受到纤维、纱线的性质以及织物结构的综合影响。作为一种外在表现，拉伸性能往往成为区分织物种类和用途的直观标志。

对于机织物而言，由于纱线的屈曲程度很小，而且伸长性一般也不显著，因此，经向和纬向的拉伸变形属于相对微观的范畴。然而当织物于斜向承受拉力或作用力表现为某种形式的力矩（通常称为剪切力）时，织物会产生剪切变形，表现为经、纬纱线相交的角度发生改变，使织物结构模型由矩形变为平行四边形。此种形式的变形是由织物结构的特点所决定的，它并不要求纱线的伸长，只是在一定程度上改变了织物结构原有的平衡状态。变形只需克服经、纬纱相互作用所产生的阻力，所以织物的斜向伸长相对比较显著。

在服装上，经常发生的服装材料的拉伸变形基本属于这种情况。此外，在受力相对集中的部位，织物会沿变形方向相应产生一定的褶皱，这便形成了服装受力时的衣纹。不同的织物斜向拉伸变形的程度也各不相同，通常，密度较小，结构松弛的织物，变形更为明显。

对于针织物而言，其拉伸性能则有很大的不同。由于针织物是通过线圈的相革穿套而形成的，其结构称为线圈结构。线圈在不影响相互间连接关系的前提下具有很大的改变形状的能力。因此，在承受负荷时，针织物（尤其是纬编产品）的线圈会发生明显的变形，反映在织物上就产生了很大的伸长量。此外，双面针织物中的罗纹织物是通过纱线在正反两面交替成圈而形成的，其正反面线圈不在同一平面上，并且由于纱线弯曲后产生的应力而相互重叠。当织物受到拉伸作用时，正反面线圈之间连接过渡的部分会被迫发生扭转，使两面的线圈趋向同一平面。由于增加了这个层次的变化，所以罗纹织物（特别是 1 +1 罗纹）。在横向受力时会产生更加显著的伸长变形。因此，罗纹织物常被用于紧身服装和领、袖的收口。

所以，针织物线圈的长度和空间扭转程度与织物的伸长能力成正比。由于线圈的自然形态趋向于纵长，故横向伸长的余地较大，所以，一般针织物横向拉伸大于纵向。

（三）织物的弯曲性能

不同织物的柔软程度具有一定的差异。一般采用刚柔性这一性能进行描述：织物倾向于柔软的趋势我们称之为柔软度或柔性；反之则称为抗弯刚度或刚性。织物的弯曲变形能够直观反映织物刚柔性的现象，抗弯刚度越大，织物越不易弯曲。

织物的弯曲程度和形态常常由于织物结构或受力条件的差别而不同，影响织物弯曲变形的因素是一致的。首先，在纤维和纱线方面，初始模量较小且较细的纤维有利于提高织物的柔软度，纱线则是特数低而捻度小的较为柔软；其次，织物的结构特点和厚度是重要的因素，如结构松弛的织物柔软度高于结构较紧的织物，而厚度的增加会使织物的抗弯刚度显著提高。此外，硬挺整理和柔软整理也会有效地改变织物的刚柔性。针织物普遍具有十分突出的柔性特征，这是线圈结构的又一个特性。随着密度的下降，针织物会呈现更加柔软的趋势。

织物的弯曲性能不仅决定了织物的服用特性和机能，在服装的风格与造型方面，还体现出其独特的生动性，柔性面料可使衣纹细致、流畅，使造型适体、自然、富有动感，而刚性材料则使衣褶挺拔、饱满，在服装形态上突出了体积感和质量感。

（四）织物的压缩性能

具有一定空间体积的织物，受到正压力时，会发生压缩变形。织物的压缩变形是以一定的结构特征为前提的，其中决定性的要素是蓬松度。它可以由多种织物类型来体现，如采用膨体纱或变形丝的织物、粗纺羊毛织物、松结构织物、毛圈和毛绒织物、针织物和无纺织物等。织物的压缩性能会明显地反映在手感上，一定程度的压缩性在触感上往往产生良好的印象，并且会引起心理上的轻松和温暖的感受。在熨烫时，高温和压力常常使蓬松的织物产生永久性变形，造成织物外观的破坏。

（五）织物的摩擦性能

织物的摩擦性能属于表面性能，通过织物与人体的接触，可以反映出从光滑到粗涩之间的许多细微层次，其中起主要作用的因素是纤维的种类、纱线的捻度和形态特点以及织物的组织结构，此外，后整理工艺是确定某种特征的最终手段。同时，织物一般具有较大的摩擦系数，并且在服用中发生摩擦的机会很多，因此织物表面会受到或多或少的破坏，而这种变化是不可逆的。

（六）织物的弹性

织物在受到外力作用时，同样具有恢复变形的能力，这称为织物的弹性。织物的弹性与纤

维材料的有关性质以及纱线和织物的结构特点密切相关。

就纱线和织物的结构而言，纱线的形成是纤维相互抱合的结果，织物是通过交织或串套使得纱线产生相互间的制约而构成的。在自然状态下，织物形态的稳定是由于其结构内部形成了力的平衡。当变形产生时，纤维和纱线被迫发生了某种形态和位置的变化，由此产生了与外力相对应的抵抗变形的阻力并形成新的平衡。在结构内部则表现为纤维及纱线之间产生了与原平衡状态不同的相互作用力，这就是织物内部应力形成的机理。当外力一旦消失，新的平衡状态又被打破，应力便促使织物结构恢复原有的平衡，这一过程称之为应力的释放。

同纤维和纱线一样，织物的弹性也是有条件的。当应力过分集中或变形程度过大时，内部应力会在受力过程中逐渐下降，出现所谓的"松弛"现象，便会产生不可逆的塑性变形，其弹性也就不复存在了。因此，在织物变形中，弹性变形所占的密度决定了织物的弹性恢复率；从保养的角度讲，通过浸水或高温处理，可以提供有利于减缓弹性变形恢复的条件，从而提高弹性恢复率并缩短恢复所用的时间。由于织物变形的形式各不相同，所以其弹性的具体表现也相应有所区别。对于织物受拉伸、褶皱和压缩而发生变形时的恢复能力，分别以拉伸弹性、褶皱弹性和压缩弹性来进行衡量。在实际中，面料的拉伸弹性和褶皱弹性对服装能否保持外形的美观和稳定具有决定性的作用。

由于织物的变形是不可避免的，并且往往造成不良的影响，所以，服装材料弹性的优劣是衡量服装产品内在品质的标志，具有非常重要的意义。

二、织物的服用耐久性能

在服用过程中，服装的外观形态及质感、光泽、颜色等的保持是衡量服装质量的重要部分。这种保证服装耐用性的特点称为服用耐久性。事实上，织物在使用过程中受机械外力的拉伸、弯曲、挤压、摩擦等作用，再加上水洗、日晒、烫整、汗渍以及接触化学物质和污染源，其各个方面都难免会发生一定程度的改变或破坏，因此任何织物都要经历一个由新到旧的过程，只是时间长短和变化程度有所不同而已。所以，通过对织物服用耐久性的研究，了解各种织物的耐用特点及有关的内因和外因，以便根据服装的服用特点和要求正确地选用面料和辅料，保证服装使用价值的充分发挥，同时进行科学有效的保养。

（一）形态稳定性

1. 抗起拱性

起拱是指织物发生局部凸起的现象，多发部位是服装的膝部和肘部。由于人的肢体运动对织物形成了类似于顶破试验的受力形式，其结果使织物产生拉伸和剪切变形，变形的反复出现使该部位积累了一定的缓弹性甚至塑性伸长，从而造成表面的凸起。织物的抗起拱能力是拉伸弹性的具体表现，主要取决于纤维和织物结构。

当纤维初始模量较高时（如涤纶），纤维本身抗变形能力较强，故不易发生起拱；如果纤维有较大的伸长能力（如羊毛），尽管发生了变形，但属于急弹性范畴，所以会立即恢复；伸长性很差的纤维（如棉、麻），虽然有相当的初始模量，但是变形一旦发生就会造成严重的影响，恢复很不容易；初始模量较低（如尼龙）和受吸湿影响较大的材料（如黏胶），会快速形成显著的缓弹性变形，起拱现象因此十分明显。织物结构松紧适中时，一般会有良好的弹性表现，因为此时纱线之间的作用相对缓和，使织物比较容易产生剪切变形，从而避免了纤维和纱线本身的过度伸长，另一方面,织物内部又能够产生必要的应力,提供了有利于变形恢复的条件。

2. 抗皱性

织物受到折压、揉搓等作用时,受力弯折处会产生不同形状的褶皱,其变形特点是在弯折处织物的外侧被拉伸而内侧被压缩。抗皱性优良的织物,去除外力后,不会留下折痕;反则,明显的起皱就会严重影响织物的外观。织物的抗皱性是褶皱弹性的具体反映,它是由多方面因素所决定的。就纤维而言,拉伸弹性好的纤维有利于抗皱;纱线方面的影响主要表现在捻度上,捻度大有较好的抗皱性;对于织物,则以紧度小、交织点少、厚度大等特征为抗皱性好的标志。此外,树脂整理可以有效地改善织物的抗皱性。

3. 免烫性

免烫性是指织物经过水洗、干燥后不留皱痕,因此无需熨烫整理而保持布面的平整。所以,免烫性又称为“洗可穿性”。免烫性是抗皱性的又一表现形式。显然,涉及免烫性的外部条件是水的作用,而内因则是纤维因吸湿而发生性能变化的特性。大量的实验证明,免烫性基本上与纤维的吸湿性能成反比。这说明,吸湿性强的材料对水的作用敏感,其表现为湿态弹性恢复率下降以及纤维遇水膨胀从而造成了织物的变形。目前,免烫整理的应用已经十分普遍,其原理便是阻止水对纤维的影响。

4. 褶裥保持性

为了造型的目的,在服装上常常需要做出各种工艺性和装饰性的褶裥,比如裤线和裙褶。我们希望服装材料具有使这些褶裥的形态能够长时间保持挺括、清晰的性能,即褶裥保持性。影响这个性能的因素主要有织物的可塑性(热塑性)和熨烫加工工艺,同时,它与织物的弯曲性能有很大关系。纤维的性质决定了织物的可塑性,如棉、麻织物上的褶裥一般会在较短的时间内消失,因此,它们属于不可塑材料,一般不作褶裥处理;羊毛织物的褶裥有良好的表现,但水洗之后会受到影响,可见水的作用是破坏其定型效果的外部因素,羊毛属于相对可塑材料,实际使用中采用干洗可保证其褶裥长久保持原态;对于合成纤维来说,无论长时间穿用还是水洗,都不会使褶裥受到破坏,这是合成纤维热塑性的具体反映,所以可以认为合成纤维是绝对可塑材料。由于褶裥是在烫整条件下形成的,所以,高温、高湿和适当的压力对织物由变形到稳定的变化过程起到了至关重要的作用。厚度大的织物,在熨烫时难以充分弯折;结构过分松弛的织物,则使折压时的作用力不易集中在确定的部位,所以,上述织物的加工效果通常不能令人满意。

5. 洗涤收缩性

水洗后的织物在经、纬向发生一定程度的尺寸收缩,称为织物的洗涤收缩性,简称缩水性。造成这一现象的机理是:一方面,充分浸湿后的纤维会发生膨胀,纱线便因此而变粗,这使得相互交织的纱线增加了屈曲程度,反映在整个织物上便产生了长度的缩短;由于经、纬纱的变形是相互挤紧的结果,因此织物还会趋于变硬和增厚。另一方面,织物在加工过程中积累的缓弹性伸长,遇水后就会快速、大量回缩,从而导致织物缩短。通常,织物经向的变形积累远远大于纬向,所以经向收缩较纬向显著。针织物的洗涤收缩性主要是由于在加工时线圈受到了拉伸的缘故。

可见,水是影响织物收缩的决定性因素,因此,收缩现象往往集中于回潮率较高的一类材料,并且纤维遇水后膨胀越明显,织物收缩越严重。此外,收缩程度还取决于纱线间空隙的大小,当织物的紧度较大时,其收缩变形没有结构松弛的织物明显。羊毛织物的洗涤收缩还有一

个特殊的原因，即羊毛的缩绒性。采用预缩或防缩整理可以有效地降低织物的洗涤收缩。目前常常配合抗皱、免烫整理同时进行。

6. 热收缩性

织物因遇热而发生的经、纬向收缩变形称为热收缩性。造成织物热收缩的内在条件是纤维材料特有的热学性质。织物遇到日常保养的熨烫温度时，一般不会产生明显的收缩；这是因为经过热定型处理后，尤其是合成纤维材料的稳定性已经大大提高，而当织物承受较高温度时，变形则较为显著。很显然，织物的热收缩与纤维的耐热性紧密相关。不同的织物随着热处理条件的变化，如蒸汽、沸水、热空气，反应也有所不同。例如，涤纶、锦纶和维纶，分别在空气、饱和蒸汽和沸水中具有较大的收缩率。因此在对织物和服装进行热处理时，应充分了解材料的有关特点，从而合理地选择工艺条件，尽量避免热收缩现象的发生。

（二）外观保持性

织物的外观变化是指由于摩擦、洗涤、日晒等因素的影响，缓慢发生于织物表面的质地、色泽等方面的改变。尽管这些变化一般不构成突发性的破坏，但经过一定的积累也足以大大降低材料的外在品质，影响服装的外观和功能。织物能够抵抗或减缓上述变化的能力即为外观保持性。

1. 摩擦性

在服装材料上，摩擦的发生十分频繁，因此由摩擦造成的破坏极为普遍，所以抵抗摩擦而破损的性能称为耐磨性。纤维、纱线和织物结构属于织物耐磨性的内在因素。纤维强度大、伸长率高则耐磨性较好；纤维强度低，伸长率低则耐磨性差。由于磨损主要表现为纱线的松懈，所以，纱线捻度适当增大时有利于提高耐磨性。织物结构以松紧适中为好，结构过松时，纱线相互间的束缚、保护作用就会降低；而紧度过大则会造成摩擦外力作用的集中，成为“硬摩擦”。

服装常见的摩擦有平磨、曲磨、折边磨、动态磨、翻动磨等。平磨是指发生在较大面积的织物平面上，由于应力相对分散，故破坏轻微。曲磨是指发生在服装的膝部、肘部等弯曲部位，因织物处于绷紧和拉伸状态且应力相对集中，所以破坏性较大。折边磨是指发生于领口、袖口、裤脚等衣料折边处，属于应力最为集中的情况，因此破坏性也最大。动态磨是指在人体运动所造成的衣料的动态变化中出现，兼有拉伸、弯曲等外力作用。翻动磨是指发生在织物的洗涤当中和不同衣料之间，多伴随挤压、弯曲、拉伸、撞击等外力和水、温度及洗涤剂的作用。

（1）起毛、起球性

使用短纤维原料的织物都存在不同程度的起毛现象。如果纤维强度低，毛羽会很快断裂、脱落，在外观上并不显著；如果纤维强度高或伸长性好，毛羽就难以脱落并极易发展为毛球。在实际当中，除毛织物外的天然纤维织物和人造纤维织物极少发生起球问题；合成纤维及其混纺织物均有较明显的起球现象，其中，锦纶、涤纶和丙纶最为严重。

（2）泛白

在服装磨损严重的部位，由于形成一片细微的短绒，外观表现为光泽减弱、颜色变浅的现象称为泛白。这是由于纤维发生端裂，即纤维前端开裂，形成更加细小的绒毛而造成的一种外观效果。此现象仅发生于成分为纤维素纤维的材料上。

泛白的另一种表现形式为：对于紧度较大且纱线捻度较高的织物，染料不易深人纱线内部，当织物表面发生磨损后（染色效果受到破坏），就使得白色纤维显露出来而产生织物局部发白的现象。这种情况多发生在棉织物上。牛仔布就是利用这一原理,经石磨工艺而达到独特的外观效果。

(3) 极光

所谓"极光",是指磨损部位出现光泽明显增强并且生硬的外观变化。通常,极光发生在密度较大、选用强捻纱线的短纤维织物上。在此情况下,纱线不易松懈,且外力会集中于纱线的固定位置。因此,当织物表面的毛羽在摩擦中脱落而新的毛羽又难以生成,并且纱线受到压缩作用而呈扁平状时,便形成了织物局部发亮的磨损效应。

毛织物产生极光的主要原因是纤维表面的鳞片组织在摩擦过程中受到破坏,并且纤维和纱线由于应力集中而产生变形,从而导致光线反射的增强。毛织物的极光现象可以通过蒸汽处理而减轻或消失,这是因为湿热作用使羊毛的鳞片张开,纤维变形回复的结果。

2. 织物色度

(1) 光泽

由于材料本身的特点及人类服装穿着的心理、视觉感应等,织物的光泽对服装外观起到了重要的影响。一方面纱线和织物是由微米数量级的纤维组成,另一方面是由纱线编织而成,表面是由 100 μm 级圆柱形曲面编织而成,再者大多数织物都经过染色、印花等,加上了许多颜色,同时纤维的折射率又比较高,这些因素都影响到织物的反射光,使不同织物呈现不同的光泽和色彩效果。

(2) 色牢度

经过染色的织物在服用过程中,会因为各种原因发生不同程度的褪色或变色,反映织物褪色容易程度的性能指标称为染色牢度。染色牢度取决于纤维材料的着色与固色能力、染料的稳定性、染色工艺以及各种外部影响作用的强弱。织物褪色的机理包括纤维材料脱色和染料本身褪色。

根据外部影响条件的不同,染色牢度一般分为:洗涤牢度、日晒牢度、汗渍牢度、摩擦牢度和熨烫牢度等。上述各项指标均有评定的方法和级别标准:日晒牢度分为 8 级,其他牢度均分为 5 级,级别越高,表示牢度越好。其中,洗涤牢度是比较重要的指标,在选用材料时应加以了解,必要时须向消费者说明洗涤注意事项。

3. 防污性

在日常生活中,服装会接触到各种污染源,其中包括环境的污染、来自人体本身的污垢和洗涤过程中的污染。根据污染物的形态,可以分为固态和液态两类。织物抵抗上述污染物的沾污,在一定时间内保持洁净的性能称为防污性。一般而言,大多数织物都有较强的吸附能力,因此,防污性能有很大的局限性,当要求较高时,必须进行专门的防污整理。

织物针对固态污染物的防污性主要取决于表面特性和结构的紧密程度。通常,表面光滑结构紧密的织物有利于抵抗污染物的粘附和深入织物内部。此外,织物的静电现象是造成吸附性污染的重要原因,这种情况在合成纤维织物上十分明显。对于液态污染物,防污性主要取决于纤维材料的亲水、亲油性质和织物的浸润能力,一般合成纤维织物抵抗水溶性污物和洗涤中染料分子沾污的能力相对较强。

4. 勾丝性

织物在服用过程中,如果接触到尖硬的物体,就有可能将织物中的纱线拉出或勾断,被拉出

的纱线显露于织物表面，同时，纱线的抽动会使布面抽紧、皱缩，这一现象称为“勾丝”。针织物当纱线被勾断时，则会发生沿线圈纵行的“脱圈”，使织物结构受到破坏。勾丝是一种突发性且比较明显的破坏，往往产生无法补救的后果，甚至使织物丧失使用价值。织物抵御这种破坏的能力即为织物的抗勾丝性。

织物的抗勾丝性主要取决于织物结构和纱线的状态。比较而言，机织物优于针织物；结构紧密的织物优于结构松弛的织物；短纤维织物优于长丝织物；股线织物优于单纱织物；平滑织物优于表面起皱、凹凸的织物。例如，有较长浮线的提花织物、毛圈类织物和蓬松度高的针织物就属于勾丝现象比较严重的类型。

三、织物的服用造型性能

在服装设计中，为了满足服装款式及立体造型等的需求，需要织物具备服装造型的各种要求。由于织物是二维平面的，而服装在人体上要有一定的立体感，所以对织物的可塑性及造型性能有较高要求，这里影响较大的是织物的悬垂性。

织物是各向异性的材料，就是说，织物由于自身重量及性能，以不同方向下垂时，与衣料沿人体不同的部位下垂时，其结果会有所不同（一般柔软度大的织物这种差异较小）。但是，织物正是由于各向异性，常常会造成一种随机的、自然的、生动的、唯一的外观表现。在立体裁剪或追求某种造型时，这种特性会体现出其独有的价值。其次，服装不同的造型特点对悬垂性的要求也各不相同，有时可能需要表现衣纹的细致、流畅，有时则要求浑圆、饱满。所以，应该以织物悬垂性和服装造型风格的适合程度来评判它的优劣。在选用一种织物时，对悬垂性进行基本的了解是十分必要的。除了上述的观察和测定的方法外，我们还可以利用织物的几个最直观的因素来帮助判断，一是厚度，二是重量，三是织物结构。一般情况下，织物能够充分悬垂的条件是：厚度小、重量大、结构松弛。此外，最好结合衣料在人台上进行实际模拟时的具体形态来对悬垂性进行评判。

悬垂性是织物在自然悬垂状态下，形成某种波浪状屈曲形态的特性。由于悬垂性与织物的刚柔性有内在的关系，因此人们常常把两者放在一起进行研究。通常认为，柔软度大的织物悬垂性较好。在纺织材料的研究过程中，一个最基本的内容就是对织物的悬垂性进行专门的测试和计算。测定织物悬垂性最常用的方法是将一定面积的圆形试样放在一定直径的小圆台上，织物由于自身的重量会沿小圆台周围下垂，形成自然的波曲形状（4-4-1）。此时用平行光在试样上方照射，就会得到悬垂后试样的水平投影。

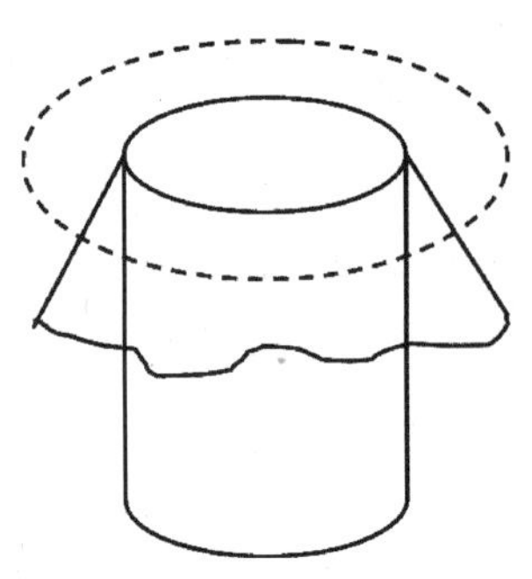

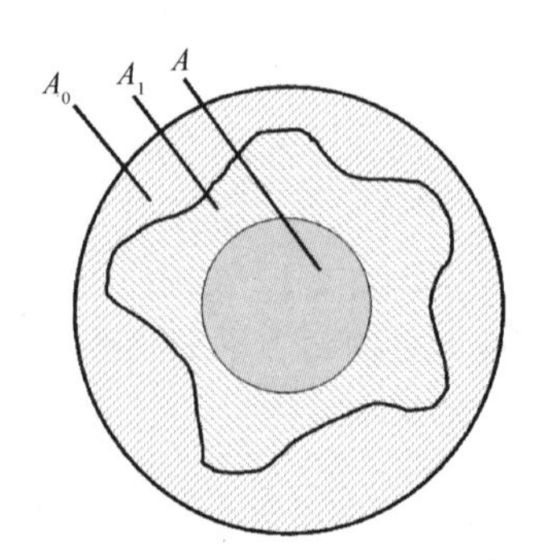

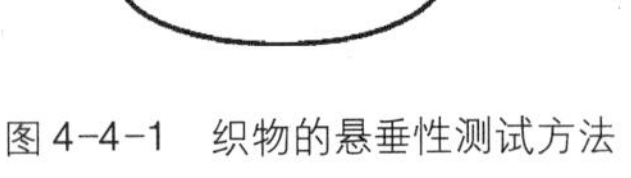
图4-4-1 织物的悬垂性测试方法

悬垂系数的计算公式为： $F = \frac{A_1 - A}{A_0 - A} \times 100\%$

式中：F——悬垂系数；

A_0——试样面积；

A_1——试样投影面积；

A——圆台面积

悬垂系数越小，表示织物的悬垂性越好，而对于其直接进行定性评价更为简单，下垂越充分，所形成的波褶曲率越均匀的织物，悬垂性就越好。但是在服装的实际运用中，简单的以好、差来评价悬垂性是一种片面的认识。

四、服用织物的工艺加工性能

织物的工艺性能特指在服装的加工制作，特别是工业化生产过程中，织物所表现出的能够对服装制作工艺造成影响的各方面特性。织物能否使这些加工工序顺利及能否塑造出优美的立体服装造型，决定于织物的工艺加工性能的优劣。

（一）织物的裁剪工艺性

工业化生产的裁剪方式是使用电动裁刀或激光将铺放于裁床上的多层布料分别按照不同的衣片一次性裁开，这一工艺的操作特点决定了织物的裁剪工艺性所涉及的内容。

1. 方向性

织物的方向性首先是结构方面的，它表现为织物经向、纬向及斜向的力学特性各有所不同，即所谓的各向异性。一般情况下，机织物经向密度较大，纱线品质好，并多选用股纱和采用较大的捻度，所以，织物经向的力学性能较为稳定；相对而言，织物纬向的稳定性和强度则稍差；织物斜向由于存在剪切变形的可能，因此具有较大的伸长余地。对于经纬纱不同或经纬密度不同的织物，经纬向的性能会根据情况的改变形成具体的特点。针织物以其线圈形态决定了纵向延伸小于横向的特点。

方向性的另一个表现是外观方面的。由于加工（尤其是染整加工）时，织物是按照单一的运行方向经过设备进行加工处理的，其结果使织物在经向产生外观效果的"上下之分"。最为直观的是印花织物，其次表面起毛、起绒的织物也有较为明显的方向特征。如果在同一件服装上用料出现了上下颠倒的情况，就会明显看出色泽的差异。针织物由于其编织的方向而形成了线圈形态的方向性，所以，这一特征也会对用料有一定的影响。

此外，在规格方面，织物的经向可视作具有任意长度，而纬向的尺寸则受到幅宽的限定。幅宽会对排料造成一定的影响，因此，排料时衣片长度的方向一般选取织物的经向。

2. 纬斜性

顾名思义，纬斜性是指织物的纬纱出现一定程度的倾斜，使得经、纬纱不再垂直相交。产生纬斜现象的主要后果是使织物的力学性质发生方向上的改变，从而对服装的加工及成衣外观品质造成影响。当织物的纬斜在外观上不明显时，可用一个简单的测试方法来判定：即在织物的正常纬向施加一定的拉力，如果织物存在纬斜，就会产生同斜向拉伸时的变形特征，纬斜的程度也会由此而显示出来。

纬斜一般形成于染整加工当中，是由于机械牵拉织物时作用力不均匀而产生力矩的结果，

如果在定型时未能及时予以调整、消除，就会在成品织物中保留下来。针织物的纬斜主要源于线圈的歪斜现象，这是纱线弯曲成圈后产生的变形应力所造成的，存在十分普遍。但是，纬斜除了对外观有一定的影响外，在性能方面影响不大。

3. 工艺回缩性

工艺回缩性指的是裁开的衣片发生尺寸变短的现象。其产生的机理十分简单，由于铺布时的拉力会使布料伸长，并且布料在裁床上叠放的层数很多，其相互间的摩擦阻力限制了织物的弹性收缩，而当布料被裁开以后，这一限制不复存在，回缩便随之发生了。工艺回缩性多见于伸长性大的织物，如针织物。必要时应预留回缩量，使衣片能够保证原定的尺寸。

4. 抗剪性

用电动裁布刀裁剪布料时，高速运动的裁刀与布料发生剧烈摩擦而产生高温，当温度达到纤维的熔点时，会造成裁口处织物熔融，从而使各层布片相互粘连。由此可见，抗剪性是发生于合成纤维及其混纺织物的特有现象，并且与裁剪工艺条件有密切的关系。减少铺布层数或采用间歇操作，会降低抗剪现象发生的几率。

（二）织物的缝制工艺性

1. 布边脱散性

指纱线由剪开的布边脱离织物的现象。布边之所以发生脱散，是因为织物在被剪开的部位失去了交织对纱线的束缚作用。此时，纱线光滑而结构又比较松弛的织物，会很快出现纱线的脱落并可能继续向织物内侧发展，反之，由于纱线间的摩擦阻力较大，纱线则不易脱落。起绒、缩绒和定型等加工可以有效地限制布边脱散。纬编针织物的这个性质表现为线圈横列会沿着与编织方向相反的方向脱散。无论在何种情况下，布边都需要及时作包缝处理以将其固定。但是，如果织物的脱散性过强，还会在包缝处甚至缝合处发生脱裂。

2. 卷边性

织物的卷边性仅发生于单面纬编针织物。在此类织物内部，存在一种特殊的应力，即纱线弯曲成圈后所产生的变形应力，由于织物结构的限制作用与应力形成了对抗，所以当织物被剪开时，随着束缚的解除，上述应力就开始起作用，造成织物布边的翻卷。针织物的卷边程度随纱线弹性和捻度的提高、织物结构紧度的增大会加强。这种现象会给缝制加工带来许多的不便。

3. 滑移性

车缝时，送布机构的推力作用于下层布料，位于上层的布料靠压脚提供的压力借助摩擦作用与下层布料同步前进。多数情况下，上、下层布料在送布时能够达到相对静止以保证正常的加工条件。但是，当布料的表面摩擦系数低于某一限度时，上、下层布料便会产生相对的滑移，导致缝合处发生起皱现象，称为缝皱。如果缝皱出现在薄型面料上就会十分明显，并会影响到服装的外观质量。

4. 工艺拉伸性

工艺拉伸性是织物拉伸变形特性在缝制工艺上的具体反映。由于车缝时织物的受力特点，被拉伸的布料会发生各种形式的变形，如过度伸长，或上、下层布料伸长不一致等，其结果会造成缝口的不良外观，如缝皱、缝口收缩、接缝不齐、线迹歪斜等。此外，还会导致缝口强度的降低。

5. 熔孔性

熔孔性一般被用来描述由于火星溅落于织物表面而导致纤维熔融，造成微小孔洞的现象。在车缝时，缝纫机针因为高速运动而与布料及缝纫线形成摩擦，使机针温度不断升高，导致抗熔性较差的合成纤维织物会在针迹上发生熔孔现象，故又称针洞。针洞破坏了缝纫线与织物的正常结合，使缝口的牢度、稳定性和美观性有都所下降。

6. 可缝性

可缝性并不是指缝合织物的难易程度，而是衡量缝口强度的指标。其测定方法是利用强力机对缝口做拉断实验，从而评定缝口强度的优劣。影响可缝性的因素是多方面的，除织物的有关性能外，还有缝纫线、车缝工艺等因素。

（三）织物的熨烫工艺性

对织物及材料进行熨烫加工，是服装加工的重要内容。其目的是利用热、湿、压力的综合作用，使织物充分平整或倒伏，另外还进行“归”、“拔”处理以形成服装一定的造型。织物这方面的性能从根本上讲是由材料的热学性质所决定的。

1. 热加工性

热加工性的基础是材料的热塑特性。一般情况下，各种材料都有缝制加工所要求的热变形能力，但除了合成纤维和毛织物外，热定型效果均不理想，所以不宜考虑要求能够长期保持的造型性定型。热加工性还与织物的弯曲特性和变形特性有关，厚织物由于难以充分弯曲、压实，所形成的褶裥往往不理想，而毛织物因为具有较大的变形能力，所以在合适的工艺条件下，对毛织物的归、拔处理同合成纤维织物相比效果更加明显。

2. 工艺热收缩性

在熨烫加工时产生收缩是由于织物固有的热收缩性所致，但并非具有热收缩性的织物都因此不能进行热加工。在进行热定型处理时，织物一般不会发生收缩，因为特定的加工条件会使之按照所需要的方式变形，并且稳定在新的形态上，但在非定型条件下，例如给织物覆合热熔粘合衬时，由于经过高温压烫的织物在冷却过程中失去了外力的限制，因此会发生收缩变形。在这种情况下，当面料和衬料热缩率不同时，还会发生布面不平甚至起皱、起泡现象，即使在当时不明显，也会在以后的使用中逐渐显现，这种现象也可以认为是织物服用耐久性不良的一个特例。

3. 耐熨烫性

它一方面表现为熨烫时当温度超过了纤维的耐热极限，会导致织物变形甚至破坏，如合成纤维的熔融和天然纤维的炭化。只要选择适当的温度条件，上述现象一般不会出现，而对于耐热性很差的材料如氯纶，最好不使用熨烫加工。另一方面，由于纤维在热、湿条件下极易变形，一些质地蓬松的织物（如针织物）和表面有毛绒、毛圈的织物，在高温和压力的作用下很容易产生表面状态的热塑变形，造成外观的破坏。

4. 熨烫极光

这是纤维的热塑性和耐热性在纱线上的微观表现。因为织物受压烫作用时会使应力集中于表面，从而使纱线被压成扁平状，特别是当温度过高时，合成纤维织物的表层纤维还会有微弱的熔融现象。上述原因均会导致熨烫部位光泽明显增强，形成外观上的极光效应。这一现象的发生非常普遍，在加工时必须给予充分的重视。

第五节　织物综合鉴别测试

一、实验目的

通过实验，对未知机织物进行经纬密度、正反面、经纬向以及织物组织进行综合认识，掌握鉴别的方法。

二、实验仪器

镊子、密度镜（图 4-5-1）、照布镜（图 4-5-2）、分析针（缝衣针）、剪刀、意匠纸、颜色纸、各种织物等。

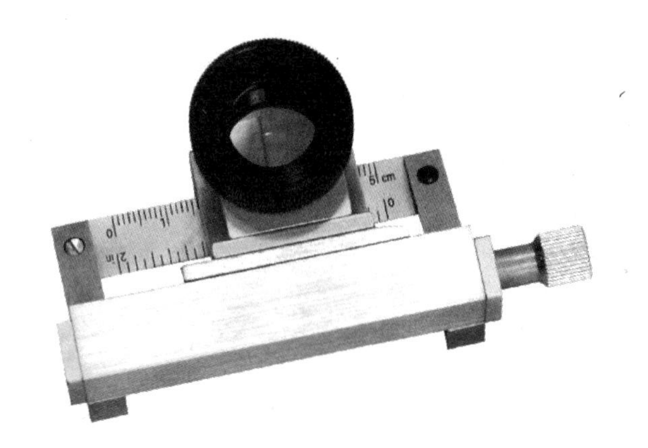

图 4-5-1　织物密度镜

图 4-5-2　照布镜

三、实验步骤

1. 织物经、纬向鉴别

对织物经纬向判断的正确与否影响服装加工工艺、服装款式与造型设计。经纬向确定的依据是：

① 平行于布边方向的系统纱线为经向，与布边方向垂直的系统纱线为纬向。

② 长丝及短纤维纱分别作经纬时，一般长丝作经纱，短纤维纱为纬纱。

③ 半线或凸条织物，一般股线或并股纱作经纱。

④ 毛圈织物以起毛圈纱线为经向。

⑤ 纱罗织物有绞经的方向为经向。

⑥ 加捻与不加捻丝线分别作经纬时，一般加捻方向为经纱。

⑦ 对不同经纬密度的织物，密度大的为经向，密度小的为纬向。

⑧ 对不同原料的交织物,如:棉/毛、棉/麻交织物,棉纱方向为经向;毛/丝、毛丝棉交织物,则以丝和棉纱方向为经向;丝/人造丝、丝/绢丝交织物以丝的方向为经向。

⑨ 起绒织物一般是经起绒,即绒经的方向为经向。

⑩ 含有几种不同纱线的织物,其中花式线、膨体纱、装饰纱线等多为纬向纱线。

2. 织物正、反面鉴别

大多数织物有正反面的区别,主要根据其外观效应进行判别:

① 一般情况下,织物正面光洁平整,疵点较少,花纹、色泽均比反面清晰美观。

② 平纹织物,正面均匀、光滑、平整、疵点少。

③ 斜纹织物正面斜纹纹路清晰,质地饱满。

④ 缎纹织物正面表面光滑、光泽柔和,质地饱满细腻。

⑤ 提花织物正面花纹凸出、清晰,质地饱满,色泽均匀,花地组织清晰。

⑥ 起毛织物中,单面起毛织物以其绒毛的一面为正面;双面起毛织物以绒毛光洁、整齐的一面为正面。

⑦ 毛巾织物以毛圈密度大、均匀的一面为正面。

⑧ 织物布边光洁整齐,针眼凸出的一面为正面。

⑨ 闪光或特殊外观织物,则以突出其风格或绚丽多彩的一面为正面。

⑩ 双层、多层和多重织物,以表面精细、平整而饱满,质地厚重的一面为正面。

⑪ 对有些织物正反两面效应虽然有差异,但各有特色,或正反面无区别的织物,则称为双面织物。

3. 织物经、纬密度分析

织物经、纬密度的测定方法有两种:

(1) 直接测数法

借助照布镜或织物密度分析镜来完成。分析时,将仪器放在展开的布面上,数取 10 cm 内经、纬纱线的根数。为了正确,可取布面的 5 个不同部位来测,求其平均值。

(2) 间接测定法

这种方法适用于密度大或纱线细且有规律的高密度织物。首先数出一个组织循环的经、纬纱根数,然后乘以 10 cm 内的组织循环个数。

对于密度较大的织物,不易在织物上直接数取时,可以分别在经、纬向布边拆掉一些纱线,然后数取经、纬纱的根数。

4. 织物组织分析

分析织物组织,也就是找出经、纬纱线的交织规律,确定其的组织类型。

(1) 直接观察分析法

一般对密度较小、纱线较粗、组织较简单的织物,可用照布镜直接观察,在意匠纸上绘出其组织图。

(2) 拆散分析法

对密度较大、纱线较细且组织较复杂的织物,则用拆散法来分析。拆散法就是利用分析针和照布镜,观察织物在拨松状态下的经、纬交织规律,具体步骤如下:

① 确定拆拨系统时,一般拆密度大的系统,容易观察出交织规律。如经密大于纬密,应拆

经线。

② 确定出织物的正反面，以容易看清组织点为原则。如经面缎纹组织的拆纬面效应一面会更好。

③ 将样布经、纬纱线沿边缘拆去 1 cm 左右，留出丝缨，便于点数。然后在照布镜下，用针将第一根经纱或纬纱拨开，使其与第二根经纱或纬纱稍有间隙，置于丝缨之中，即可观察第一根经纱或纬纱的交织情况。并把观察到的交织情况记录在方格纸（意匠纸）上，然后把这一根纱线拆掉。用同样的方法分析第二根纱线，第三根纱线……以分析出两个或几个组织循环为止。注意分析方向应与方格纸方向一致，否则有误。

注意事项：

① 一般单经单纬简单组织，包括平纹、斜纹、重平、小提花、纱罗等组织可以按照上述上方法，逐一分析出经向和纬向组织。

② 缎纹组织：先用照布镜确定出组织循环数和经纬效应，包括经纱循环和纬纱循环，然后拨出 2～3 根经纱或纬纱，即可确定出经向飞数或纬向飞数，然后根据经纬纱线的循环数和飞数画出完全组织图。变则（即不规则）缎纹组织需要逐根拆拨分析出结果。

③ 重平组织和双层组织：重经组织一般拆经纱而不是纬纱，重纬组织一般拆纬纱而不是经纱，重经重纬或者双经组织则经纬两个方向都要拆拨。也可以根据情况灵活选择。

④ 绉组织：一般简单的经纬循环且绸面可看出规律的，可按照单经单纬织物处理。

⑤ 提花织物的组织分析比素织物来得容易些，不必逐根拆出纱线，只需分别拆出织物的地部及花部各组织即可。

第六节　织物的规格测试

一、实验目的

根据国家标准规定的方法，对织物长度、幅宽与厚度进行测定。要求学会仪器的使用，理解测试原理，掌握测试的方法和各指标的计算，并了解影响测试结果的因素。

二、实验仪器和试样

试验仪器为 YG141 型织物厚度仪（图 4-6-1），测定工具为钢尺等。机织物试样两种。

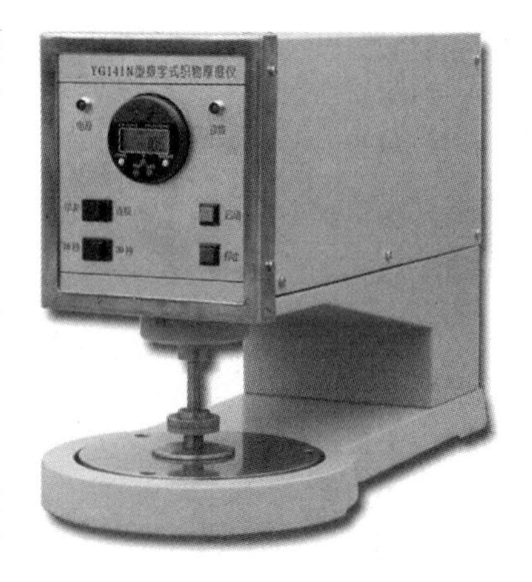

图 4-6-1　YG141 型织物厚度仪

三、实验准备

织物的尺寸与受力情况、温湿度条件有关，为使测量准确和条件统一，因此需将整段织物放在温度为 20℃、65% 相对湿度的标准湿温度条件下调湿，然后测量。对不能将整段织物放在标准湿度状态下调湿时,也需使织物处于松弛状态,然后测量。如果在普通湿温度条件下测定时,需加以修正。修正可在试验用标准温湿度条件下对织物松弛的一部分(剪下或不剪下均可)测量,再按下式计算:

$$L_c = \frac{L_r \times L_{sc}}{L_s}$$

式中:L_c——调湿后的织物尺寸;

L_r——在普通湿温度下测得的织物尺寸;

L_{sc}——调湿后织物调湿部分所作标记间的平均尺寸;

L_s——调湿前织物调湿部分所作标记间的平均尺寸。

四、实验步骤

(一)织物长度测定

1. 方法一

使织物处于松弛状态,至少经 24 h 后进行测定。测定的位置线是:对全幅织物,顺着离织物边 1/4 幅宽处进行测量,并作标记;对中间对折的织物,分别在织物的两半幅各顺着织物边与折叠线间约 1/2 部位上进行测量,并作标记。

要求每次测量精确到毫米。若在普通温湿度条件下进行测定,应予以修正。

2. 方法二

用钢尺测量折幅长度,对公称匹长不超过 120 m 的,应均匀地测量 10 次。公称匹长超过 120 m 的,应均匀地测量 15 次。测量精确至 0.1 cm ,再求出折幅长度的平均数,然后计数整段织物的折数,并测量其剩余不足 1 m 的实际长度,按下式计算匹长:

$$匹长(m) = 折幅长度 \times 折数 + 不足 1\ m 的实际长度$$

计算精确至 1 mm,舍入至 1 cm。

本方法是仲裁性的产品常规测定方法,用于工厂内部作常规实验时对折叠形式的织物段的匹长测定,可在普通温湿度条件下进行。

(二)织物的宽度测定

1. 方法一

使织物处于松弛状态至少 24 h,然后以接近相等的间隔(不超过 10 m)测量织物的幅宽,至少 5 次,求出平均值即为该织物的幅宽,测量位置至少离织物头尾端 1 m。

要求每次测量精确到毫米,计算精确到 0.01 cm。若实验在普通温湿度条件下进行,应加以修正。

2. 方法二

用钢尺在织物上均匀地测量幅宽至少 5 次,求出平均数即为该段织物的幅宽。测量位置至少离织物头尾端 1 m,每次测量精确到毫米,计算精确到 0.01 cm,舍入到 0.1 cm。

本方法是非仲裁性产品常规测定,用于工厂内部常规实验时进行幅宽的测定。实验可在普通温湿度条件下进行。

(三)织物的厚度测定

织物的厚度用测厚仪测定。根据样品类型按表 4-6-1 选取压脚。对于表面呈凹凸不平花

纹结构的样品，压脚直径应不小于花纹循环长度。如需要，可选用较小压脚分别测定并说明凹凸部位的厚度。

表 4-6-1 织物测厚仪的压脚面积和直径

压脚面积/mm×mm	压脚直径/mm	适用于织物厚度/mm
50	7.98	1.60 以下
100	11.28	2.26 以下
500	25.22	5.04 以下
1 000	35.68	7.14 以下
2 500	56.43	11.29 以下
5 000	79.80	15.96 以下
10 000	112.84	22.57 以下
备注	1. 压脚直径与织物厚度之比不小于 5∶1。 2. 压脚面积不小于 50 mm×mm，不大于 10 000 mm×mm。	

各种织物测 10 次，求出平均数即为该块织物的厚度。测试时要求织物放平，避免冲击，待加压 30S(工厂常规试验采用 5S)测取读数。

织物厚度测定时施加压力可按材料技术条件规定或双方协议。材料技术条件无规定时，各类织物施加压力推荐值见表 4-6-2。

表 4-6-2 各类织物的压力推荐值

织物类型	压力推荐值/cN·cm^{-1}(gf/cm×cm)
毯子、绒头织物(包括针织绒头织物)	2(5)
针织物	10(20)
粗纺毛织物	10(20)
精纺毛织物	20(50)
丝织物	20(50)
棉织物	50(100)
粗布、帆布等织物	100

第七节 织物的外观性能测试

一、实验目的

不同的服装材料有着不同的外观形态，各类服装材料都有自己的特点，这是材料本身的性能和使用要求决定的。在服用过程中，由于各种条件的变化，容易造成形态的变化，材料的悬垂性、刚柔性、折皱性、起毛起球性、起拱性、抗抽丝性，洗可穿性等，这些都是服装材料在服用过程中表现出来的外观形态特征，本实验通过一定的测试来了解各类材料外观形态。

二、基本知识

1. 刚柔性测定方法

服装材料刚柔性的测定方法很多,其中最简单的方法是采用斜面法。其试验原理是将一定尺寸的狭长织物试样作为悬臂梁,根据其可挠性,可测试计算其弯曲时的长度、弯曲刚度与抗弯模量,作为织物刚柔性的指标。弯曲长度在数值上等于织物单位密度、单位面积重量所具有的抗弯刚度的立方根,弯曲长度数值越大,表示织物越硬挺而不易弯曲;弯曲刚度是单位宽度的织物所具有的抗弯刚度,弯曲刚度越大,表示织物越刚硬;弯曲刚度随织物厚度而变化,与织物厚度的三次方成比例,以织物厚度的三次方除弯曲刚度,可求得抗弯弹性模量,抗弯弹性模量数值越大,表示材料刚性越大,不易弯曲变形。

2. 起毛起球性测定方法

目前国内外使用的织物起毛起球试验仪的种类很多,基本上可分为两大类:一是试样在圆筒(或方箱)内无规则地翻滚摩擦而起毛起球;另一种是在适当条件下,使织物与磨料顺时针或逆时针方向按照一定的轨迹作相对摩擦运动,使织物起毛起球,不论哪种仪器,它们的设计原理都是运用摩擦机理,模拟织物在使用过程中导致起毛起球的动作。一般常用的起毛起球试验方法有:圆磨起球法、马丁旦尔型磨损法、摩擦起球箱法和翻动式起毛起球法。下面我们只介绍圆磨起球法。

使用圆磨起球仪,它是将服装材料的起毛和起球分别进行,先用尼龙刷对试样摩擦一定次数,使材料表面产中毛绒,然后试样与磨料织物进行摩擦起球,也可将服装材料在织物磨料上直接进行起球,试样与磨料相对运动的轨迹为圆形,试样磨 60 次/min。仪器装有电磁记数器,达到预定的次数时,即自动停止试验。此仪器适用于化纤长丝织物和化纤短纤织物。在只用织物作磨料时,可用于毛织物和其他易起球的材料。

结果评定采用方法:

① 制订若干等级(一般分为 5 级)的标准样照,在灯光评级箱内将试样与样照进行对比。

② 计算试样单位面积上起球的个数。个数越多,抗起球性越差;级数越小,起毛起球越严重。在评定级数时,可以有半级的一档。

③ 描绘起球曲线。以纵坐标表示单位面积上的起球数,横坐标表示摩擦时间或次数,画出起球曲线,用来分析试样起毛起球程度的大小、成球的速度、毛球脱落的快慢等特征。

3. 勾丝性测定方法

目前测定织物抗勾丝性能的仪器有三种类型:钉锤式勾丝仪、刺棍式勾丝仪和方箱勾丝仪。它们的作用与原理大致相同,都是使服装材料在运动中与某些尖悦的物体(如针尖、锯齿、钉、刺等)在一定条件下相互作用而产生勾丝。不同之处是刺辊式勾丝仪的试样是在不受张力的自由状态下与刺辊作用的,而其他两种仪器的试样两端是缝制好的。试验时,套有试样的圆柱形绒辊转动,与其上的钉相互作用产生勾丝(如钉锤式勾丝仪)。也可将试样放在带钉子的方箱内,使方箱转动,试样在无规则的运动中与钉子相碎而产生勾丝(如方箱式勾丝仪)。实用中可选择与实际勾丝情况比较接近的仪器进行测试。

勾丝程度的评定方法一般都采用实样与标准实物样品对照评级。抗勾丝性分为 5 级,1 级最差,5 级最好。

三、实验步骤

（一）刚柔性测试

1. 实验仪器

LLY-01 型电子硬挺度仪（图 4-7-1）。

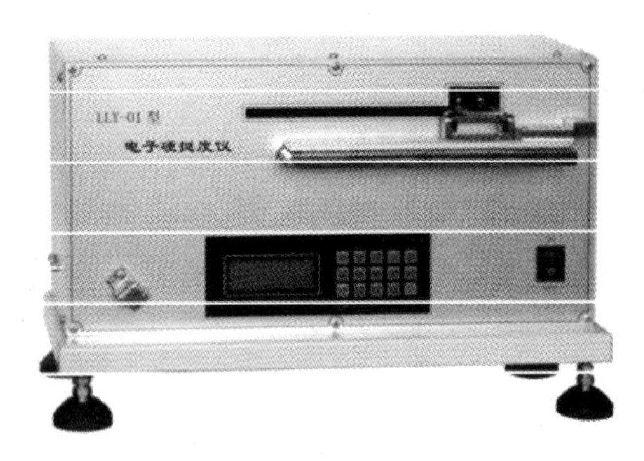

图 4-7-1　LLY-01 型电子硬挺度仪

2. 试样准备

试样尺寸为 250 ±1 mm×25 ±1 mm，试样上不能有影响试验结果的疵点，试样数量为 12 块。其中 6 块试样的长边平行于织物的纵向，6 块试样的长边平行于织物的横向，试样至少取至离布边 100 mm，并尽量少用手摸。试样应放在标准大气条件下调湿 24 h 以上。

3. 实验步骤

① 试验前，仪器应保持水平。

② 打开电源，仪器在“LLY-01”状态，按“试验”键 LED 显示 00—0。（如仪器压板不在起始位置则仪器自动返回起始位置。）

③ 扳动手柄，使压板抬起，把试样（按标准要求 250 mm×25 mm）放于工作台上，并与工作台前端对齐，放下压板。

④ 按动“启动”键，仪器压板向前推进，LED 显示试样实际伸出长度，（在本状态下按“返回”键，仪器停止推进，压板自动返回，本次实验废除）当试样下垂到挡住检测线时，仪器自动停止推进并返回起始位置，LED 显示实际伸出长度，把试样从工作台取下，反面放回工作台，按“启动”键，仪器按上述过程自动往返一次，并显示正反 2 次的平均抗弯长度。注：正反 2 次为 1 次。

⑤ 重复第 4 条，做完经 4 次的试验。

⑥ 重复第 4 条，做完纬 4 次的试验。仪器做完 8 次后，显示——××××，表示本组试样已做完。

⑦ 按“经平均”键显示经 4 次平均值（注：次数 2 次以上可按经平均键查看经平均值）。

⑧ 按“纬平均”键显示纬 4 次平均值（注：次数 6 次以上可按纬平均键查看纬平均值）。

⑨ 按“总平均”显示经纬总平均（注：次数做完 3 次，并按过经、纬平均后才能按总平均）。

⑩ 若想做下一组试样，可按复位键后，按第七部分操作即可。

⑪ 实验结束,切断电源。

4. 结果计算(单位:cm)

$C \approx$ 正反2次 $L/2$

CL = 经平均　　CL = 经4次平均

CH = 纬平均　　CH = 纬4次平均

VH = 经纬总平均　　$VH = \sqrt{2CLCH}$ 总平均

式中 L = 试样伸出长度　　C = 抗弯长度

(二)起毛起球测试

1. 实验仪器

YG502型起毛起球仪(图4-7-2)及毛刷、放大镜、起毛起球标准样照、评级箱等。

图4-7-2　YG502型起毛起球仪

2. 试样准备

试样直径为112.8 mm,试样上不能有影响试验结果的疵点,试样数量为3块(毛织物为5块)。试样应放在标准大气条件下调湿24 h以上。

3. 实验步骤

① 实验前,仪器应保持水平,尼龙刷应保持清洁,发现尼龙刷内嵌有纤维团时,应予以清除。

② 将试样(在试样下垫上重量为270 g/m^2,厚度为8 mm的泡沫塑料)装在试样夹头上,磨料为尼龙刷和毛华达呢并将其装在磨台上,试样必须正面朝外。

③ 试样夹头轴上不另加重量时,试样在磨料上的压力(自重)为490 cN(500 gf)。当需加的力超过490 cN(500 gf)以上时,可在试样夹头的另一端加上相应的重锤。不同类型的材料加压情况如下:化纤长丝织物和化纤短纤织物加压为588 cN(600 gf);精梳毛织物加压为784 cN(800 gf);粗梳毛织物加压为490 cN(500 gf)。

④ 翻动试样夹头臂,使试样压在磨料上。

⑤ 打开电源开关,显示窗口显示0,此时,计数器预置数为拨码开关显示数据。

启动键:按此键启动电机运转,运转至预置数时运转停止,显示计算次数。

停止键:在运转摩擦状态时,按此键运转中止,显示实际运转次数,按“启动”键继续运转,直至到达设定次数。

按“清零”键重复上两步操作,进行下一组实验。(注:每次设定新的数据后需按“清零”键一次)。

⑥ 取下试样,放在评级箱中,以最清晰地反映起球程度为准,与标准样照对比,以取邻近的1/2级评定每块服装材料的起球等级。

各类服装材料的磨擦次数如下:涤纶低弹长丝针织物先在尼龙刷上,后在磨料织物上各磨150转。涤纶低弹长丝和化纤短纤织物先在尼龙刷上,后在磨料织物上各磨50转。精梳毛织物在磨料织物上磨600转。粗梳毛织物在磨料织物上磨50转。

4. 结果计算

以3块试样中的2块相同等级为准。若5块试样等级不同,则以中间等级为准。毛织物计算5块试样的平均等级。

5级为不起球;4级为有少量起球;3级为中等数量起球;2级为明显起球;1级为严重起球。

(三)抗勾丝性测试

1. 实验仪器

LCK-050型钉锤式织物勾丝仪(图4-7-3)及剪刀、样板、划笔、针线等。

2. 试样准备

裁剪长200 mm、宽120 mm的试样4块(经、纬各2块),缝成圈状,织物正面朝外。

3. 实验步骤

① 将仪器上的毛毡套入圈状试样,然后一起套在铝制滚筒上(这种套法可保证试样平整而不过于紧张)。

② 打开电源总开关,将钉锤轻放在试样的左侧。

③ 使计数器"复零",然后将电源开关上推至"顺时针转"滚筒转,绿灯闪烁,计数至预置数停机。将开关下推至"逆时针转"按复零按钮,滚筒逆转,钉锤会自动转向,逆向勾丝开始,至预置数停,注意不要在运转中换向。

图4-7-3 LCK-050型钉锤式织物勾丝仪

每一块试样的试验次数为600转,本仪器正转300转,逆转300转(预置数300)。

④ 中途停止试验时,可按止动开关。重新试验时,应使计数机构刻度盘校正零位。

4. 评级及结果计算

(1) 评级

试验完丝,取下试样在接缝处剪开,用夹子悬挂铁丝上,在标准灯光下按GB 11047—89评级。

① 试样在取下后应至少放置4 h再评级。

② 试样固定于评定板,使评级区处于评定板正面。

③ 把试样放在评级箱观察窗口,同时将标准样照放在另一侧。

④ 对照标准样照对试样的勾丝程度进行评级。

"勾丝"的定义,构成织物的纱线或纤维,由于钉针的勾挂形成线圈、纤维束、圈状球或其他凹凸不平的疵点。

小勾丝:在2 mm以下的勾丝;中勾丝:在2~10 mm的勾丝;长勾丝:在10 mm以上的勾丝。小、中、长勾丝在布面上分布密度愈大,说明织物其抗勾丝能力愈差,被评为抗勾丝的级别为最低,反之被评为抗勾丝的级别最高。

评级标准:评级分为5级,5级最好,1级最差,位于两级之间评为中间等级,如1.5级、2.5级等。

(2) 结果计算

直(经)向试样2块,取最差级,横(纬)向试样2块也取最差级,然后直(经)向与横(纬)向相加后取平均值。并按GB 8170修约至最近的0.5级作为该项最终勾丝级别。

第八节 织物的舒适性能测试

在人们的着装中，服装作为人体与自然气候之间的一层屏障。随着外界气候的变化，人们仅靠生理调节已达不到人体所需的“气候”时，服装作为人体行为调节器，使人体能适应自然气候变化；随着人们生活水平的提高，着装的舒适性已成为了第一位的因素。

服装的舒适性包括湿、热两方面的因素，即服装与人体和周围环境之间发生热、湿能量交换，从而保证干燥、适宜温度的“服装气候”，这种对热、湿的效应，可用透通性加以测量与表达。

所谓服装材料的透通性是指热、湿、空气气流等通过材料的性能，其中包括服装及其材料的吸湿、放湿、透湿性能，吸水、保水和透水性能，以及隔热保暖性能和含气、透气性能等。不同的服装对透通性的要求是有差别的，有的要求保暖性好，有的要求具有防雨性能，还有的则需要很好的防风性能，我们要了解服装材料的这些性能，以适应不同的使用目的。

一、织物透气性测试

（一）实验仪器与试样

1. 实验仪器及工作原理

YG461B 型织物中低压透气仪工作原理如图 4-8-1 所示。仪器工作时，前室压 P_1 和后室压 P_2 随吸风量而变化。显然，$P_2 < P_1 < P_0$，其中 P_0 为实验室大气压，$P_1 - P_2$ 为两室压差 ΔP，$P_0 - P_1$ 即是织物两面压差 ΔP_0 比（定压值）。测试时，缓慢转动调压器调压旋钮，调节吸风量，使织物两侧压差 ΔP_0 达到规定标准值（100 Pa 或 200 Pa）或另定的任意定压值（0 ~ 4 000 Pa 间一数值），测取两室压差 ΔP，借助事先确定的“压差 - 透气率查数表”，即可测得被测试样的透气率值 R。

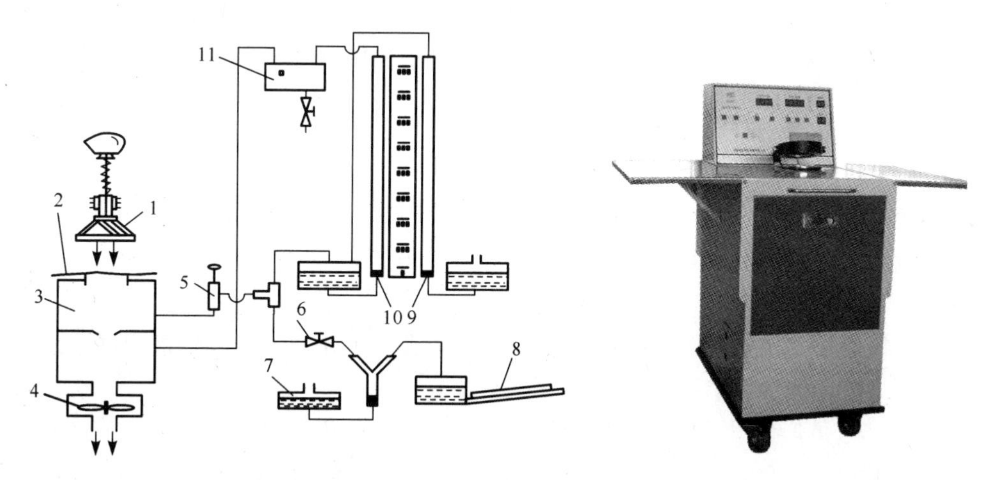

图 4-8-1 YG461B 型织物中低压透气仪

1—压环；2—织物试样；3—压差流量计；4—吸风机；5—气阻器；6—低压阀；7—贮液器；8—倾斜压力计（低压用）；9—定压压力计（中压用）；10—垂直压力计；11—溢流器

图中，当压环1上面的凸轮旋转至某一位置时，压环向下移动，与试样直径定值圈配合，使织物试样2通过空气的面积符合规定（本仪器试样面积定值圈有20 cm^2和50 cm^2两种，一般多用20 cm^2）。5为气阻器，实际上是一个针阀，阀针与阀体针孔的间隙可调，主要作用是减小气流压力的波动，使气流趋于平稳，减少各测压管内液柱的上下跳动，有利于准确读数。7为贮液器，图中共有4个。6为低压阀，当要求织物两侧的定压值小于250 Pa时，应开启此阀，以便借助低压用倾斜压力计8确定低压定压。当定压值大于250 Pa、小于400 Pa时，应将此阀关闭，倾斜压力计液面静止，用中压用定压压力计9确定中压定压，可用于在织物两侧压差大于250 Pa水柱时，确定织物两侧的定压值。倾斜压力计8具有6∶1的读数放大功能，其中的工作介质为密度约0.84 g/cm^3的$5^{\#}$高速机油，其读数标尺以Pa单位刻线。斜管斜度在出厂时已用定准水泡校准。10为垂直压力计，用于测定压差流量计两气室之间的压差，从而确定被测织物的透气率R。11为溢流器，用于操作不慎，液体从垂直压力计顶端流出时，盛放溢出的液体，以免液体流到仪器的其他部位，例如后气室等，造成仪器无法正常工作。

2. 试样准备

从有代表性的织物样品中剪取40 cm×全幅（离布端1 m以上处）试样。试样应无明显损坏，不应折皱，不得熨平。试样的长、宽边线应平行于织物的长度、宽度方向。试样应经过调湿处理，实验应在二级标准大气条件下进行。

（二）实验步骤

1. 仪器调整

① 先校正仪器水平，再调压力计的液面对零。调零时，转动调零手轮，使贮液器在齿条一齿轮带动下上下移动，以便压力计的液面调至零点。压力计液面对准后，转动锁紧手轮，使贮液器位置固定，保证液面零点不移位。

② 将吸风机调压器的调压旋钮调至零。打开工作台后盖箱，取出电源插头，接通电源。在旋转调压旋钮，当电压调至60～70 V时，若能听到微弱的嗡嗡声，则说明吸风机和调压器能够正常工作。再将调压旋钮调至零。

③ 完成上述工作后，按照标准进行校验仪器。

2. 正式实验

① 将被测织物试样用固定圆环固定在织物圈架上。不同厚度的织物应选用不同的圆环。

② 根据国家标准规定，织物两侧压差（$P_1 - P_2$）应为100 Pa，特殊情况下可选用200 Pa。测试面积为20 cm^2。

③ 根据被测织物的透气性范围，选用相应的喷嘴（锐孔），使垂直压力计的液面读数介于600～3 600 Pa之间。

④ 使倾斜压力计液面稳定在规定的压差处。即时观察垂直压力机的液面，并记录。读数精确到10 Pa。

⑤ 每种试样测定次数：根据变异系数，按规定的概率水平和实验结果的允差率用下式求得：

$$N = \frac{t^2 (CV)^2}{E^2}$$

式中：N——实验次数（向上修约至整数）；

E——实验结果允差率，%；

CV——变异系数，%；

t——双侧极限，概率水平95%时，$t=1.96$。

E值规定为±5%，则实验次数$N=0.154(CV)^2$。

若所测织物的变异系数尚未确定，则不能直接按上式计算，可采用固定的实验次数$N=10$。

（三）结果计算

根据垂直压力计的液面读数和选用的锐孔孔径，在表4-8-1查出织物的透气率Rs(mm/s)。

表4-8-1 标称透气率 *Rs* 及适用校验的喷嘴代号

孔板编号	孔板名义孔径/mm	孔板在100 Pa压差下的标称透气率Rs/mm·s^{-1}	与孔板相应的适用校验的喷嘴孔径/mm
—1	ϕ8.5	218.9	ϕ3或ϕ4
—2	ϕ21.6	1 439	ϕ8或ϕ10

按各次测得的数据计算试样透气率的最大值、最小值和平均透气率以及变异系数。数值计算到0.1 mm/s，修约到1 mm/s。

不同压差条件下织物试样透气率的换算公式：

$$Q_M = Q_N K_T \quad K_T = \left(\frac{\Delta P_M}{\Delta P_N}\right)^b$$

式中：ΔPM——织物两侧压差为MPa($M=30\sim190$)；

ΔPN——织物两侧压差为NPa($N=50$)；

QM——ΔPM条件下的透气率，mm/s；

QN——ΔPN条件下的透气率，mm/s；

KT——换算系数；

b——幂指数（织物流量曲线）。

根据实验，b值取决于织物的类别与组织并同织物本身的透气率有关，如表4-8-2所示。

表4-8-2 *b* 值取决因素

类别	品名	组织	B值
棉布类	原色本色染色平布	平纹	$b=1.355\,4-0.092\,6\ \ln Qs$
锦丝绸类	锦丝绸	小花纹	$b=1.087\,6-0.079\,1\ \ln Qs$
	锦丝及锦丝66绸	斜纹1/2左斜	$b=1.145\,17-0.128\,5\ \ln Qs$
	锦丝绸	平纹、平纹格	$b=1.261\,4-0.100\,6\ \ln Qs$

二、织物透湿性能测试

（一）实验仪器

织物透湿性测试仪（图4-8-2），包括实验箱、透湿杯、千分之一分析天平、蒸馏水。

图 4-8-2 织物透湿性测试仪

(二)试样准备

试样直径为 70 mm,每个样品取 3 个试样。若样品两面都需要测试时,每面取 3 个试样,并做标记。试样应在距布边 1/10 幅宽、距匹端 2 m 处截取,试样上不能有影响测试结果的疵点。

(三)实验步骤

1. 取清洁干燥的透湿杯 3 个,分别倒入 10 mL 水,将试样测试面向下放置在透湿杯上,装上垫圈和压环,旋上螺帽,再用胶带从侧面封住压环、垫圈和透湿杯,组成实验组合体并编号。

2. 将实验组合体水平放置在已达到规定实验条件的实验箱内(温度 38℃,相对湿度 2%,气流速度 0.5 m/s),经过 0.5 h 平衡后,按编号在箱内逐一称量,称量精度为 0.001 g。

3. 随后经过 1 h 实验后,再次按同一顺序称量。若需在箱外称量,称量时杯子的环境温度与规定实验温度的差异不能大于 3℃。

(四)结果计算

计算各试样透湿量(WVT):

$$WVT = \frac{24\Delta m}{St}$$

式中:WVT——每平方米 24 h 的透湿量,g/(m^2 · d);

Δm——同一实验组合体两次称量之差,g;

S——试样实验面积,m^2;

t——实验时间,h。

计算样品透湿量:

样品透湿量为三个试样透湿量的算术平均值,修约到 10 g/(m^2 · d)。

当各试样透湿量与平均透湿量的最大差异不超过平均透湿量的 10% 时,可将平均透湿量作为样品的透湿量。

三、织物透水/防水性能测试

(一)实验原理

织物渗透水分的性能称作透水性,与之相反的性能称为防水性或抗渗水性。织物是否易于

被水沾湿的特性,主要与织物的表面性能有关,因此称作表面抗湿性。织物透水性的测定方法很多,主要可分为以下几类:

① 织物一侧受到静水压的作用,当静水压逐渐增大,织物的另一侧渗出水渍时,以静水压的水柱高表示织物的透水性。

② 向织物连续喷水或滴水,测定试样表面的水渍形态或者吸收水量。

③ 织物一侧承受恒定的静水压作用,测定水渗透到另一侧所需的时间。

④ 织物一侧承受恒定的静水压作用,测定单位时间透过织物的水量。

本实验采用第1种方法。

(二)实验仪器与试样

水压式织物透水性测试仪(图4-8-3),有透水性、表面抗湿性差异的织物若干种。

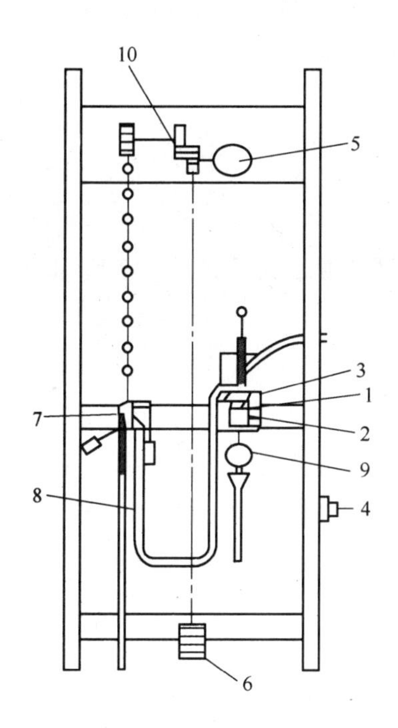

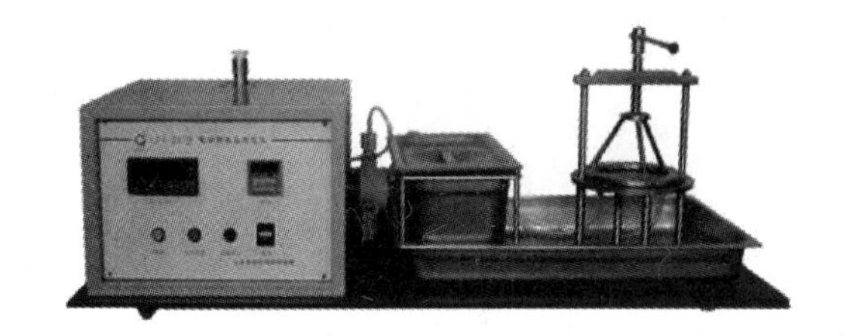

图4-8-3 水压式织物透水性测试仪

1—织物试样;2—夹布座;3—加压盖;4—电源开关;5—电动机;6—踏板;7—水位玻璃罩;8—橡皮管;9—反光镜;10—摩擦轮

水压式织物透水性测试仪结构如图4-9-3所示,其工作原理为:夹布座2与加压盖3之间放置织物试样,并被两者紧固。当电源开关4接通电源后,电动机5带动摩擦轮旋转。将踏板6踏下,则另一摩擦轮10与电动摩擦轮相接触,从而带动链条,使水位玻璃罩7匀速上升,玻璃钟罩与加压盖3之间由橡皮管8相连接。玻璃钟罩内水位逐渐提高时,织物承受的静水压作用相应增大。利用反光镜9观察织物表面,当有水浸透织物时,立即放松踏板,使两摩擦轮脱离,则水位玻璃罩7停止向上运动。测量水位的上升高度,记未渗透实验织物的水柱高。

(三) 实验步骤

① 剪取不同部位的试样,每种至少 5 块(20 mm×20 mm),也可不剪下试样,但不得用有很深折痕的部位进行实验。试样的测试部分尽量少用手触摸。

② 擦干夹紧装置表面的水分,把试样夹紧在实验头中,使织物表面与水接触。夹紧时避免水在实验开始前因受压而透过织物试样。调整水压上升速度,一般应为(1 000±50) Pa/min或者(6 000±300) Pa/min。

③ 在试样一侧水压逐渐增大的同时,利用反光镜 9 观察试样另一侧,发现试样表面三个不同部位有水滴渗出时,立即按"停止"按钮,水箱停止上升,读取尺管上的水柱高度(cm),读取水压的精确度为:1 m 水柱以下,0.5 cm;1~2 m 水柱,1 cm;2 m 以上水柱,2 cm。

④ 不考虑那些形成以后不再增大的微细水珠,在织物同一处渗出的连续性水滴不做累计,注意第三处是否产生在夹紧装置边缘处,若此时导致水压值低于同一样品的其他试样的最低值,则此数据放弃,需增补试样另行实验,直至获得正常结果所必需的次数为止。

(四) 结果计算

完成每种 5 个试样或者 5 个位置后,计算数据平均值作为试验结果。

四、织物保暖性能测试

织物保暖性能测试方法有多种仪器可完成,也可采用模拟暖体假人进行试验,本实验采用平板式织物保温仪进行测试。

(一) 实验仪器与试样

1. 实验仪器

YG606 平板式保温仪,如图 4-8-4 所示。

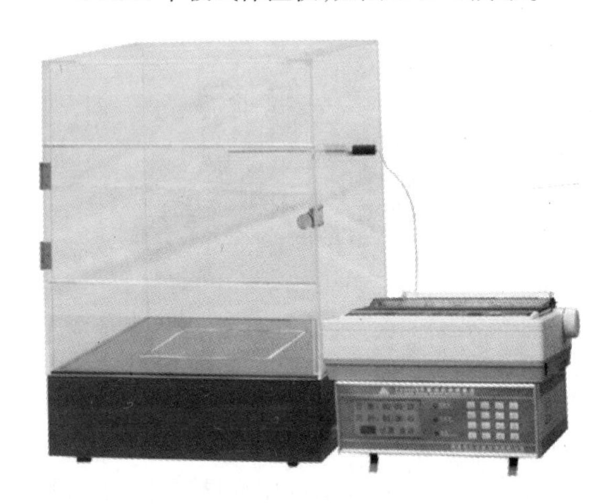

图 4-8-4 平板式织物保温仪

平板式织物保温仪有温度自动控制装置,以保证实验过程中实验板、保护板、底板的温度符合规定要求。温度可在 0~50℃范围内调节,精度达±1℃。仪器的温度指示计可指示实验板、保护板、底板和罩内空气等处的温度。数字式计时表用于记录实验总时间和实验板累计加热时间。

2. 试样

选用保暖性有显著差异的数种织物作为试样。每份样品裁取 3 块尺寸为 30 cm×30 cm 的试样。试样要求平整、无折痕，并在温度为20℃ ±2℃，相对湿度为65% ±2% 的标准大气条件下调湿 24 h，测试的条件与之相同。

（二）实验步骤

1. 准备工作

调整仪器，并作不放置试样的空白试验。调整温度控制装置，使实验板、保护板、底板的设定温度为 36℃。开启仪器，预热一定时间，使实验板、保护板、底板温度达到设定温度，而且温度差异稳定在 ±0.5℃以内，此时即可开始实验。当实验板加热后指示灯熄灭时，立即按下"启动"开关。空白试验测定应不少于 5 个加热周期，当最后一个加热周期结束时，立即读取实验总时间和累计加热时间，同时应记录实验过程中仪器罩内空气温度。

2. 开始实验

① 将试样正面朝上，平铺在实验板上，并完全覆盖实验板周围。预热一定时间，厚度不同，回潮率不同的试样预热时间可不等，一般预热时间为 30 ~ 60 min。

② 当实验板加热至设定温度，便停止加热，指示灯熄灭，立即按下"启动"开关，实验开始。

③ 至少测定 5 个加热周期，当最后一个加热周期结束，指示灯再熄灭时，立即读取实验总时间和累计加热时间。

④ 记录实验过程中仪器罩内空气温度。

（三）结果计算

根据本实验得到的数据，可求得下列指标：

1. 保温率

$$Q = \left(1 - \frac{Q_2}{Q_1}\right) \times 100\%$$

式中：Q_1——无试样散热量，W/℃；

Q_2——有试样散热量，W/℃。

$$Q_1 = \frac{N\dfrac{t_1}{t_2}}{T_p - T_a} \qquad Q_2 = \frac{N\dfrac{t_1'}{t_2'}}{T_p - T_a'}$$

式中：N——实验板电热功率，W；

t_1，t_1'——无试样，有试样累计加热时间，s；

t_2，t_2'——无试样，有试样实验总时间，s；

T_p——实验板平均温度，℃；

T_a，T_a'——无试样、有试样罩内空气平均温度，℃。

2. 传热系数 U_2[W/(m^2·℃)]

$$U_2 = \frac{U_{bp}U_1}{U_{bp} - U_1}$$

式中：U_{bp}——无试样时实验板传热系数，W/(M^2·℃)；

U_1 ——有试样时实验板传热系数,W/(M² · ℃)。

$$U_{bp} = \frac{P}{A(T_p - T_a)} \qquad U_1 = \frac{P'}{A(T_p - T_a)}$$

式中:A——实验板面积,m²;

P, P'——无试样、有试样热量损失,W。

$$P = N\frac{t_1}{t_2} \qquad P' = N\frac{t_1'}{t_2'}$$

3. 克罗值(*CLO*)

克罗值定义为:在室温为21℃,相对湿度50%以下,气流为10 cm/s(无风)的条件下,试穿者静坐不动,其基础代谢为58.15 W/m²[50 kcal/(m² · h)],感觉舒适并维持其平均温度为33℃时,此时所穿衣服的保温值为1克罗值(*CLO*)。1 *CLO* =0.155 ℃ · m²/W。

第九节 服装材料的耐用性能测试

织物经过穿用、洗涤、贮存保管等环节,会发生一定程度的损坏,从而影响其使用寿命。织物耐用性指织物在一定使用条件下的抵抗损坏的性能。织物机械性能测试时,模拟材料损坏的环境,其中最基本的是材料在拉伸机械力作用下的破坏形式与状态,包括一次或反复多次的作用,其中主要是一次性破坏,主要有拉伸断裂强度、撕破强度、顶破强度等。

一、实验目的

了解各种织物的强力、伸长、顶破、撕裂等力学性能,掌握新型织物强力机的使用方法,并了解影响实验结果的各种因素。

二、基本知识

织物在使用过程中,受到各种不同的物理、机械、化学作用力而逐渐遭到破坏。在一般情况下,机械力的作用是主要的。织物的耐久性通常就是在各种机械力作用下织物的坚牢度。织物的耐久实验,包括拉伸断裂实验、顶破、撕裂强力实验以及耐磨性实验等。

拉伸断裂强力实验一般适用于机械性质具有各向异性、拉伸变形能力较小的制品。对于容易产生变形的针织物、编织物以及非织造布的强伸特性,一般采用顶破强度(包括顶破伸长)为宜。而织物被勾住,局部纱线受力断裂而形成裂缝,或者织物局部被握持而被撕成两半,这种现象称为撕裂,也叫撕破。

三、实验仪器和试样

实验仪器为YG026型多功能电子织物强力机(图4-9-1)。试样为织物若干种,并需准备直尺、挑针等用具。

四、实验内容

（一）拉伸断裂实验

图 4-9-1 YG026 型多功能电子织物强力机

做拉伸断裂强力实验时，试条的尺寸及其夹持方法对实验结果影响较大。常用的实验条及其夹持方法有扯边条样法、剪切条样法及抓样法。

扯边纱条样法试验结果不匀率较小，用布节约。抓样法试样准备容易，快速，试验状态比较接近实际情况，但所得强力、伸长值略高。剪切条样法一般用于不易抽边纱的织物，如缩绒织物、毡品、非织造布及涂层织物等。我国标准规定采用扯边纱条样法。如果试样是针织物，由于拉伸过程中线圈的转移，变形较大，往往导致非拉伸方向的显著收缩，使试样在钳口处所产生的剪切应力特别集中，造成多数试条在钳口附近断裂，影响了试验结果的准确性，为了改善这种情况，可采用梯形试样或环形试样。

试条的工作长度对实验结果有显著影响，一般随着试样工作长度的增加，断裂强力与断裂伸长率有所下降。标准中规定：一般织物为 20 cm，针织物和毛织物为 10 cm。特别需要时可自行规定，但所有试样必须统一。

织物的拉伸断裂性能常采用断裂强度、断裂伸长率表示。如果实验是在有绘图装置的织物强力上进行时，可得到织物的拉伸曲线。在拉伸曲线上，不仅可以求得断裂强度和断裂伸长率两项指标，而且还可以计算断裂功、织物的充满系数，同时还可了解到织物在整个受力过程中拉伸强度的变化和断裂过程。

1. 试样准备

取织物一块，只要布面平整，试样可在零布上剪取。每匹布上只取一块，剪取长度约为 35 cm。试样必须在进行实验时一次剪下，立即进行实验。试样不能有表面疵点。将布样剪裁成宽 6 cm，扯去纱边使之成为 5 cm，长 30 ~ 33 cm 的经向和纬向强伸度试条。

2. 实验步骤

① 设定隔距长度：对断裂伸长率小于或等于 75% 的织物，隔距长度为 200 mm，对断裂伸长率大于 75% 的织物，隔距长度为 100 mm ± 1 mm。

② 设定拉伸速度

根据织物的断裂伸长或伸长率，按表 4-9-1 设定拉伸速度。

表 4-9-1 隔距长度、织物的断裂伸长和拉伸速度的关系

隔距长度/mm	200	200	100
织物的断裂伸长率/（%）	<8	8 ~ 75	>75
拉伸速度/mm · min^{-1}	20	100	100

③ 试样的夹持：在夹钳中心位置夹持试样，以保证拉力中心线通过夹钳的中间。试样可在预张力下夹持或松式夹持。当采用预张力夹持试样时，产生的伸长率不大于 2% 。一般可根据

试样的单位面积质量采用如下的预张力：

——≤200 g/m^2，2 N；

——>200 g/m^2，≤500 g/m^2，5 N；

——>500 g/m^2，10 N。

也可根据断裂强力确定预张力，当断裂强力低于 20 N 时，按断裂强力的 1% ±0.25% 设定预张力。

④ 实验操作：开启实验仪器，拉伸试样至断裂，记录断裂强力（N），断裂伸长（mm）或断裂伸长率（%）。经纬方向至少实验 5 块，求平均值。

3. 注意事项

① 如果试样在钳口处滑移不对称或滑移量大于 2 mm，舍弃实验结果。

② 如果试样在距钳口 5 mm 以内断裂，则作为钳口断裂，应在报告中注明。

③ 如果要求测定织物的湿强力，则剪取试样长度应为干强试样的两倍，每条试样的两端编号后，沿横向剪为两块，一块用于干态的强力测定，另一块用于湿态的强力测定。根据经验或估计浸水后收缩较大的织物，测定湿态强力的试样长度应比干态试样长一些。

（二）撕破性能测试

目前纺织品撕破性能的常用测试方法有三种：冲击锤法、舌形试样法、梯形试样法，均适用于机织物和其他技术生产的织物，不适用于针织物、机织弹性织物以及有可能产生撕裂转移的经纬向差异大的织物和稀疏织物的测定。本实验采用舌形试样法。

1. 试样准备

每块样品样裁取两组试样，一组为经向或纵向，另一组为纬向或横向。每组至少 5 块，且每两块试样不能含有同一根经向或纬向的纱线，不能在距布边 150 mm 内取样。

试样尺寸：

① 单舌试样为矩形长条，长 220 mm ±2 mm，宽 50 mm ±1 mm，每个试样应从宽度方向的正中切开一条平行于长度方向 100 mm ±1 mm 的裂口。在条样中间距末切割端 25 mm ±1 mm 处标出撕裂终点。

② 双舌试样也为矩形长条，长 220 mm ±2 mm，宽 150 mm ±2 mm，每个试样切开一个沿长度方向的（100 mm ±2 mm）×（50 mm ±1 mm）的舌形，距舌端得 50 mm ±1 mm 处，在试样的两边画一条直线 *abcd*。在条样中间距末切割端 25 mm ±1 mm 处标出撕裂终点。每个试样将平行于织物的经向或纬向作为长边裁取。

2. 实验步骤

（1）隔距长度和拉伸速度设置

将隔距长度设定为 100 mm，拉伸速度设定为 100 mm/min。

（2）试样的安装

① 单舌试样：将试样夹在夹钳中，每条边各夹入一只夹钳中，切割线与夹钳的中心线对齐。试样的末切割端处于自由状态。注意保证每条边固定于夹钳中，使撕裂开始时是平行于切口且在所施加的撕力方向上。不预加张力并避免松弛现象。

② 双舌试样：将试样的舌头夹在夹钳的中心且对称，使直线 *bc* 刚好可见。将试样的两长条对称地加入仪器的移动夹钳中，使直线 *ab* 和 *cd* 刚好可见，并使试样的两长条平行于撕力方向。

注意保证每条舌形被固定于夹钳中,能使撕裂开始时平行于撕力方向。不预加张力并避免松弛现象。

(3) 操作

开动仪器,使撕破持续至试样的终点标记处,记录每个试样在每一织物方向的撕破强力和撕破长度。

3. 注意事项

① 撕破时纱线是从织物中滑移而不是被撕裂,撕破不完全或不是沿着施力方向撕破的,则数据应剔除。如果5个试样中三个以上被剔除,则可认为此方法不适用于该样品。

② 试样裁剪应准确,要保证各方法中规定的尺寸,包括试样长度、有效宽度、切口长度、撕裂长度、夹持距离等。

③ 试样夹持时,不能使切口处的纱受力。

(三) 顶破性能测试

拉伸强度对某些织物(如针织物和花边)不太适宜,但可用顶破强度实验来代替。织物破损时往往同时受到经向、纬向、斜向等方面的外力,特别是某些针织品(如纬编织物)具有直向延伸、横向收缩的特征,直向和横向相互影响较大,如采用拉伸强度实验,必须对经向、纬向和斜向分别测试,而顶破强度则可以对织物强度做一次性评价。顶破强力的测试方法是将试样夹持在固定基座的圆环试样夹内,圆球形顶杆以恒定的移动速度垂直地顶向试样,使试样变形直至破裂。破裂过程中测得的最大力即为试样的顶破强力。

1. 试样准备

实验室样品要具有代表性,要求布面平整,不得有影响实验结果的严重疵点。试样尺寸应满足大于环形夹持装置面积,数量至少5块。

2. 实验步骤

① 安装顶破装置:选择直径为25 mm或38 mm的球形顶杆,将球形顶杆和夹持器安装在实验仪上,保证环形夹持器的中心在顶杆的轴心线上。

② 试样的夹持:将试样反面朝向顶杆,夹持在夹持器上,保证试样平整、无张力、无折皱。

③ 开机:启动仪器,直至试样被顶破,破裂过程中测得的最大力即为试样的顶破强力。在织物的不同部位重复实验,每块布至少实验5次,求其平均值。

3. 注意事项

实验时如果纱线从环形夹持器中滑脱或试样滑脱,应舍弃该次实验结果。

(四) 耐磨性测试

织物的磨损是造成织物损坏的重要原因。虽然织物的磨损牢度目前尚未作为国家标准进行考核,但织物的耐磨性试验仍是不可缺少的。它对评定织物的服用牢度有很重要的意义。

根据服用织物的实际情况,不同部位的磨损方式不同,因而织物的耐磨试验仪器的种类和型式也较多,大体可分成平磨、曲磨和折磨三类。平磨是试样在平面状态下的耐磨牢度,它模拟衣服袖部与臀部的磨损状态。曲磨是使试样在一定张力作用下,试验其屈曲状态下的耐磨牢度。它模拟衣服在膝盖、肘部的磨损状态。折磨是试验织物折叠处边缘的耐磨牢度,它模拟领口、衣袖与裤脚边的磨损状态。三种试验仪的试验条件各不相同,其试验结果不能相互替代。

本实验主要采用平磨仪测定织物的耐磨性。

1．试验仪器和试样

（1）实验仪器

往复式平磨试验仪、圆盘式织物平磨仪(图 4–9–2)。试样为不同品种的织物。并需准备金刚砂纸、剪刀及各种试条样板等用具。

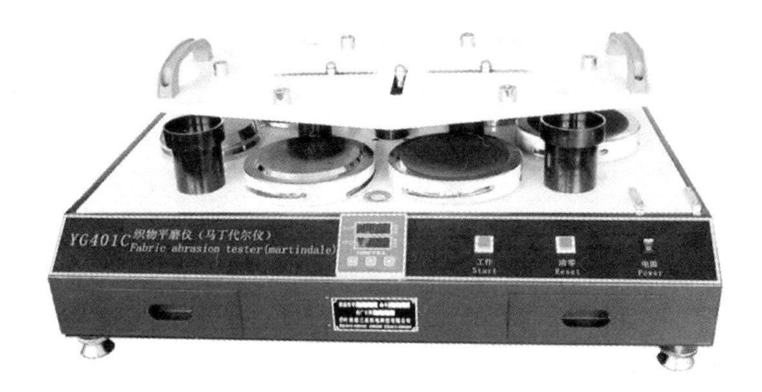

图 4–9–2　织物平磨仪

（2）材料及试样准备

在进行织物耐磨性能试验时,因使用的仪器类型不同,而结果不同。不同类型的仪器,除其参数(如加压负荷大小、磨料种类等)不同外,试样尺寸和试验结果的评定方法也不同。各种耐磨试验的试样尺寸及数量见表 4–9–2。

表 4–9–2　各种耐磨实验的试样尺寸及数量

实验名称	尺　　寸	数　　量
往复式平磨试验	长 18 cm,宽 5 cm	经纬向各 5 块
圆盘式平磨试验	直径 125 cm	5 块

2．耐磨仪的结构原理和实验步骤

（1）往复式织物平磨试验仪

① 结构原理

该仪器一般以砂纸或砂布作为磨料,它装在磨料架上,织物试样在一定张力下,铺放于做往复运动的前后平台上。并由前后平台上的夹头夹紧,由于磨料架的自重,使磨料与织物试样接触而产生磨损。织物受磨损的次数由记数器计数。

该仪器的特点是:可分别测试织物经纬向耐磨性。试验所需时间较短,试样所受磨损面积较大。其缺点是:试验条件除砂纸号数可变外,其他条件不能改变,故对各种织物的试用性差。另外磨屑易沉积在试样表面,需经常清扫,以免影响试验结果。

② 实验步骤

a. 试验前先将磨料架向上抬起,然后将前平台向后带好,使弹簧片跳上,钩住前平台。

b. 用刷子刷清整个平台表面。

c. 选择适当号数的砂纸(一般有 280#、400#、500#、600#),将砂纸夹在磨料架上,砂纸宽度一般要小于试样宽度。

d. 旋松前后平台上的夹头,将布样一端伸入后平台的夹头内,旋紧后再将布样的另一端伸入前平台的夹头内,并用括布铁片使布面平整,而后将前夹头旋紧。揿下弹簧片使布样受到一定张力。

e. 将磨料架放在布样上,同时将计数器转到零位。

f. 启动电动机进行测试。在磨损过程中,磨损一定次数后,须将磨料架抬起,用刷子刷清试样表面的磨屑。

试样所受磨损次数可由计数器读得。织物的磨损次数可根据需要选择。

(2) Y522 型圆盘式织物平磨试验仪

① 结构原理

织物试样固定在直径 90 mm 的工作圆盘上,圆盘以 70 r/min 做等速回转运动,在圆盘的上方有两个支架,在两个支架上分别有两个砂轮磨盘在自己的轴上回转,试验时,工作圆盘上的试样与两个砂轮磨盘接触并做相对运动,使试样受到多方向的磨损,在试样上形成一个磨损圆环。

磨盘对试样的压力可根据支架上的负荷加以调节,支架本身的重量为 250 g,仪器附有各种不同磨损强度的砂轮圆盘,并装有吸尘装置,用以自动清除试样表面的磨屑。

圆盘式织物平磨仪的特点是:仪器的稳定性较好,试验结果离散性较小,操作方便。该仪器还可测试纱线的耐磨性能。其缺点是没有自停装置。

② 实验步骤

a. 先将剪好的试样,中央剪开一个小孔,然后将试样固定在工作圆盘上,并用六角扳手旋紧夹布环,使试样受到一定张力。

b. 选用适当压力,加压重锤有 1 000 g、500 g、250 g 及 125g 四种。

c. 选用适当的砂轮作磨料,碳化砂轮分粗 A-100、中 A-150、细 A-280 三种。

d. 调节吸尘管高度,一般高出试样 1 ~ 1.5 mm 为宜,将吸尘器的吸尘软管及电气摇头插在平磨仪上,根据磨屑的重量和多少用平磨仪右端的调压手柄调节吸尘管的风量。

e. 将记数器转至零位。

f. 启动电动机进行实验,实验结束后记录摩擦次数,再将支架吸尘管拾起,取下试样,使计数器复位,清理砂轮。每种试样要重复做 5 ~ 10 次,求其算术平均值。

3. 织物耐磨性能的测定

织物耐磨性能的评定,通常有以下几种方法:

(1) 观察外观性能的变化

一般采用在相同的试验条件下,经过规定次数的磨损后,观察试样表面光泽、起毛、起球等外观效应的变化,通常与标准样品对照来评定其等级。也可根据磨损后,试样表面出现一定根数的纱线折断,或试样表面出现一定大小的破洞所需要的磨擦次数,作为评定依据。

(2) 测定物理性能的变化

把试样经过规定的磨损次数后,测定其重量、厚度、断裂强度等物理机械性能的变化,来比较织物的耐磨程度。常用的方法有:

① 试样重量减少率 $= (G_0 - G_1)/G_0 \times 100\%$

式中:G_0——磨损前试样总重量;

G_1——磨损后试样总重量。

② 试样厚度减少率 = $(T_0 - T_1)/T_0 \times 100\%$

式中：T_0——试样原来的厚度(mm)；

T_1——试样磨损后的厚度(mm)。

③ 试样断裂强度变化率 = $(P_0 - P_1)/P_0 \times 100\%$

式中：P_0——试样未经磨损的断裂强度(N或kg)；

P_1——经磨损后的试样断裂强度(N或kg)。

第十节　织物的安全与功能性能测试

一、实验目的

服装及服装材料要满足穿着美观、实用、舒适等功能，必须对其进行印染整理加工，而纺织工业中的印染加工是对服装和服装材料进行化学处理的过程，它所接触的化学品包括油剂、浆料、酸、碱、染料、整理剂和各种加工助剂，其中有些物质对人体有害，服装和服装材料上必须避免这些有害物质的存在，以保证着装者的安全和健康。另外，地球环境污染也越来越威胁到生态平衡，必然会危及人类生存的环境，这一问题的严重性已引起世界各国的关注。因此，国内外服装厂商为了适应消费者的要求，已在不断改善服装材料的条件，提供"生态纺织品"，以保证产品不含对人体有害的物质。本实验通过检测服装材料上的存留物，从而确定其中是否存有有害物质，以避免和减少对人体造成的危害。

二、基本知识

(一)"生态纺织品"的概念及标准

"生态纺织品"源于1992年国际生态纺织品研究和检验协会颁布的"Oeko-Tex Standard 100"(生态纺织品标准100)。广义的生态纺织品又称全生态纺织品，是指产品从原材料的制造到运输，产品的生产、消费以及回收利用和废弃处理的整个生命周期(即所谓的"从摇篮到坟墓")都要符合生态性，既对人体健康无害，又不破坏生态平衡。生态纺织品必须符合四个基本前提：① 资源可再生和可重复利用；② 生产过程对环境无污染；③ 在穿着和使用过程中对人体没有危害；④ 废弃后能在环境中自然降解，不污染环境。即具有"可回收、低污染、省能源"等特点。

由于纺织品生态安全性能检测技术本身具有一定的难度，加之世界各国对生态纺织品的定义以及各自在技术和经济发展水平上存在差异，至今尚无一个统一的有关生态纺织品的国际标准。

目前，在国际市场上使用的环保标志"Oeko-Tex标准100规范"，已逐渐成为纺织品贸易的基本条件。Oeko-Tex标准100规范根据纺织品及服装类别，标准号101～116的分类为：101为纺织织物；102为衣服辅料；103为衣服；104为婴儿衣服用纺织织物等。欧洲有些公司参照Oeko-Tex标准100规范，将服装类纺织品又分为三类，A类：不与皮肤直接接触的衣服，如外衣、外裤、裙子、运动衣及服装衬布等;B 类:与皮肤直接接触的衣服,如内衣、衬衫、睡衣、短统袜等;C 类:婴幼儿衣服。

(二)服装材料中常见的有害物质

服装材料上一般有害物质主要有以下几个方面。

1. pH 值

服装材料上的 pH 值主要是在加工过程中没有清洗干净的各种化学成分,其次是自来水、深井水或水质较差的用水中含碳酸氢钠,使服装材料带酸碱性。酸性或碱性对人体皮肤均有刺激和腐蚀作用。由于人类皮肤带有一定的弱酸以防止疾病人侵,因此服装材料上的 pH 值一般在中性(pH 值为 7)至弱酸性(pH 值略低于 7)之间为宜。

Oeko-Tex 标准 100 规范中纺织品的 pH 值要求是:一般纺织品的 pH 值为 4.8 ~ 7.5,羊毛及真丝织物的 pH 值为 4.0 ~ 7.5(均为服装材料在水中萃取)。

2. 染色牢度

染色牢度特性并不是一个致毒的因素,但若染料或部分化学品与服装材料结合不牢固,由于汗渍、水、摩擦和唾液等作用,使染料从服装材料上脱落、溶解,则通过皮肤或食道影响人体,刺激伤害皮肤。婴儿往往会吮吸衣物,通过唾液吸收染料和有害物质。因此,需要一定的湿牢度。

Oeko-Tex 标准 100 规范对染色牢度提出了要求,它的极限值如表 4-10-1 所示。

表 4-10-1 染色牢度极限值

项目	A 类	B 类	C 类
耐水	3	3	3
耐洗	3 ~ 4	3 ~ 4	3 ~ 4
耐摩擦(干)	4	4	4
耐摩擦(湿)	2 ~ 3	2 ~ 3	2 ~ 3
耐汗(酸/碱)	3 ~ 4	3 ~ 4	3 ~ 4
耐唾液	—	—	防流涎

3. 有害金属

天然纤维中的金属少量是从土壤中吸收(植物纤维)或食道中吸收(动物纤维),合成纤维高聚物合成时所用的催化剂会增加服装材料中的金属含量。服装材料上可能残留的金属有 Cu、Cr、Co、Ni、Zn、Hg、As、Pb 和 Cd 等,但这几种金属更多的来自染料。据资料介绍,它们分别在酸性、碱性、直接、分散、还原及活性染料中,但平均浓度各不相同,其中含量较高的金属有 Cu、Pb、Cr。另外,印染加工过程中所使用的各种助剂也是金屑的主要来源,这主要指经过处理后,能机械固着于纤维上或与之发生化学反应而结合在纤维上的助剂,如涂层整理、树脂整理、柔软整理等工艺使用的催化剂残留及氧化剂、还原剂残留等;有的阻燃剂中含有 Pb、Zn 及 Cr,抗菌防霉防臭整理用 Hg、Cr 和 Cu 等处理。各类服装材料由于其加工工艺的差异而造成其不同程度地含有重金属。重金属一旦被人体所吸收,则产生向肝、骨骼、心及脑中积累的倾向。当受影响器官的金属积累到某一程度时,便会对健康造成巨大的损害。此种情形对儿童尤为严重。某些金属(如含镍的)纽扣还会引起皮肤骚痒。

Oeko-Tex 标准 100 规范对服装材料上重金属含量提出了最高允许极限值，如表 4-10-2 所示。

表 4-10-2 重金属含量最高允许极限值（单位：mg/kg）

项目	A 类	B 类	C 类
砷（As）	1	1	0.2
铅（Pb）	1	1	0.2
镉（Cd）	0.1	0.1	0.1
汞（Hg）	0.02	0.02	0.02
铜（Cu）	50	50	5
总铬（Cr）	2	2	1
六价铬（Cr^{6+}）	极微量	极微量	极微量
钴（Co）	4	4	1
镍（Ni）	4	4	1

4. 甲醛

通过树脂整理可改善由棉、麻、黏胶等纤维素纤维制成的服装材料的折皱性，同时可增加材料的弹性。而从脲－甲醛等缩合型树脂到乙烯脲反应型交联剂等大部分树脂整理剂又都是含甲醛的 N－羟甲基化合物，有些树脂整理剂是直接由甲醛合成的。因此，经过这些树脂洗可穿整理的材料，就会残留一定量的甲醛。另外，为了提高染色牢度，涂料印花浆中的交联剂以及直接染料和活性染料染色后用的固色剂等，都会在服装材料上残留一定量的甲醛。对人体而言，甲醛会刺激粘膜引起强烈瘙痒感，也可能引起呼吸道发炎及皮肤炎，主要会导致结膜炎、鼻炎、支气管炎、过敏性皮炎等病；作用时间过长将引起肠胃炎、肝炎、手指及趾甲发病等症。甲醛是过敏症的显著引发物，也可能诱发癌症，因为甲醛对人体细胞的原生质有害，可与人体内的蛋白质结合，改变蛋白质内部结构并凝固，从而具有杀伤力，但一般利用甲醛这一特性来杀菌防腐。甲醛对皮肤粘膜有强烈的刺激作用，其毒害程度与时间和浓度成正比，如表 4-10-3 所示：

表 4-10-3 甲醛对皮肤粘膜毒害程度

浓度/$mg \cdot kg^{-1}$	毒害程度
<1	可嗅到气味
2～3	轻微刺激粘膜，可引起眼痒、鼻酸、咽喉不适等症状，停止接触后一般可迅速消失
4～5	引起流泪、流涕、咳嗽等症，不能长时间忍受
10	难以长时间忍受，停止吸入后，上呼吸道刺激症状可持续 1 h 左右
50～100	接触 5～10 min 可引起严重的肺部损伤
4 900	数小时后即死亡

三、pH 值检测

在室温下，用玻璃电极测定服装材料水萃取的 pH 值。

1. 实验仪器

具塞三角烧瓶:容量为 250 mL;机械振荡器:往复式振荡器或旋转式振荡器均可;pH 计(图 4-10-1):鉴别精度为 0.05;天平:感量为 0.05 g;烧杯:容量为 50 mL;量筒:容量为 100 mL。

图 4-10-1 pH 计

2. 试剂

(1) 蒸馏水

蒸馏水或去离子水:在 20℃ ±2℃ 时,pH 值在 5~6.5,最大电导率为 2×10^2 S/cm。使用前需将水煮沸 5 min 以去除二氧化碳,然后冷却(隔绝空气)。

(2) 缓冲溶液

缓冲溶液的 pH 值应接近待测溶液。测定前用 pH 计标定其 pH 值,可用下列溶液。

① 0.05 mol/L 的苯二甲酸氢钾溶液($HOOC\cdot C_6H_4\cdot COOK$):称取 5.106 g 苯二甲酸氢钾,溶于 5 00 mL 蒸馏水中。15℃时,pH 值为 4.000;20℃时,pH 值为 4.001;25℃时,pH 值为 4.005;30℃时,pH 值为 4.011。

② 0.05 mol/L 四硼酸钠($Na_2B_4O_7\cdot 10H_2O$)溶液:称取 9.534 g 四硼酸钠,溶于 500 mL 蒸馏水中。20℃时,pH 值为 9.23;25℃时,pH 值为 9.18;30℃时,pH 值为 9.14。

3. 试样准备

抽取不少于 10 g 有代表性的样品,剪成大小约 1 cm 的试样,以便能被迅速浸湿。称取 2 g ±0.05 g 试样 3 份。

4. 实验步骤

(1) 水萃取液的配制

把试样放入具塞三角烧瓶中,加入 100 mL 蒸馏水或去离子水,用手轻轻摇动使试样浸润,然后在振荡器上振荡 1 h。

(2) 水萃取液 pH 值的测定

试验在接近室温的温度下进行。调节 pH 计上的温度与室温一致,然后校正仪器的零位,用缓冲液标定酸度计的 pH 值(定位)。

用蒸馏水洗涤电极直至所显示的 pH 值达到稳定为止,将第 1 份萃取清液(不含有纺织材料)倒入烧杯中,将电极浸入至液面以下至少 1 cm,轻轻摇动溶液,直至所显示的 pH 值达到稳定为止。

将第 2 份萃取清液倒入烧杯,将电极(不用洗涤)浸入液面以下至少 1 cm 让其静置,直至 pH 值达到稳定为止,记录读数,精确至 0.05。

取第 3 份水萃取清液按上述方法测定其 pH 值。

5. 结果计算

以第 2、3 份水萃取清液所得的 pH 值作为试验数据,精确至 0.05。

四、甲醛含量检测

在服装材料的甲醛含量检测中，由于比色分析法操作简便，精确度高，重复性好，而被国内外普遍采用。气相色谱法也有应用，但因操作复杂而不普遍。

在检测时，服装材料中的甲醛要进行萃取。由于甲醛易溶于水，大多以水为萃取溶剂。萃取方法一般分为两种：一是液相萃取，模拟服装材料在服用过程中汗液的萃取条件；二是气相萃取，模拟服装材料在贮存、运输或成衣压烫等过程中释放甲醛的条件。但应注意同一试样采用不同的萃取方法，所测得的甲醛含量结果不同。即使采用同一种测试方法，萃取的温度和时间不同，所测得的结果也不同。因此，在检验工作中，除注意贸易合同中的甲醛限量外，还应注意按检测方法标准规定的条件进行试验。其检测结果才会准确并具有可比性。

乙酰丙酮法：甲醛与乙酰丙酮及醋酸铵作用发生当量反应，生成浅黄色2,6二甲基—3,5二乙酰基吡啶。用分光光度计在一定浓度范围。以其最大吸收峰波长412～415 nm进行吸光度测定，从标准曲线上求得甲醛含量。乙酰丙酮法因精度高，重现性好，稳定性强，受干扰影响小，操作简便，目前已被一些国家采用。乙酰丙酮法适用范围为0.1～10 μg/L甲醛溶液，符合比尔定律。浓度高即出现结晶，应进行稀释。

1. 实验仪器

分光光度计、刻度比色管、3#砂芯玻璃漏斗。

2. 试剂及准备

具体的试剂包括以下几种。

乙酰丙酮溶液：称取醋酸铵150 g，加适量蒸馏水溶解，然后加入冰醋酸3 mL及乙酰丙酮2 mL，加蒸馏水稀释至1 L。此溶液要求避光放置，有效期为1～2周。

甲醛标准溶液：用移液管吸取37%～40%甲醛2.6 mL于1L容量瓶中，用蒸馏水稀释至刻度，摇匀，配成略浓于1 000 μg/L的甲醛溶液。移取此甲醛溶液10 mL于1 000 mL容量瓶中，用蒸馏水稀释至刻度，摇匀，制成10 μg/L的甲醛溶液。此标准溶液放在冷暗处，甲醛标准稀释液冬季可保存1周，夏季仅能保存2～3天。

碘量法：用碘量法标定10 μg/L的甲醛溶液，用$c((Na_2S_2O_3)=0.033\ 3$ mol/L硫代硫酸钠标准溶液滴定，按下式计算：

$$\text{甲醛}(\mu g/L) = \frac{(V_0 - V) \times c(Na_2S_2O_3) \times 30.03/2\,000 \times 10^6}{\text{试样量}}$$

式中：V_0——空白溶液耗用硫代硫酸钠标准溶液毫升数；

V——样耗用硫代硫酸钠标准溶液毫升数；

$c(Na_2S_2O_3)$——硫代硫酸钠标准溶液浓度。

3. 试样准备

萃取甲醛有液相和气相两种萃取方法。

(1) 液相萃取法

精确称取剪碎后的试样1 g，放入500 mL碘量瓶中，用移液管加入0.01%非离子型渗透剂的蒸馏水溶液100 mL，在40℃±1℃水浴中萃取1 h，期间摇动2～3次，冷却至室温，用3#砂芯玻璃漏斗过滤，取清液作比色测定。一般的服装材料染色萃取不会脱色，但也有个别深色的丝绸等萃取有脱色现象。为消除试样脱色因素的影响，可采用气相萃取。

（2）气相萃取法

用移液管吸取 100 mL 蒸馏水，置入磨口广口瓶内，将广口瓶放在 65℃ ±1℃烘箱中预热 20～30 min。精确移取试样 1 g，将试样悬挂在广口瓶中的吊钩上。盖上瓶盖，放在烘箱中于 65℃ ±1℃保温 4 h，然后将瓶取出开盖，待冷却后取出试样，再盖上瓶盖，摇动，以便与瓶壁上凝结的水珠充分混合。此溶液留作比色用。

4. 实验步骤

（1）绘制甲醛标准曲线

移取甲醛标准溶液配制 1 μg/L、2 μg/L、4 μg/L、6 μg/L、8 μg/L、10 μg/L 的淡甲醛标准溶液，并分别移取 5 mL 于比色管中，各加入 5 mL 乙酰丙酮溶液，加盖摇匀。置于 40℃ ±2℃水浴中，加温 30 min，取出冷却。在分光光度计上选用 415 nm 波长测定吸光度，以浓度为横坐标，以吸光度为纵坐标，作标准曲线。取 5 mL 蒸馏水和 5 mL 乙酰丙酮溶液作为空白实验。因气候和实验条件的变化，在每次试验时应同时制作标准曲线。

（2）测量

取上述试验溶液 5 mL，加入 5 mL 乙酰丙酮溶液摇匀，在 40℃ ±2℃水浴中加热 30 min 进行显色，然后取出放置 30 min，在分光光度计上测量其吸光度值，在标准曲线上查得其浓度值。

5. 结果计算

在每次试验时，只配制一个 4 μg/L 甲醛标准溶液，按上述操作方法测得吸光度代入下式计算，即

$$\text{甲醛含量}(\mu g/L) = K\frac{A - A_0}{A_1} \times E \times \frac{1}{G}$$

式中：K——甲醛标准试验溶液浓度，μg/L；

A——试验溶液吸光度；

A_0——空白溶液吸光度；

A_1——甲醛标准试验溶液吸光度；

E——试样萃取总容积，mL；

G——称取试样重量，g。

五、重金属含量检测

服装材料在进行重金属检测时，有萃取法和灰化法。萃取法表示织物上的金属遇汗水、唾液、水或溶剂时，通过摩擦等物理作用的易溶解的部分，此数据有现实意义。灰化法是使织物在规定温度下灰化，加酸制成溶液，其数据表示织物上全部重金属含量，有一定的科学性。

重金属的测定主要采用原子吸收光谱测定。其基本原理是将样品溶液雾化喷入火焰或直接加到高温石墨管（或碳棒等）中，使样品干燥、灰化，变成气态并分解成自由原子，形成原子蒸气。当元素灯发射的元素共振线通过原子蒸气时，同类元素的基态原子对共振线产生吸收，吸收值（吸光度）与该原子浓度成正比。根据测得的吸收值即可求出该元素的浓度。原子吸收分光度法简称 AAS 法，该方法分析灵敏度高，选择性强，操作简便，数据准确，是目前国内外广泛采用的方法。

1. 实验仪器

原子吸收分光光度计(图 4-10-2),并具有自动打印、绘图和积分功能。

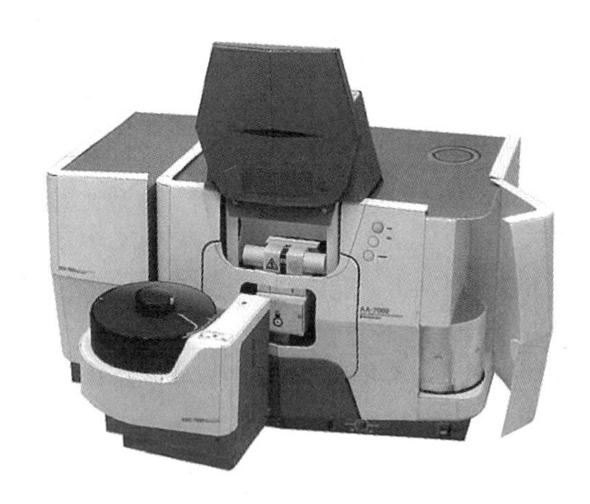

图 4-10-2 原子吸收分光光度计

2. 试剂

硝酸:分析纯;硝酸:(1+1);硝酸:1%;盐酸:分析纯;硫酸:分析纯;氯化亚锡溶液:30%。

3. 试样

随机抽取各种服装材料。

4. 实验步骤

(1) 标准溶液的配制:以下是 8 种标准溶液的配制方法。

① 铅标准溶液:准确称量经 105℃干燥 1 h 的硝酸铅 1.598 4 g,加入分析纯浓硝酸 10 mL 及少量水溶解,煮沸驱除氮的氧化物,冷却后移入 1 000 mL 容量瓶中,用 1% 硝酸稀释至刻度,摇匀待用。移取铅待用溶液 10 mL 于 100 mL 容量瓶中,加硝酸(1+1)2 mL,用水稀释至刻度,摇匀,此溶液 1 mL 中含 100 μg 铅。

② 镉标准溶液:准确称量高纯度镉 1.000 g 溶于 5 mL 盐酸中,将该溶液移入 1 000 mL 容量瓶,用水稀释至刻度,摇匀待用。移取镉待用液 10 mL 于 1 000 mL 容量瓶中,用水稀释至刻度,摇匀,此溶液 1 mL 中含镉 10 μg。

③ 锌标准溶液:准确称量高纯度锌 1.000 g 溶入 10 mL 硝酸(1+1)中。煮沸驱除氮的氧化物,冷却后移入 1 000 mL 容量瓶中,用水稀释至刻度,摇匀待用。移取锌待用溶液 10 mL 于 100 mL 容量瓶中,加入 2 mL 硝酸(1+1),用水稀释至刻度,摇匀,此溶液 1 mL 中含 100 μg 锌。

④ 镍标准溶液:准确称量高纯镍 1.000 g 溶于 20 mL 分析纯硝酸中,煮沸驱除氮的氧化物,冷却后移入 1 000 mL 容量瓶中,用水稀释至刻度,摇匀待用。移取镍待用溶液 10 mL 于 100 mL 容量瓶中,加入 2 mL 硝酸(1+1),用水稀释至刻度,摇匀,此溶液 1 mL 中含镍 100 μg。

⑤ 铬标准溶液:准确称量预先在 140℃烘干的重铬酸钾 2.833 g 溶解于水中,移入 1 000 mL 容量瓶中,用水稀释至刻度。摇匀待用。移取铬待用溶液 10 mL 于 100 mL 容量瓶中,用水稀释至刻度,摇匀,此溶液 1 mL 中含铬 100 μg。

⑥ 铜标准溶液:准确称量 3.928 g $CuSO_4 \cdot 5H_2O$,溶于含有 1 mL 浓 H_2SO_4 的水中,移入

1 000 mL容量瓶中，用水稀释至刻度，摇匀待用。移取铜待用溶液 10 mL 于 100 mL 容量瓶中，用水稀释至刻度，摇匀，此溶液 1 mL 含铜 100 μg。

⑦ 钴标准溶液：准确称量 4.780 g $CoSO_4 \cdot 7H_2O$，溶于含有 2 mL 浓 H_2SO_4 的水中，移入 1 000 mL容量瓶中，用水稀释至刻度，摇匀待用。移取钴待用溶液 10 mL 于 100 mL 容量瓶中，用水稀释至刻度，摇匀，此溶液 1 mL 中含钴 100 μg。

⑧ 汞标准溶液：准确称量干燥过的二氯化汞 0.135 4 g 溶于 0.1 mol/L 盐酸中，移入 100 mL 容量瓶中，并用 0.1 mol/L 盐酸稀释至刻度，摇匀待用。移取汞待用溶液 1.0 mL 于 100 mL 容量瓶中，加入 5 mL 盐酸(1+1)，用水稀释至刻度，摇匀，此溶液 1 mL 含汞 10 μg。

（2）试样准备

按测定内容不同分别进行如下准备。

测汞含量样品准备：称取 10 g 样品置于消化装置的锥形瓶中，加入 30 mL 硝酸浸泡 12 h 以上，然后加入 5 mL 硫酸，装上冷凝装置在沸水浴上加热消化 2 h；冷却后用水冲洗冷凝管内壁，移入 50 mL 容量瓶中，用水稀释至刻度，摇匀。

测其他金属含量样品准备：称取随机抽取的服装材料 5~10 g，置于 150 mL 瓷蒸发皿中，在电热板上小心灰化，然后移入高温炉中，在 480℃下灼烧 1~2 h，取出冷却后滴加 2 mL 硝酸，用水吹洗瓷蒸发皿壁，并在电热板上小心蒸干，再放入 480℃的高温炉中灼烧 1 h，取出冷却后用水吹洗皿壁，加入 2 mL 硝酸加热溶解盐类，冷却后移入 10 mL 容量瓶中(测锌、铜溶液加入 5 mL 硝酸)，用水稀释至刻度摇匀。此溶液用于测定铅、镉、铜、铬、钴、锌、镍、砷元素。

（3）检测

以下是检测的具体内容。

测各元素的工件条件：测定各元素的工作条件见表 4-10-4。

表 4-10-4 测定各元素的工作条件

元素名称	波长/nm	灯电流/mV	光谱通带/nm	燃烧器高度/nm	空气流量/L·min^{-1}	乙炔气流量/L·min^{-1}
铅	283.3	5	1.0	6	2.0	8
镉	228.8	4	0.3	6	1.8	8
铜	324.8	5	0.5	6	2.0	8
铬	357.9	5	0.5	6	2.6	8
钴	240.7	4	0.15	6	2.0	8
锌	213.9	4	0.5	9	2.0	8
镍	232.0	4	0.15	6	1.7	8
砷	193.7	6	0.6	13	4.2①	8②
汞	253.7	2	0.7	23	冷原子吸收	冷原子吸收

注：① 氩气流量；② 氢气流量。

试验溶液制备：量取各元素标准溶液及试验用水 1 mL，各加入 4 mL(或 7 mL)硝酸，然后移入 10 mL 容量瓶中，用水稀释至刻度，摇匀(汞元素除外)。

汞元素试验：汞标准试验溶液及空白试验溶液制备。准确量取汞标准溶液及试验用水各

1 mL，然后各加入 30 mL 硝酸浸泡 12 h 以上，再加入 5 mL 硫酸，装上冷凝装置在沸水浴上加热消化 2 h，冷却后用水冲洗冷凝管内壁，移入 50 mL 容量瓶中，用水稀释至刻度，摇匀。

准确量取试验液 5 mL，置于 250 mL 反应器中，加水 20 mL、0.6 mol/L 的氢氧化钠 10 mL、硫酸镉溶液 4 mL 及 30% 氯化亚锡溶液 5 mL，振荡 3 min 后，在原子吸收分光光度计波长 253.7 nm 处测定吸光度。另外，准确量取汞标准试验溶液及空白试验溶液各 5 mL，按上述操作进行，分别测定汞标准试验溶液吸光度、空白试验溶液吸光度。

各元素试验：将所制备的试验溶液分别按各元素的工作条件，用原子吸收分光光度计以水调零，分别测定试验液中铅、镉、铜、铬、钴、锌、镍、砷元素的吸光度，同时测定标准试验溶液吸光度和空白试验溶液吸光度。

（4）结果计算

按以下公式进行计算：

$$\text{金属含量}(\mu g/L) = K\frac{A - A_0}{A_1} \times E \times \frac{1}{G}$$

式中：K——被测元素标准试验溶液浓度，μg/mL；

A——试验溶液吸光度；

A_0——空白溶液吸光度；

A_1——被测元素标准试验溶液吸光度；

E——试样萃取液总容积，Ml（汞试验 $E=50$ mL，其他元素 E = 10 mL）；

G——称取试样质量，g。

六、致癌染料检测

1. 实验仪器

Varian Star-3600CX 气相色谱仪（图 4-10-3）、FID 检测器、超声波混匀器、500 r/min 离心机、XW-80 或相当的漩涡混匀器、30 mL 具塞试管、50 mL 离心管、10 mL 具塞刻度离心管、1～5 mL 刻度移液管及其他实验室常用器皿。

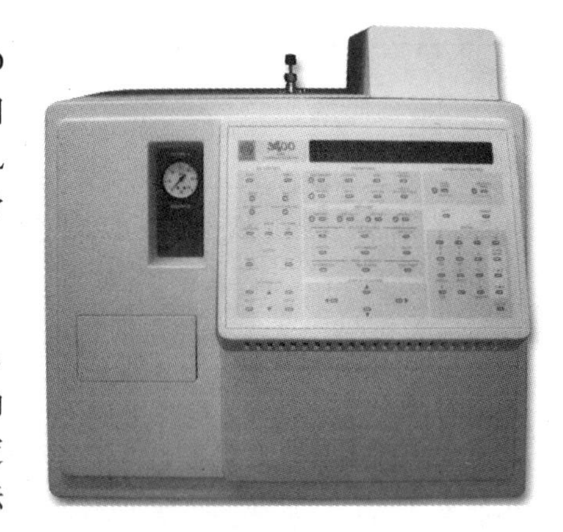

图 4-10-3　气相色谱仪

2. 试剂

甲醇（色谱级）；叔丁基甲醚或二氯甲烷；氢氧化钠；柠檬酸缓冲溶液（0.06 mol/L，pH 值为 6.0）（配制：准确称取 12.526 g 柠檬酸和 6.320 g 氢氧化钠溶于水中，定容至 1.0 L）；连二硫酸钠（含量≥85%）；22 种芳香胺标准参考物（最高纯度）。

3. 试样准备

（1）还原分解

将试样剪碎至 5 mm×5 mm 大小，称取 1.00 g，置于 30 mL 具塞试管中，加入 pH 值为 6.0 的柠檬酸缓冲溶液 15 mL，盖紧塞子，振摇（使样品全部浸没在溶液中）。将试管置于预先加热到 70℃±2℃的恒温水浴锅或干燥箱中，保持 30 min，取出打开试管塞，加入 0.69 连二亚硫酸钠,立即盖紧塞子,振摇混匀后再次放入到70℃ ±2℃的恒温水浴中保持30 min取出,立即用自来水冷却至室温。

(2) 萃取

将还原液移入另一支具塞试管(或离心管)中,用玻璃棒挤干残渣,并分别用3 mL柠檬酸缓冲液洗涤2次,将洗涤液移人还原液中,并向残渣中加入5 mL叔丁基甲醚或二氮甲烷洗涤2次,将洗涤液倒入还原液中,盖紧塞子。用混匀器混匀30 s。离心机分离1 min,用尖嘴吸管将有机层吸至10 mL刻度离心管中,再向还原液中加入5 mL叔丁基甲醚进行第2次萃取,合并有机层,用微弱氮气吹至约2 mL后定容(也可吹至近干后,立即加入2.0 mL甲醇溶解残渣)进行GC-FID分析。

4. 实验步骤

① 色谱柱:DB-5,30 mm×0.32 m×0.23 μm或者相当者。

② 色谱柱温度:70℃ $\xrightarrow{5\ ℃/min}$ 190℃(8.0 min) $\xrightarrow{5\ ℃/min}$ 210℃(10.0 min) $\xrightarrow{5\ ℃/min}$ 260℃(5.0 min)。进样品温度290℃,检测器FID,检测器温度300℃,进样量1.0 μL,进样方式不分流进样,氮气2 mL/min,氢气30 mL/min,空气300 mL/min,尾吹气28 mL/min。

③ 定性定量方法:将22种芳香胺标准参考物用甲醇配成浓度为2.0 mg/mL的标准贮备液,根据需要配成适当浓度的标准工作液。在上述色谱条件下进行分析,以标准参考物的保留时间定性。即在一定的操作条件下,任何物质都有一确定的保留值(时间或体积),所以,在相同操作条件下,对测定标准物和未知物各色谱峰的保留时间进行比较,看保留值是否相同,就能得知某一色谱峰代表什么物质。此法比较方便。

以外标校正曲线法定量。外标法又称标准工作曲线或已知标样校正法。本法是配制已知浓度的标样,准确地注射一定重量的标样进行色谱分析,测量各组分的峰面积(或峰高),在同一操作条件下,以相同的进样量进行分析,测定样品中待测组分的峰面积(或峰高)。此法操作简单,计算方便,一般常规分析经常采用。缺点是进行分析时,所有条件必须严格一致,如有变动对结果准确度影响很大。

5. 结果计算

用峰高或峰面积按下式计算样品中各种芳香胺的含量:

$$X_i = \frac{A_i CV}{A_s M}$$

式中:X_i——样品中芳香胺的含量,mg/kg;

A_i——样品中芳香胺的峰面积;

A_s——标准工作液中芳香胺的峰面积;

C——标准工作液中芳香胺的浓度,mg/mL;

V——样品最终定容体积,mL;

M——称取试样量,g。

课后练习

1. 简述机织物、针织物、非织造织物的结构特征。

2．按照不同的分类方法，机织物可以分为哪些种类？
3．机织物的三原组织分别是什么？各自特点如何？
4．何谓组织循环、经组织点、纬组织点、经面组织、纬面组织？
5．试从表示方法、牢度、手感、表面光泽等方面，比较平纹织物、斜纹织物、缎纹织物的不同。
6．针织物的组织是如何分类的？各自的特点如何？
7．织物的服用性能有哪些度量指标？这些指标对织物的风格分别有哪些影响？

第五章 服装常用面料品种及应用

第一节 机织物品种及应用

一、棉型织物

棉型织物吸湿性能好，缩水率在4% ~10%。其外观光泽自然，手感柔软，温暖舒适，吸湿透气，具有自然朴实的风格，是物美价廉的大众化面料，深受人们喜爱。但棉型织物形态稳定性差，容易褶皱，不易造型。

棉纤维的长度一般在30 mm左右，在这个长度的纤维（包括棉纤维、棉与化学纤维或棉型化学纤维）构成的纱线称之为棉型纱线。用棉型纱线织成的织物为棉型织物，例如，以棉纤维、棉与化纤混纺、棉型化学纤维（为了与棉纤维混纺，化纤要切成棉型纤维的长度——棉型化纤）为原料，可纺成棉型织物。

纯棉织物染色性能好，但色牢度稍差，日晒、皂洗等均易褪色。耐碱不耐酸，可用碱性洗涤剂。无机酸能使纤维素水解，使织物破损。棉织物在室外日光和空气作用下容易产生缓慢氧化，导致其强度下降，高温下易炭化分解，遇火易燃。棉织物不易虫蛀，但在潮湿的环境中易受微生物侵蚀而霉烂。弹性较差，易折皱，洗后需熨烫，但现在有许多树脂整理的免烫产品，洗后可直接穿着，不需熨烫。需注意的是，树脂整理中使用了甲醛，免烫产品出售时仍会有部分残留，使用前应先用清水浸泡。棉布吸湿性很好，所以缩水率也比较大，裁剪前应先落水预缩；同时因为吸湿好，所以也较易发霉，尤其是较厚重的棉衣、棉被。

（一）平纹类棉织物

这类产品以平纹或平纹变化组织织成，具有交织点多、质地坚牢、表面平整、正反面外观效应相同等特点。平纹类织物品种较多，当采用不同粗细的经纬纱，不同的经纬密度以及不同的捻度、捻向、张力、颜色的纱线时，就能织制出各种不同外观效应的织物。如：有经、纬纱粗细和密度相同或接近的平布；有经密与纬密的比例为5:3左右，使织物表面形成菱形颗粒状的特殊效应的府绸；有以细经纱与粗纬纱相交织，表面形成横条纹的罗布；有利用强捻纱和低经纬密度织制而成的手感挺爽、稀薄透明的巴厘纱；有以不同捻向纱线间隔排列而成的隐条隐格织物；有以不同经纬纱张力织制而成，呈现皱纹效应的泡泡纱等。下面是一些常用的平纹类棉织物：

1. 平布

平布是一种以纯棉、纯化纤、混纺纱织成的平纹组织；经纱和纬纱的支数相等或接近，经密和纬密相等或接近。平布根据风格不同分为粗平布、中平布和细平布。

粗平布，又称粗布。用32号以上（18英支以下）较粗的棉纱作经纬纱织成。其特点是布身粗糙、厚实，布面棉结较多，布身厚实、坚牢耐用。粗布主要用于服装衬布或印染加工后制做服装和家具布等。在偏远山区、沿海渔村也有用粗布做被褥里，或经染色后做衬衫、裤用料。

中平布，又称市布（图5-1-1）。用22 ~30号（26 ~20英支）的中号棉纱作经纬纱织成。其特点是结构较紧密，布面平整丰满，结构较密实，质地坚牢，手感较硬。原色中平布适合做扎染、蜡染加工，也常用作衬布或立体裁剪的样布，染色中平布则多应用于休闲衫裤或罩衫。

细平布，又称细布。细平布用19号以下(30英支以上)较细的棉纱作经纬纱织成。其特点是布身细洁柔软，质地轻薄紧密，布面棉结杂质少，布身细薄。通常加工成各种漂白布、色布和印花布，可作衬衫等服装。此外，用15号以下(40英支以上)棉纱织成的平布(也称细纺)，用细号(高支)棉纱织制的稀薄平纹织物称为玻璃纱或巴里纱，透气性好，适宜于制做夏季外衣、罩衫或作为窗帘等装饰用布。细布大多用作漂布、色布、花布的坯布。

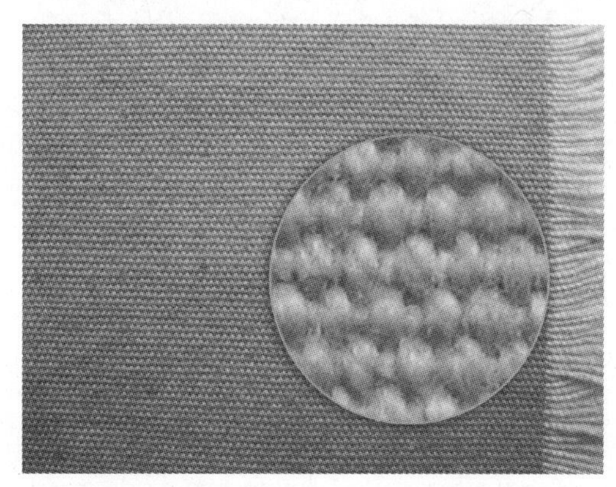

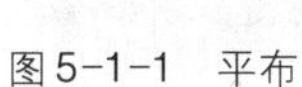
图5-1-1 平布

图5-1-2 全棉印花府绸

2. 府绸

府绸是棉布的主要品种，兼有丝绸风格，手感和外观类似于丝绸，故称府绸(图5-1-2)。是一种细特高密棉织物，纱线特数范围29～14.5 tex，经向紧度高于平布，纬向紧度低于平布，经纬向紧度比为5∶3。由于经纬密度差异大，经、纬纱间强度不平衡，造成经向强度大于纬向强度近一倍，因此，使用其缝制的服装易出现纵向裂纹。织物中纬纱处于较平直状态，经纱屈曲程度较大，且由于经、纬纱之间的挤压，使布面所见的经纱呈菱形颗粒状，并构成了经纱支持面。府绸布面纹路清晰、颗粒饱满、光洁紧密，手感挺括、滑爽，有印染和色织条格等花色品种。

府绸按织造花色分，有隐条隐格府绸、缎条缎格府绸，提花府绸等，适用于高级男女衬衫。以本色府绸坯布印染加工情况分，又有漂白府绸、杂色府绸和印花府绸等，印花府绸通常用于夏季女装及童装衣料。根据所用纱线的品质，有精梳全线府绸，也有普梳纱府绸，适用于不同档次的衬衫及裙装。其中采用细经粗纬织造的全线厚府绸又称罗缎，由于经纱采用10 tex×2～6 tex×2，纬纱采用42 tex×2～10 tex×2，经密几乎是纬密的一倍，因此布面经纱不仅颗粒效应明显，还由于较粗纬纱的排列使布面产生平纹菱条，质地紧密、结实，手感硬挺、滑爽，常应用于具有特殊风格的外衣或风衣面料。

3. 巴厘纱

与府绸不同的是巴厘纱的密度特别小，它是用细号强捻纱(60英支以上)线织制的稀薄半透明的平纹织物，透明度高，所以又称“玻璃纱”。巴厘纱虽然很稀薄，但由于纱线采用加强捻的精梳细棉纱，所以织物透明、手感挺爽有弹性、吸湿透气性好，有身骨(图5-1-3)。

巴厘纱的经纬纱，或均为单纱，或均为股线。按加工不同，玻璃纱有染色玻璃纱、漂白玻璃纱、印花玻璃纱、色织提花玻璃纱等。通常用于夏季衣物布料，如女式夏裙、男士衬衫、童装等，

或手帕、面纱和窗帘、家具布等装饰用布。

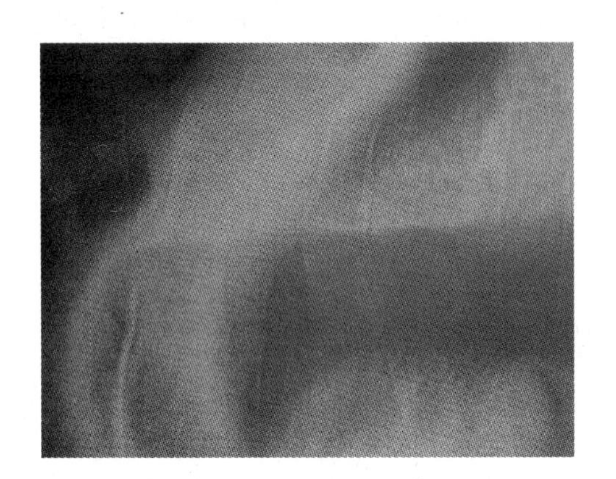

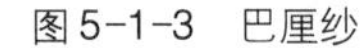

图 5-1-3　巴厘纱

图 5-1-4　麻纱

4. 麻纱

麻纱的原料并不是麻，也不是混和了麻纤维的棉织品，而是采用捻度较紧的细棉纱做经纬纱，采用平纹变化组织织制而成，因挺爽如麻而得名的薄型棉织物(图 5-1-4)。变化方平组织又称仿麻组织，使布面呈宽窄不等细直凸条纹或各种条格外观，类似麻布外观；且织物质轻爽滑、平挺细洁、密度较小、透气舒适，具有麻布风格，所以称之为“麻纱”。但由于其组织结构的原因，其纬向缩水率较经向大，应尽量予以改善，除落水预缩外，缝制衣服时还要注意留有余量。麻纱有漂白、染色、印花、提花、色织等多种，适宜做男女衬衫、儿童衣裤、睡衣、裙料以及手帕和装饰用布等。近年市场上较常见的是以涤/棉、涤/麻、维/棉等混纺纱为原料织制而成。

5. 帆布

帆布属于粗厚织物，其经纬纱均采用多股线，一般用平纹组织织制，也有用纬重平或斜纹及缎纹组织织制的，因最初用于船帆而被称为“帆布”(图 5-1-5)。帆布粗犷硬挺、紧密厚实、坚牢耐磨，多用于男女秋冬外套，夹克、风雨衣或羽绒服。由于其用纱粗细的不同，可分为粗帆布和细帆布两种，一般前者多用于遮盖、过滤、防护、鞋用、背包等用途；后者多用于服装制作，特别是经水洗、磨绒等处理后，赋予帆布柔软的手感，穿着更舒适。

图 5-1-5　帆布

(二) 斜纹类棉织物

这类产品以斜纹或斜纹变化组织织成，织物表面呈较清晰的斜向纹路。与平纹棉织物相比手感较为松软，光泽提高，弹性较好，抗皱性提高。斜纹类织物，当采用不同的紧度，不同的经纬密度，不同的斜纹方向、飞数，以及不同颜色的纱线时，就能织制出不同的布面效应。如：紧密度最大的卡其；以二上一下左斜纹织制的斜纹布；经密较大，斜纹角 63°的华达呢；斜纹角 45°，纹路宽而平，质地松软的哔叽等。

1. 斜纹布

斜纹布织物组织为二上一下斜纹、45°左斜的棉织物(图5-1-6)。正面斜纹纹路明显、呈45°左斜,反面斜纹线条模糊不清。斜纹布经纬纱支数相接近,经密略高于纬密,手感比平布柔软。斜纹布有本白、漂白、杂色和印花等种类,经漂白、染色或印花加工后,可形成为“漂白斜纹”“杂色斜纹”“印花斜纹”,常用作制服、工作服、运动服、学生装、运动鞋等衣料。漂白斜纹布可作被单,经印花加工后也可作床单。元色和杂色细斜纹布经电光或轧光整理后布面光亮,可作伞面和服装夹里。

图5-1-6 斜纹布

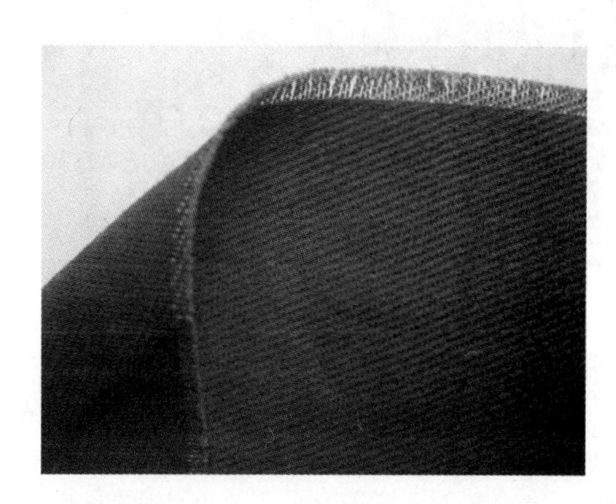

图5-1-7 卡其

2. 卡其

卡其一词原为南亚次大陆乌尔都语,意为泥土,因军服最初使用一种名为“卡其”的矿物染料染成类似泥土的颜色,遂以此名统称这类织物,而近代则用各种染料染成多种颜色以供民用。

卡其是棉织物中一种高密度的斜纹织物(图5-1-7),布面呈现细密而清晰的倾斜纹路。卡其面料品种繁多,根据所用纱线不同,可分为纱卡其、线卡其、半线卡其。根据组织结构不同,可以分为单面卡、双面卡、人字卡、缎纹卡等。其中采用2/2斜纹组织织制的正反面纹路均清晰,故称双面卡;采用3/1斜纹组织织制的正面纹路清晰,反面纹路模糊,故称单面卡;采用急斜纹组织,经纱的浮线较长,像缎纹一样连贯起来,故称缎纹卡。

卡其是棉织物中紧密度最大的一种斜纹织物。卡其布具有质地紧密、纹路清晰、手感厚实、挺括耐穿等特点。由于经向密度过于紧密,耐折边与耐磨性较差,故卡其衣物领口、袖口、裤脚口等处容易磨损折裂。同时由于坯布紧密,在染色过程中染料不易渗透到纱线芯部,因此,容易出现磨白现象。卡其常用原料有纯棉、涤/棉、棉/维等。

经染整加工及特殊处理后,卡其布可以用作春、秋、冬季外衣、制服、工作服、军服、风衣、雨衣、休闲外套、休闲裤等服装面料。

3. 华达呢

华达呢原属于毛织物的传统产品,棉华达呢以棉纱线为原料,是仿效毛华达呢风格织制的棉织物的品种(图5-1-8)。它是以二上二下加强斜纹织制,正反面织纹相同,倾斜方向相反;经纬密度配置,一般经密高于纬密,其比例约为2∶1,斜纹角接近63°。纹路间距比卡其宽,比哔叽明显而细致,紧度大于哔叽,小于卡其。常见华达呢多为半线织物,即线经纱纬,而纱华达呢很

少见。华达呢织纹明显,斜纹线陡而平直,质地较厚实而不硬,坯布须经丝光、染色等整理加工。手感较软,耐磨而不易折裂,且有光泽。适于春秋冬各季男女服装。

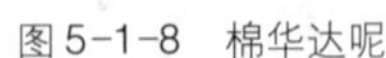
图5-1-8 棉华达呢

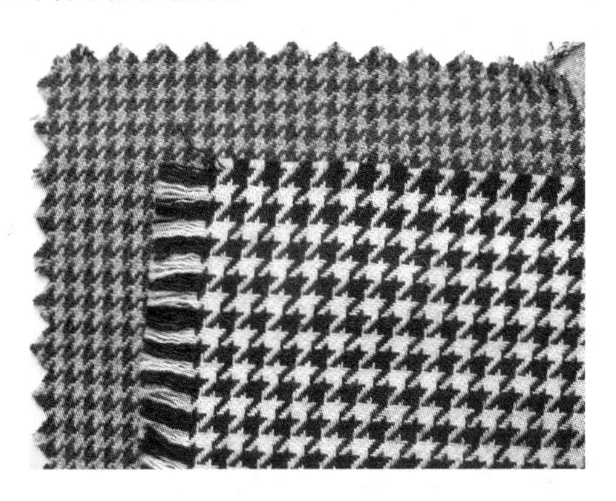

图5-1-9 棉哔叽

4. 哔叽

哔叽与华达呢一样,原属于毛织物的传统产品,后由毛织物移植为棉织物的品种(图5-1-9)。它是以二上二下加强斜纹织制,正反面织纹相同,倾斜方向相反,经纬密度接近。斜纹角接近45°。纹路宽而平,正面比反面清晰。紧度比哔叽、华达呢都小,质地厚实,手感松软。按所用纱线的不同,可分为纱哔叽、半线哔叽、线哔叽。所用原料主要有纯棉、棉黏和黏纤。哔叽多作漂染坯布,染色后用作男女服装、童帽的布料。纱哔叽还用于印花,加工后用作女装、童装的面料等。

(三)缎纹类棉织物

缎纹织物的经纱或纬纱在织物中形成一些单独的,互不连接的经组织点或纬组织点,布面几乎全部由经纱或纬纱覆盖,由经浮线构成的经面缎称直贡,由纬浮线构成的纬面缎称横贡。表面似有斜线,但不像斜纹那样有明显的斜线纹路,相对于斜纹,经纬纱交织的次数更少,具有平滑光亮的外观,质地较柔软等特点。但缎纹织物中的浮长线容易磨损、起毛或纤维被勾出,这类织物的强度低于平纹织物和斜纹织物。

1. 直贡

直贡是采用经面缎纹组织织制的纯棉织物(图5-1-10)。采用的多是缎纹组织、缎纹变化组织,纹道的倾斜角度在75°以上的叫做直贡呢。由于表面大多被经浮线覆盖,其中厚者具有毛织物的外观效应,故又称贡呢或直贡呢;薄者具有丝绸中缎类的风格,故称直贡缎。直贡质地紧密厚实,手感柔软,布面光洁,富有光泽。按所用纱线不同,分为纱直贡和半线直贡;按印染加工不同,分为色直贡和花直贡,一般需经电光或轧光整理。色直贡主要用作外衣和鞋面料;印花直贡主要用作被面、服装面料。直贡表面浮长较长,用力摩擦表面易起毛,故不宜用力搓洗。

2. 横贡

横贡是棉织物中的高档产品,通常采用优质细特纱线,以五枚三飞纬面缎纹织制(图5-1-11)。横贡缎用纱细洁,织物紧密,表面光洁润滑,手感柔软,反光较强,有丝绸风格,故又称横贡缎。横贡经印染加工,再经轧光或电光整理,外观光亮美丽。主要用作妇女、儿童服装面料和室内装饰用布。横贡表面浮长较长、耐磨性较差、布面易起毛、洗涤时不宜用力搓洗。

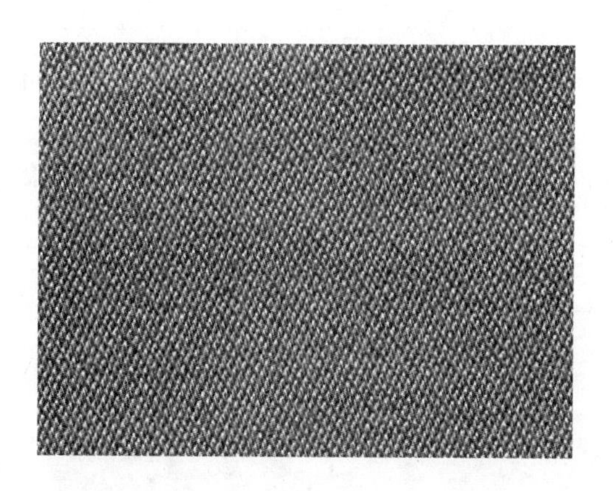

图 5-1-10 直贡

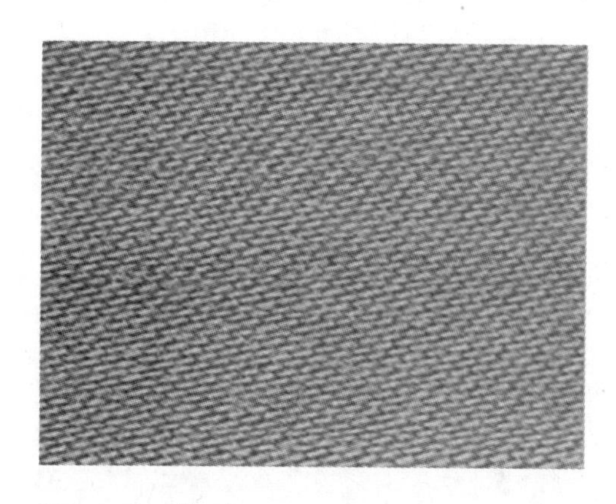

图 5-1-11 横贡缎

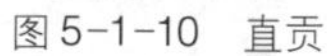

（四）起绒类

该类产品的共同点是，织物的表面都有绒毛覆盖，手感丰满厚实，柔软保暖，坚牢耐磨。下列几种都是起毛棉织物，但起毛方式各不相同：采用割纬起绒，布面呈现圆润丰满凸绒纹的灯芯绒；割经或割纬起绒，绒面平整、绒毛稠密的平绒；以及拉绒而成，表面呈丰润绒毛状的绒布。

1. 灯芯绒

1750 年首创于法国里昂，采用割纬起绒，使布面呈现圆润丰满绒毛的凸条纹，形状类似灯芯草，故名灯芯绒（图 5-1-12）。灯芯绒由一组经纱和两组纬纱交织而成，其中一组纬纱与经纱交织形成地组织，另一组纬纱与经纱交织形成有规律的较长浮长线，通过割绒将毛圈割断，经刷绒整理后，织物表面就形成了耸立的绒毛，排列成条状或其他形状，外观圆润，绒毛丰满，手感厚实，质地坚牢。

图 5-1-12 灯芯绒

灯芯绒按所用纱线结构不同，分为全纱灯芯绒、半线灯芯绒、全线灯芯绒；按加工工艺不同，分为染色灯芯绒、印花灯芯绒、色织灯芯绒和提花灯芯绒；按条子粗细可分为特细条、细条、中条和粗条灯芯绒等。

灯芯绒洗涤时不宜用力搓洗，也不宜用硬毛刷用力刷洗，宜用软毛刷顺绒毛方向轻轻刷洗，不宜熨烫，收藏时也不宜重压，以保持绒毛丰满、耸立。裁剪时要注意倒顺毛方向，防止产生服装外观颜色深浅不一的阴阳面现象。印花灯芯绒一般先印花后刷绒，故图案设计必须考虑其刷绒后的效果，纹样不宜纤细。灯芯绒绒条圆润丰满，绒毛耐磨，质地厚实，手感柔软，保暖性好。主要用做秋冬外衣、鞋帽面料，也宜做家具装饰布、窗帘、沙发面料、手工艺品、玩具等。

2. 平绒

平绒为割经或割纬起绒的棉织物（图 5-1-13）。其绒面丰满而平整，绒毛短而稠密，质地厚实，手感柔软，富有光泽，弹性好，不易起皱，坚牢耐穿。平绒表面竖立着的短密、平整的绒毛，不

仅使织物手感柔软、弹性优良，还因此形成空气层，大大增加了织物的空气含量，从而增强了织物的保暖性。同时表面耸立着的绒毛，使底布与外界摩擦的机会减少，从而增强了织物表面的耐磨性，使织物厚实耐穿。平绒可分为经平绒和纬平绒，经平绒绒毛较长，常用作沙发面料、各种坐垫、帷幕等用料；而纬平绒绒毛短密平整，适作冬季罩衣、夹袄、马甲、短外套及鞋帽料、滚边等。

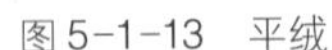

图 5-1-13　平绒

图 5-1-14　绒布

3. 绒布

绒布是坯布经拉绒机拉绒后呈现蓬松绒毛的棉织物（图 5-1-14），通常采用平纹或斜纹织制。其特点是，织物所用的纬纱粗而经纱细，纬纱的特数一般是经纱的一倍左右，有的达几倍，纬纱使用的原料有纯棉、涤棉、腈纶。绒布品种较多，按织物组织分有平布绒、哔叽绒和斜纹绒，按绒面情况分有单面绒和双面绒，按织物厚满分有厚绒和薄绒，按印染加工方法分有漂白绒、杂色绒、印花绒和色织绒。色织绒按花式又分为条绒、格绒、彩格绒、芝麻绒、直条绒等。

绒布布身柔软，穿着贴体舒适，保暖性好，宜作冬季内衣、睡衣和衬里等。印花绒布、色织条格绒布宜做妇女、儿童春秋外衣。印有动物、花卉、童话形象花样的绒布又称蓓蓓绒，适合童装。本色绒、漂白绒、什色绒、芝麻绒一般用作冬令服装、手套、鞋帽夹里等。

（五）起绉类织物

该类织物最大特点是具有多种多样的起绉效应，有的因高捻纬纱在染整后的捻缩而形成持久皱纹效应，如表面有纵向柳条皱纹的绉布；有的利用组织结构的变化而形成皱纹，如布面呈现凹凸不平类似胡桃外壳的皱纹布；有的利用经纬纱的张力不同而形成皱纹；有的利用棉纤维在浓碱作用下会收缩的性能而形成皱纹；有的利用轧辊压出凹凸不平的皱纹；有的使用折皱整理加工而成。

1. 泡泡纱

泡泡纱是具有特殊外观风格的织物，采用轻薄平纹细布加工而成（图 5-1-15）。布面均匀密布凸凹不平的小泡泡，穿着时不贴身，透气性好，有凉爽感。用泡泡纱做的衣服，优点是洗后不用熨烫，缺点则为经多次搓洗，泡泡会逐渐平坦。特别是洗涤时，不宜用热水泡，也不宜用力搓洗和拧绞，以免影响泡泡牢度。泡泡纱常用作童装、睡衣、女衬衫及衣裙等。

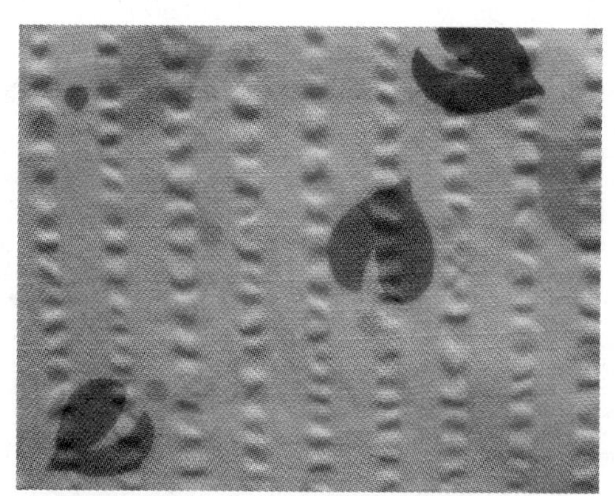
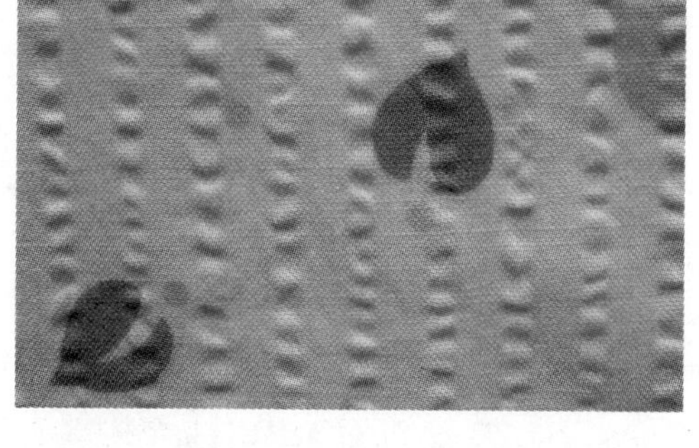

图 5-1-15 泡泡纱

图 5-1-16 绉布

泡泡纱产生凹凸的方法主要有以下几种：

织造法：在织布时利用不同经纱张力，形成泡泡或条状绉纹，一般经纬向紧度愈高，泡泡越明显。织造法形成的泡泡有较好的保形性，泡泡最持久。

化学处理法：根据棉纤维遇烧碱急剧收缩的性质，按图案要求，将浓碱液印于底坯上，接触处收缩，未接触处凸起，从而形成泡泡。但碱缩的泡泡纱，泡泡耐久性差。

机械法：是利用轧辊压出凹凸不平的花纹，再经树脂整理，使轧纹能在一定时间内不变形，所以这种布也叫轧纹布。轧纹布的泡泡不持久，尤其是在洗涤时应轻搓轻绞，不能用沸水泡洗。

2. 树皮绉

树皮绉选用强捻纬纱与普通捻度的经纱交织，以特殊的绉组织织制，经染整松式加工后，纬向收缩成树皮状凹凸不平起绉效应（图 5-1-16）。产品有较强的树皮皱效果，立体感强，手感柔中有刚，富有弹性，尺寸稳定性好，美观大方，吸湿透气，穿着不贴身，具有仿麻效果。所用原料有全棉、涤棉、涤粘等。纯棉树皮绉常用于夏季衣料；涤棉树皮绉用作春夏、夏秋之间的妇女儿童服装面料；涤粘中长树皮绉宜作秋冬春季的外衣、套裙和夹克衫，还可用作窗帘、床罩等室内装饰用品。

（六）色织布类

采用染成不同颜色的经纬纱交织而成的织物称色织物。色织物是中国传统的纺织品，始于纯棉的低档产品。这类产品色彩调和、色调鲜明、花型多变、层次清晰、立体感强，广泛用于服装和装饰等领域。色织物产品种类繁多，除具有彩条彩格效应的色织细纺、色织府绸、色织泡泡纱、色织灯芯绒等产品外，还有由于经纬纱色彩不一而产生特殊效应的牛仔布、牛津布（纺）、青年纺等。

牛仔布、牛津布、青年纺外观效果相似，易混淆，三者布面皆呈双色效应，风格独特，穿着舒适。牛仔布是色经白纬（经纱用染色纱，纬纱用浅色纱或漂白纱）的粗厚斜纹棉织物；牛津布由色经白纬的纬重平或方平组织织制而成；青年纺是色经白纬或白经色纬（经纱用浅色纱或漂白纱，纬纱用染色纱）的平纹织物。

1. 牛仔布

较粗厚的色织斜纹棉布，色经白纬，经纱颜色深，一般为靛蓝色，纬纱颜色浅，一般为浅灰或煮练后的本白纱，又称劳动布、坚固呢（图 5-1-17）。一般采用三上一下左斜纹织制，也有采用

变化斜纹、平纹或绉组织等。其质地紧密，坚牢耐穿，厚实硬挺，深浅分明，正面色深，反面色浅。穿久了，领口、袖口、裤口易发生折裂。适于各类劳动服、工作服、牛仔服。现在牛仔布品种向着原料、花色多样化的方向发展，如：氨纶弹力牛仔布、色织印花牛仔布、白地蓝花大提花牛仔布、嵌金银丝的金银丝牛仔布等。

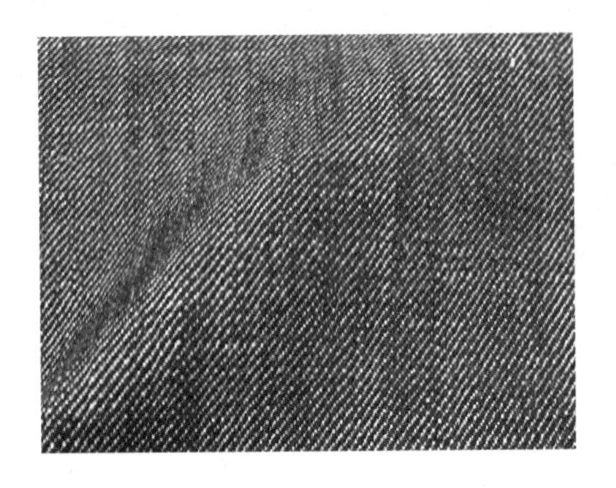

图 5-1-17 牛仔布

图 5-1-18 牛津布

2. 牛津布

以英国牛津大学命名，最初为该校学生校服面料的传统精梳棉织物(图 5-1-18)。主要采用二上二下纬重平组织织制(双经单纬)，也有方平组织。色经白纬，经纱颜色深，一般为靛蓝色，纬纱颜色浅，一般为浅色或本色。织物呈双色效应，色泽调和文静，风格独特，手感柔软，透气性好，穿着舒适。主要用于男女衬衫、两用衫、休闲服、妇女裙料等，也可作为室内装饰用布。

3. 青年纺

青年纺是色经白纬或白经色纬的平纹织物，采用优质纯棉中特专纺纱为原料，色纱常使用靛蓝色(图 5-1-19)。织物外观粗犷并带有乡土气息的风格，布面呈双色效应，外观类似牛仔布，随时代变化，趋向于轻薄柔韧、布面细洁、光泽好、手感挺括、富有弹性。成品可用作衬衫面料。

图 5-1-19 青年纺

二、麻型织物

麻织物是用麻纤维纺织加工成的织物，包括麻和化学纤维混纺或交织物。它是人类最早使用的纺织品，从考古的出土文物表明，亚麻织物使用最早，在埃及已有 8 000 年左右的历史。中国在公元前4 000多年前已开始用葛藤纤维纺织，葛布极盛于春秋战国时期。后来因葛藤生长慢、产量低、加工难，逐渐被大麻、苎麻所取代。最古老的苎麻织物出现在公元前 27 世纪。大麻和苎麻布极盛于隋唐时代。宋代起因棉花的普遍种植，棉布生产比较方便而取代了麻织物，成为大众化衣料。

麻织物大多具有吸湿、散湿速度快、断裂强度高、断裂伸长小等特点。苎麻、亚麻织物穿着感觉凉爽、不霉不烂。还因麻纤维的整齐度差，集束纤维多，成纱条干均匀度较差，织物表面有粗节纱和大肚纱，这种特殊疵点恰巧构成了麻织物的独特风格。各类麻织物用途各不相同，但一般多用作衣着、装饰、国防、工农业用布和包装材料等。

进入21世纪，人们更加注重纺织品及服装的舒适、生态环保等功能特性。麻类纺织品以其吸湿、透气、抑菌、防霉、抗紫外线、无静电等优良性能，越来越受到消费者的青睐，成为时尚消费潮流。

（一）苎麻织物

苎麻纤维细长而富有光泽，服用性能较好。织物表面细洁匀净，布身结构紧密，质地优良，吸湿散湿快，挺爽透气，出汗后不贴身，是理想的服装用面料，但有时会有刺痒感。因纺纱时易形成粗节纱、大肚纱，并表现于织物表面，因而形成了麻织物特有的风格，也成了仿麻织物模仿的重点。苎麻织物可分为手工和机制苎麻布两大类，既可使用原色，也可漂白、染色、印花。适宜作夏季服装、床单、被褥、蚊帐和手帕等。

1. 苎麻平布

苎麻平布是以平纹组织织制的苎麻织物，吸湿散湿快，散热性好，挺爽透气，透凉爽滑，舒适不贴身，是理想的夏季衣料。强力高，刚性大，但弹性差，易起皱，耐磨差。苎麻织物的表面常常有不规则粗节纱，形成苎麻织物独特的风格。一般可用来制作夏季衣料，窗帘、床罩、台布、手帕等。

（1）夏布

夏布是对手工织制的苎麻布的统称，是我国传统纺织品之一。其布面较为精细，又有挺括凉爽的优良特性，几千年来专用作夏服与蚊帐，故明清时期起将这种手工生产的苎麻布称为“夏布”，其加工精细程度闻名中外。穿着时有清汗离体、透气散热、挺爽凉快的特点。夏布历史悠久，品种与名称繁多，多以平纹组织为主，有纱细布精的，也有纱粗布糙的，全凭手工操作者掌握（图5-1-20）。湖南马王堆出土的精细夏布其面密度甚至可达42.87 g/m^2。由于棉花的发展和普及，机器纺织工业的出现，夏布生产趋于衰落，但夏布因其独特的性能，而仍有部分地区在生产，尤其在倡导舒适与环保的今天，人们也越来越关注夏布的生产。

图5-1-20 夏布

图5-1-21 爽丽纱

（2）爽丽纱

爽丽纱是纯苎麻细薄型织物的商品名称。因具有苎麻织物的丝样光泽和挺爽感，又是略呈透明的薄型织物，薄如蝉翼，相当华丽，故取名“爽丽纱”（图5-1-21）。多以水溶性维纶与苎麻

长纤维进行混纺，用一般织造方法织成坯布后，在漂白整理过程中溶除掉维纶纤维，即可获得纯麻细号薄型织物。该产品目前仅有漂白品种，生产中维纶耗用较多，成本较高，在国际市场上属名贵紧俏商品，供不应求。是制作高档衬衣、裙料、装饰用手帕和工艺抽绣制品的高级布料。

2. 亚麻织物

亚麻织物是以亚麻为原料的麻织物，表面具有特殊的光泽，不易吸附尘埃，易洗易烫，吸湿散湿性能良好，抗腐抗霉性能好，不被虫蛀等特点。服装用亚麻织物可分为亚麻细布、亚麻帆布、水龙带三大类。亚麻纤维颜色为灰色至浅褐色，有的以原色作为成品，称为原色布，也有的以1/2漂白纱织成布，称为半漂白原色布。色泽自然大方，很受人们欢迎。由于亚麻纤维不易漂白而形成的色差及纤维之间的粗细不匀，而使布面呈粗细条痕，并夹有粗节纱的特殊外观效果。目前，世界纺织工业的规模空前庞大，可利用的纺织纤维品种繁多。但是亚麻纤维仅占世界天然纤维不足1%产量而归于稀有纤维之列，物以稀为贵，其纺织产品始终以久远的历史、独一无二的优良品质和极小的市场占有率而成为高档昂贵纺织品中的姣姣者，使穿着和使用亚麻纺织产品成为人们地位和身份的象征。

（1）亚麻细布

亚麻细布一般泛指细号、中号亚麻纱织成的麻织物，是相对于厚重的亚麻帆布而言的（图5-1-22）。亚麻细布的紧度中等，一般以平纹组织为主，部分外衣用织物可用变化组织，装饰品用提花组织，巾类织物与装饰布大多用色织。亚麻细布的布面呈粗细条痕状。并夹有粗节纱，形成了麻织物的特殊风格，吸湿散湿快，有柔和光泽，不易吸附尘埃，易洗易烫等特点。织物透凉爽滑，服用舒适，较苎麻布松软，适于制作内衣、衬衫、裙子、西服、短裤、工作服、制服，及床单、被套、手帕等。但亚麻织物弹性差，不耐折皱和磨损。

（2）亚麻帆布

亚麻帆布是相对于亚麻细布而言的一种粗厚亚麻织物（图5-1-23）。大多使用不经任何煮漂工艺的亚麻干纺原纱织制。成布通常不经练漂加工，有的可采用特殊整理，如拒水、防腐、防火等。亚麻帆布具有吸湿散湿快，吸湿后纤维与纱膨胀，布孔变小，拒水性能好的特点。因散湿快，做包装布等贮存粮食不易霉变，包覆钢铁设备不易锈蚀；挺括、强度高、伸长小，适宜做服装和胶管的衬布。所以亚麻帆布一般用作帐篷布、苫布、油画布、地毯布、麻衬布、橡胶衬布、包装布等。

图5-1-22 亚麻细布

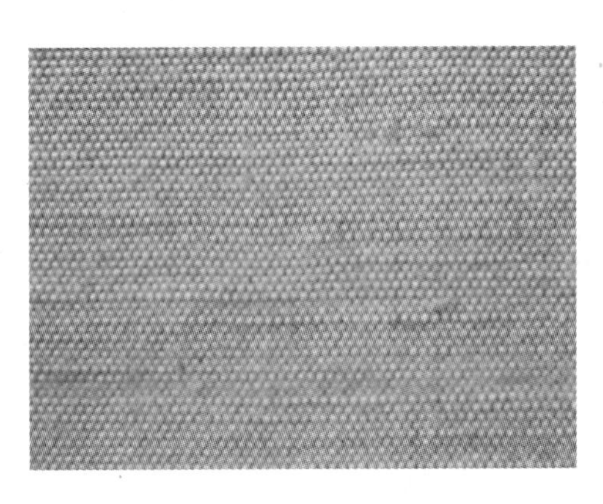

图5-1-23 亚麻帆布

3. 麻混纺织物

麻类纤维经常与其他纤维进行混纺,以改善麻的外观、手感及舒适性能等方面的不良特性,如麻纤维硬挺的手感,及刺痒感等。麻纤维可与多种纤维进行混纺,如麻/粘、麻/涤等麻与化学纤维混纺织物,近些年也有许多与其他天然纤维混纺的产品,如麻/棉、麻/毛、麻/丝等。工艺灵活,品种广泛。

三、毛型织物

毛织物又称呢绒,是以羊毛为主要原料纯纺或与兔毛、驼毛等其他毛纤维混纺的织物,分精纺和粗纺两大类,精纺毛织物是采用精梳纯毛或混纺毛纱织造的全线、半线织物,多为光洁表面。粗纺毛织物是采用粗梳纯毛或混纺毛单纱织造的织物,根据结构风格,分为纹面、呢面、绒面、松结构四种外观类型。

毛织物不易导热,吸湿性好,粗纺呢绒厚实保暖,精纺呢绒轻薄滑爽。毛织物具有较好的弹性和抗皱性,容易熨烫定型。毛织物表面光泽柔和,手感柔软,但穿用受摩擦后,粗纺织物表面易产生“毛球”。毛织物耐酸不耐碱,在浓烧碱中会溶解。毛织物耐脏污,但易被虫蛀,热水洗涤后会产生“缩绒”现象。

(一) 精纺毛织物

又称精纺呢绒或精梳呢绒,以精梳毛纱织制而成。用毛品质高,经精梳机梳理,纱中纤维细而长,伸直平行,排列整齐,因此毛纱表面光洁,毛羽少,纱支也可较细。精纺呢绒大多表面光洁,织纹清晰,手感柔软,富有弹性,平整挺括,坚牢耐穿,不易变形。一般织物较轻薄,约100~380 g/m^2,现在更趋向轻薄型发展。适宜制做春、秋、冬、夏各季服装。

1. 平纹类

(1) 凡立丁

凡立丁与派力司同为精纺毛织物中轻薄型面料,适宜作夏季服装。凡立丁是采用一上一下平纹组织织成的经纬皆用股线的轻薄型面料,采用优质羊毛为原料,也有混纺及纯化纤(混纺多用黏纤、锦纶或涤纶),有黏、锦、涤搭配的纯化纤凡立丁。其特点是纱支较细、捻度较大,经纬密度在精纺呢绒中最小。呢面光洁均匀、不起毛,织纹清晰,质地轻薄透气,挺括有弹性、不板不皱。多数匹染素净,以浅灰为主(图5-1-24),也有绿色、藏青及咖啡等深色,光泽自然柔和,适宜制作夏季的男女上衣和春、秋季的西裤、裙装等。

图5-1-24 凡立丁

(2) 派力司

与凡立丁一样也属于传统轻薄毛纺面料,其外观呈夹花细条的混色效应,表面光洁,质地轻薄,手感挺、爽、滑、活络、弹性好,光泽自然,以浅灰、中灰、浅米等为主要色泽,少量杂色。因其采用色纺工艺,色毛的选用、混条的方法,形成了派力司独特的呢面风格特征,表面呈纵横交错,

隐约可见的混色雨丝状细条纹(图5-1-25)。适宜做夏季男女西服套装、两用衬衫、长短西裤等。

图5-1-25 派力司

2. 简单斜纹类

(1) 华达呢

又名"轧别丁",是用精梳毛纱织制的,有一定防水功能的紧密斜纹毛织物(图5-1-26)。华达呢是经向紧密结构,其经密约为两倍的纬密,故经向强度较高,坚牢耐穿。华达呢织物组织有三种:2/2斜纹、2/1斜纹、缎背组织。华达呢呢面光洁平整,正面斜纹纹路清晰而细密,微微凸起,因经向密度较大,其斜纹角63°,斜纹陡而平直,间距窄。质地厚实紧密,手感结实挺括,光泽自然柔和,色泽以素色、匹染为主。主要用作外衣衣料,也用作风衣、制服和便装,经防水处理后可作晴雨大衣。

(2) 哔叽

原意是"一种天然羊毛颜色的斜纹毛织物",这个名称沿用至今,但实际产品与原来的含义已有所不同了。哔叽是素色的斜纹精纺毛织物,常用2/2斜纹组织,经密略大于纬密,斜纹角45°~50°,织纹宽而平坦,斜纹方向自织物左下角向右上角倾斜,正反两面纹路相似,方向相反(图5-1-27)。呢面光洁平整,斜纹清晰,光泽自然柔和,质地紧密适中,手感润滑,有身骨,有弹性,悬垂性好。色泽以藏青为主,也有浅色及漂白的。哔叽有全毛、毛混纺、纯化纤三大类。哔叽由于经纱密度接近纬纱密度,经纱细度接近纬纱细度,因此,即使斜向裁制,也不会走样,是一种实用耐穿的衣料;但穿着后长期受摩擦的部位易出现极光。适用于春秋季男女各式服装、学生服、制服、套装、裙料、军装、鞋帽等。

图5-1-26 华达呢

图5-1-27 哔叽

哔叽和华达呢的区别：在手感风格上，哔叽丰糯柔软，华达呢结实挺括；在经纬密比例上，哔叽经密略大于纬密，华达呢经密约为两倍的纬密；在呢面纹路上，哔叽纹路清晰平整，斜纹角45°～50°，可以看见纬纱，华达呢纹路清晰而挺立，其斜纹角63°，斜纹陡而平直，间距窄，纬纱几乎看不见。

（3）啥味呢

用精梳毛纱织制，混色，为有绒面的中厚型斜纹织物。啥味呢名字出自音译，意为有轻微绒面的整理，以区别于光洁整理，又称精纺法兰绒。其经密与纬密相近（经密略大），常用2/2斜纹或2/1斜纹组织织制，斜纹角50°。缩绒处理，毛绒短小均匀，呢面斜纹纹路隐约，长期穿着不起极光，使外观常新。呢面平整，光泽自然，手感柔软丰满，有弹性。外观具有均匀的混色夹花风格，色泽以深、中、浅的混色灰为主（图5-1-28）。适用于春秋男女西服、夹克衫、风衣等。

图5-1-28 啥味呢

啥味呢与哔叽比较接近，它们的区别在于：哔叽是单一素色，啥味呢是混色夹花的；哔叽呢面光洁，啥味呢经缩绒处理，呢面有绒毛。

华达呢、哔叽、啥味呢异同：华达呢、哔叽、啥味呢虽然都是精纺毛织物，主要产品多为加强斜纹，但因其紧密程度和染色方式的不同，而呈现出各不相同的特点。华达呢经密约为纬密的两倍，斜纹角63°，斜纹陡而平直，间距窄，多为素色，匹染；哔叽经密略大于纬密，斜纹角45°～50°，织纹宽而平坦，多为素色，匹染；啥味呢经纬密相近（经密略大于纬密），斜纹角约50°左右，混色效应，多经缩绒处理，呢面有短小均匀毛绒，织纹模糊不清。

3. 复杂斜纹

（1）马裤呢

是用精梳毛纱织制成的急斜纹厚型毛织物。因其坚牢耐磨，适于制作骑马时穿的裤子，故名"马裤呢"（图5-1-29）。马裤呢采用变化急斜纹组织，经纬密度较高，经密约为纬密的两倍，属经向紧密结构。呢面有较粗壮的斜向凸条纹，呈63°～76°急斜纹线条，正面右斜纹粗壮，反面左斜纹呈扁平纹路，织纹凹凸分明，斜纹清晰饱满。马裤呢身骨厚重，一般重量在340～400 g/m^{2}以上，风格粗犷，呢面光洁，质地丰厚，结实坚牢。色泽以深色为主，多为草绿色。适于制作猎装、马裤、军装、大衣等。

（2）巧克丁

原文含有"针织"的意义，因其外观呈现如针织物那样的明显的罗纹条。它是一种紧密的经密急斜纹织物，表面呈双根并列的急斜纹条子，斜纹角63°左右（图5-1-30）。没有马裤呢厚重，一般面密度270～320 g/m^2。比马裤呢细而平挺，每两根斜纹线一组，类似针织物的罗纹外观。呢面紧密细洁，平整挺括，手感丰厚，有弹性，光泽自然。色泽素净，多为灰、蓝、米、咖啡色等，也有混色、夹色的。适宜做大衣、西服、制服、夹克衫、风衣等。

图5-1-29　马裤呢

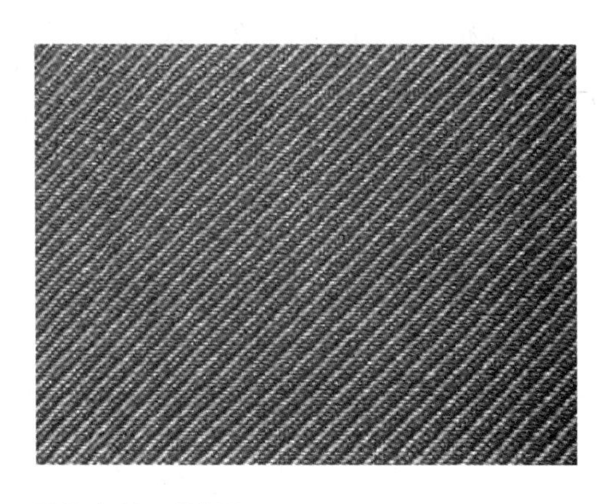

图5-1-30　巧克丁

4. 缎纹类

(1) 贡呢

为紧密细洁的中厚型缎纹毛织物(图5-1-31)。以加强缎纹组织织制,表面呈现细斜纹,斜纹角度在63°~76°的称直贡呢,斜纹角度在14°左右的称横贡呢,斜纹角度在45°左右的称斜贡呢。通常所说贡呢指直贡呢。贡呢呢面平滑细洁,紧密厚实,丰厚饱满,光泽明亮,有弹性,但耐磨性差,易起毛、勾丝。色泽以乌黑为主,还有藏青、灰色以及其他各种闪色和夹色等。乌黑色的贡呢又称"礼服呢"。多做秋冬服装,如高级礼服、西服、大衣等。

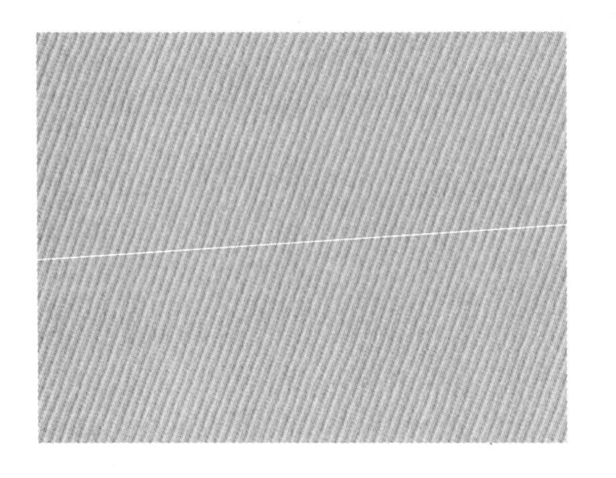

图5-1-31　直贡呢

图5-1-32　驼丝锦

(2) 驼丝锦

为细洁而紧密的中厚型素色高档毛织物(图5-1-32)。驼丝锦以缎纹变化组织织制,表面呈不连续的条状斜纹,斜纹间凹处狭细,背面似平纹。呢面平整,织纹细致,光泽滋润,手感柔滑、紧密,弹性好。色泽以黑色为主,也有深藏青、白色、紫红等。常用作礼服、套装等。

5. 花呢

花呢是花式毛织物的总称,是精纺呢绒中重要品种之一。织物外观呈点、条、格等多种花型图案,是精纺呢绒中花色变化最多的品种。例如:用不同的原料,不同的纱线细度,不同的纱线捻度、捻向、颜色，花式纱线，不同的经纬密度比，变化织物的组织，特殊的印染整理工艺等。

（1）板司呢

以方平组织织制的精纺花式毛织物。多为色织，色纱做一深一浅排列，对比明显，表面成小格或细格状花纹。板司呢呢面平整，手感丰厚，软糯而有弹性，花样细巧，适宜做西装、西裤等（图5-1-33）。

图5-1-33　板司呢

图5-1-34　海力蒙

（2）海力蒙

使用精纺毛纱织制的山形或人字型条状花纹的毛织物（图5-1-34）。海力蒙是英文Herringbone的音译，隶属于厚花呢面料中的一种，因其呢面呈现出人字形条状花纹，形似鲱鱼胫骨而得名。海力蒙常用2/2斜纹组织作基础组织，相邻的两条斜纹条子宽狭相同，方向相反，在倒顺斜纹的切换处，组织点相互“切破”，形成纤细的沟纹。其结构紧密，稳重大方，呢面有光洁的，也有轻绒面的。适用于各类西装、西裤。

（3）牙签条

由于正反两面条纹外观各不相同，故又名单面花呢，俗称牙签条，是精纺花呢中较厚的产品（图5-1-35）。呢面具有凹凸条纹，富有立体感，另外还配有各种彩色嵌线或利用不同捻向的纱线排列成隐条。呢面细洁，手感丰厚细腻，色泽以中、深色为主。适于制作高级男女西服套装、中山装、上衣、长短大衣、风衣等。

图5-1-35　牙签条

（4）雪克斯金

是以阶梯状花型为特征的紧密中厚花呢（图5-1-36）。一般为2/2斜纹组织织制，经纬色纱都是一根深色纱与一根浅色纱间隔排列，利用色纱与组织的配合使呢面呈现阶梯样花纹，浅色纱有时也采用深浅色合捻花线，使其与深色纱的对比较为柔和。雪克斯金呢面洁净，手感紧密，花型典雅，是传统的精纺呢料。适宜做套装、西裤等。

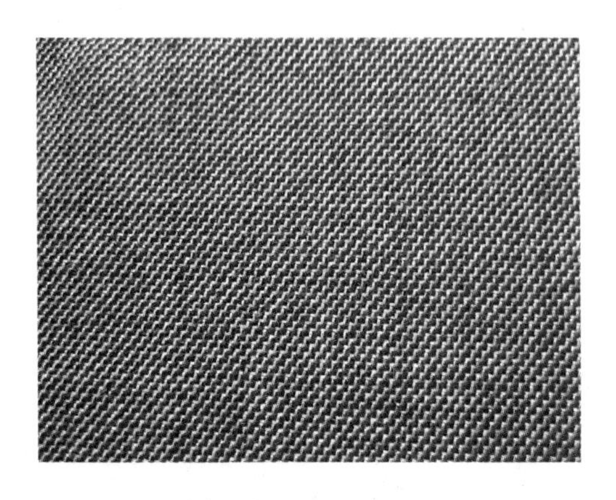
图 5-1-36 雪克斯金

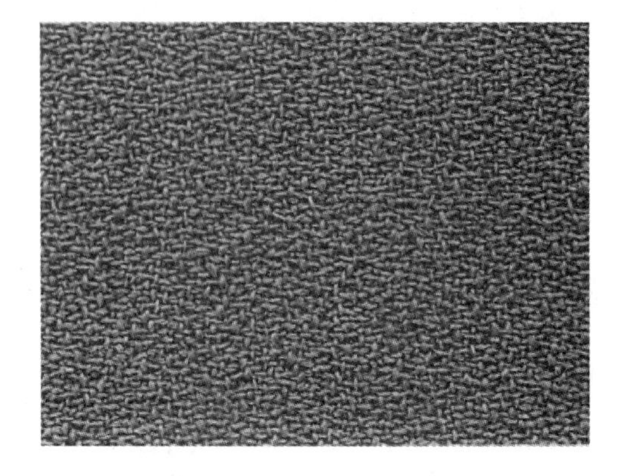
图 5-1-37 女衣呢

（5）女衣呢

精纺女衣呢是用精纺毛纱织制的女装用料，统称精纺女衣呢（图 5-1-37）。一般采用松结构，其特点是重量轻、结构松、手感软、有弹性。女衣呢花色繁多，颜色鲜艳明快，图案细致活泼，织纹清晰新颖，且在原料、纱线、织物组织、染整工艺等方面充分运用各种技法，使织物具有装饰美感。女衣呢所用原料范围广，有传统的天然纤维棉、毛、丝、麻和化学纤维涤、黏、腈、锦以及各种稀有动物毛、新型化纤和金银丝等，除了纯毛外，还有大量的毛混纺和纯化纤产品。其传统品种繁多，有方格女衣呢、彩点女衣呢、彩条女衣呢、彩格女衣呢、仿麻女衣呢、珠圈女衣呢、双面女衣呢、麦司林等。女衣呢适宜做春秋季妇女各式服装，如女装衫裙、上衣、外套等。

（二）粗纺毛织物

又称粗纺呢绒或粗梳呢绒，以粗梳毛纱织制而成。纱中纤维粗细长短不一，伸直平行度不高，排列不整齐，捻度也较小，因此毛纱表面毛羽多，纱支也较粗，手感丰满蓬松。原料品级范围广，粗细长短差异大。一般经缩绒和起毛，表面有绒毛覆盖，不露或半露底纹。粗纺呢绒织物质地紧密，柔软厚实，呢面丰满，身骨挺实，保暖性好。一般织物较厚重，适宜制作秋冬季外套和大衣。

1. 麦尔登

是一种品质较高的粗纺呢绒。常用一级改良毛或 60 支羊毛为主要原料，混以少量精梳短毛或黏胶纤维。以 2/2、1/2 斜纹或平纹组织织制。密度一般在 360～480 g/m^2。麦尔登结构紧密，经重缩绒整理，织物正反面都有细密绒毛覆盖，绒毛丰满密集，不见底纹（图 5-1-38）。织物绒面平整，手感丰厚，富有弹性，挺括不易皱，抗水防风，耐磨耐穿，不易起球。其颜色以深色为主，多染成藏青、原色或其他深色。主要用于冬季大衣、制服、西裤、帽子等。

图 5-1-38 麦尔登

2. 海军呢

为海军制服呢的简称，亦称细制服呢，其密度为360～490 g/m²，用一、二级改良毛或混入部分黏胶纤维纺成粗梳毛纱，以2/2斜纹组织织制。经缩绒、起毛、剪毛等整理工艺而成。由于用料等级介于麦尔登与制服呢之间，因此海军呢比麦尔登稍差，而比制服呢好，质地较紧密，表面有紧密绒毛覆盖，基本不见底纹，绒面细洁平整，基本不起球（图5-1-39）。海军呢多染成藏青，也有墨绿、草绿等色。主要用作军服、制服、中山装、外衣料、裤料等。

3. 制服呢

用中低级羊毛织制的粗纺毛织物。色泽以匹染藏青、黑色为主。质地厚实，适于制做秋冬季制服、外套、茄克衫、大衣和劳动保护用服等。织物组织采用二上二下斜纹或二上二下破斜纹，面密度450～520 g/m²，经缩绒、起毛、剪毛等整理工艺。呢面较粗，织纹未被绒毛所覆盖，而轻微露底，色泽也不够匀净。类似制服呢的还有学生呢、大众呢。一般用作秋冬季制服、外套、夹克衫等。

是一种较低级的粗纺呢绒，属常见品种，亦称粗制服呢。原料品质较低，面密度为450～520 g/m²，用2/2斜纹或破斜纹组织织制。由于原料品级较海军呢为低，起毛后，呢面织纹仍不能完全被覆盖，呢面粗糙，易落毛露底，匹染成藏青、原色等色泽后，色泽不够匀净（图5-1-40）。

图5-1-39 海军呢

图5-1-40 制服呢

麦尔登、海军呢、制服呢一般都是用斜纹织制，经缩绒、起毛而成，所以都是粗厚的绒面粗纺呢绒，但由于三者所采用的原料品级不一样，它们的品质也有所区别，从高到低依次是：麦尔登、海军呢、制服呢。

4. 法兰绒

有纯毛及混纺两种，采用混色毛纱，以斜纹或平纹组织织制，色泽以黑白混色为多，呈中灰、浅灰或深灰色（图5-1-41）。后传入中国，多以平纹组织织制。随品种的发展，现在也有很多素色及条格产品。法兰绒经缩绒、拉毛整理而成，表面有细洁的绒毛覆盖，半露底纹，丰满细腻，混色均匀，松软舒适。主要用作春秋冬各式男女裤料、女上衣、童装等。以细号毛纱织制的薄型高级法兰绒为制作衬衫、连衣裙、单裙等高档品的面料。

5. 粗花呢

是粗纺花呢的简称，以单纱或股线、花式纱，单色或混色纱做经纬，用各种花纹组织配合在

一起，使呢面形成人字（图 5-1-42）、条格、圈圈、点子、小花纹、提花等各种平面的或凹凸的花型，花色新颖，配色协调。另外，因原料种类品质优劣、纱号粗细、后整理工艺等不同，粗花呢可分为呢面型、绒面型、纹面型三种。呢面型表面呈毡化状短绒覆盖，呢面平整、均匀，质地紧密，身骨厚实；绒面粗花呢表面有绒毛覆盖，绒面丰满，绒毛整齐，手感丰厚柔软而稍有弹性；纹面型粗花呢表面花纹清晰，纹面匀净，光泽鲜明，身骨挺而有弹性，结构要松而不烂。后整理不缩不拉。粗花呢的高、中、低档主要取决于原料和纱号。主要用于女装，如两用衫、西装、风衣，做中式罩衫也很别致。

图 5-1-41 法兰绒

图 5-1-42 人字呢

粗花呢花色品种多，适用面广。如常见的钢花呢和海力斯。钢花呢有纹面型和绒面型产品（图 5-1-43）。其表面均匀散布各色彩点，似钢花四溅，色彩斑斓。海力斯也称“赫不里底呢”，采用土种羊初剪毛为原料，经手工纺纱、制造、整理而成，属纹面型粗花呢，结构松，织纹显露，挺实粗糙，夹有枪毛，风格粗犷，属低档粗花呢（图 5-1-44）。

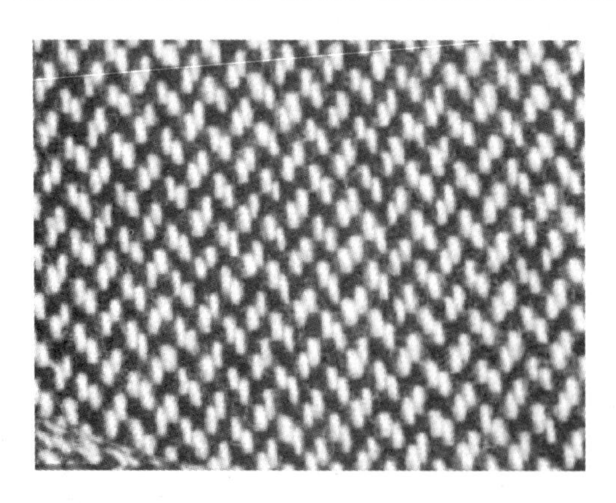

图 5-1-43 钢花呢

图 5-1-44 海力斯

6. 大衣呢

质地丰厚，品种繁多，原料各异，有高、中、低三档。除以羊毛作原料外，还常采用特种动物毛，如兔毛、羊绒、驼绒、马海毛，其中高级大衣呢常采用特种动物毛制成羊绒大衣呢、银枪大衣呢等。由于其风格的不同,可将大衣呢分为平厚大衣呢(图5-1-45)、立绒大衣呢、顺毛大衣呢、拷花大衣呢、花式大衣呢等。大衣呢适宜做各种大衣、风衣、帽子等。

7. 女式呢

又称"女服呢"、"女士呢",因作女装而得名(图5-1-46)。面密度180 ~ 400 g/m^2,是匹染的素色产品,近年来也出现了印花产品。常以变化原料、纱号、组织等方法以适应女装多变的需要。其常用原料有羊毛、化纤及羊绒、兔毛等,配合采用各种斜纹组织、变化组织或绉组织;各种小提花、大提花,可做成绒面结构各不相同的平素、立绒、松结构等多种产品。女衣呢手感柔软,丰厚保暖,风格不一,颜色齐全,但浅色居多,适于妇女各式服装。

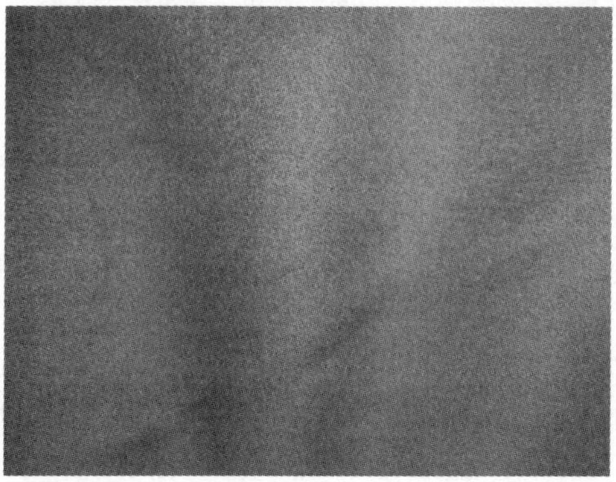

图5-1-45　大衣呢

图5-1-46　女士呢

四、丝织物

以桑蚕丝或柞蚕丝为主要原料织成的丝织物称为真丝织物或纯丝织物。此外也有用黏胶原料的人造丝或合纤丝与蚕丝交织的品种。

真丝织物有很好的吸湿性,缩水率在8% ~10%。真丝织物颜色洁白,手感柔软,表面光滑,光泽柔和明亮,穿着舒适、华丽、高贵,属高档面料。真丝织物的强度、耐热性均优于毛织物,但抗皱性和耐光性较差。真丝织物耐酸不耐碱,染色性能好,宜用中性洗剂洗涤。真丝织物柔软但容易摩擦起毛,柞蚕丝织物表面发黄较粗糙,绢丝织物表面较挺爽手感涩滞,化纤仿真丝织物光泽好、耐磨,但织物透明,易产生静电,不吸湿,手感柔滑。

早在4 000多年前,我国就已开始使用蚕丝,到了商周时期丝绸织物的品种已相当丰富。丝织物有素织物与花织物之分。素织物是表面平整素洁的织物,如电力纺、斜纹绸等。花织物有小花纹织物,如涤纶绉,大花纹织物,花软缎等。丝织物也可分为生丝织物与熟丝织物。用未经练染丝线织成的织物称之为生丝织物。用先经练染的丝线织成的织物称为熟丝织物。

根据我国的传统习惯,结合绸缎织品的组织结构、加工方法、外观风格,丝织物可分为纺、绉、缎、锦、绡、绢、绒、纱、罗、葛、绨、呢、绫、绸等十四大类。其中纺、绉、绡、绢属于平纹织物,绫是斜纹组织织物,缎、锦是缎纹组织或缎纹提花织物,纱、罗为纱罗组织,绨、葛是以平纹或斜纹组织织制的丝织物的低档品,呢是仿毛织物,绒表面有起绒效果,绸是丝织物总称,其他所有无明显以上13大类品种特征的丝织物,都可以称为绸。

（一）纺类

纺类采用平纹组织，表面较平整致密，质地较轻薄的花、素丝织物，又称纺绸，是丝织物中组织最简单的一类。采用生织或半色织工艺，经纬纱一般不加捻或弱捻。

纺类产品原料常用桑蚕丝、人造丝、锦纶丝、涤纶丝等，其中采用桑蚕丝、桑绢丝、双宫丝为原料的称为真丝纺，如电力纺、洋纺、杭纺、绢丝纺等。以黏胶丝为原料的产品，质地比真丝纺厚实，吸湿性、染色性较好，布面平滑、色泽鲜艳，穿着爽滑舒适，但比真丝纺强度低，耐磨差，易起毛，多做睡衣、棉袄面料、戏装等。以合成纤维制成的合纤纺，具有挺括平整、免烫快干、强度大、耐磨好等特点，但穿着闷热不透气，一般只作衬衫、裙子及中低档服装的里料。纺类产品也可按重量来分，中厚型纺绸可做衬衣、裙料、滑雪衣等，中薄型纺绸可作伞面、扇面、绝缘绸、灯罩、绢花及彩旗等，用途很广，其代表品种如下：

1. 杭纺

杭纺又名素大绸，由于它主要以杭州为产地，所以称之为杭纺。平纹组织，无正反之分，属于生织绸（图 5-1-47）。因所用丝线粗，所以杭纺是纺类产品中最重的一种。杭纺绸面光洁平整，质地紧密厚实，坚牢耐穿。大多为匹染，色彩较为单调，一般有本白、藏青和灰色。多用以制作男女衬衫、便装等，对中老年人尤为适宜。

2. 电力纺

俗称纺绸，电力纺是平经平纬（即经纬丝均不加捻）的桑蚕丝生织绸，织后再经练染整理，是平纹组织的素织物（图 5-1-48）。经纬均采用 22.2/24.4dtex 的生丝，绸身平整、紧密，光泽柔和，较一般丝织物轻薄透凉，但比纱类丝织物细密，能充分体现桑蚕丝织物的独有特点。

电力纺有厚型和薄型之分。厚型的面密度在 40 g/m^2 以上，适合做衬衫；薄型的面密度在 40 g/m^2 以下，适合做薄型毛料的里布；还有一类轻磅电力纺面密度在 20 g/m^2 以下，外观呈半透明状，称为洋纺，适合做夏季服装、头巾、里子绸等。

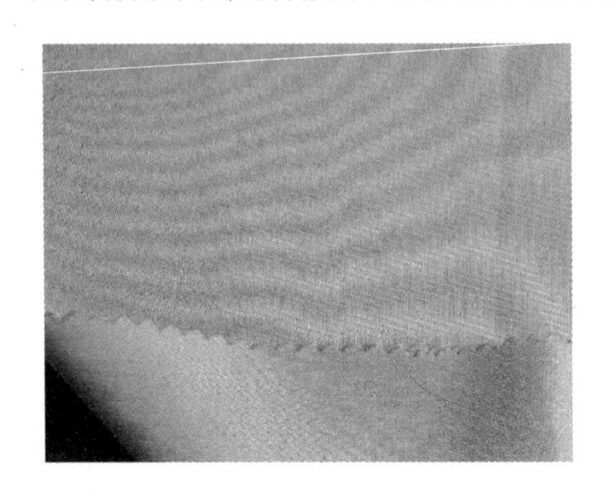

图 5-1-47　杭纺

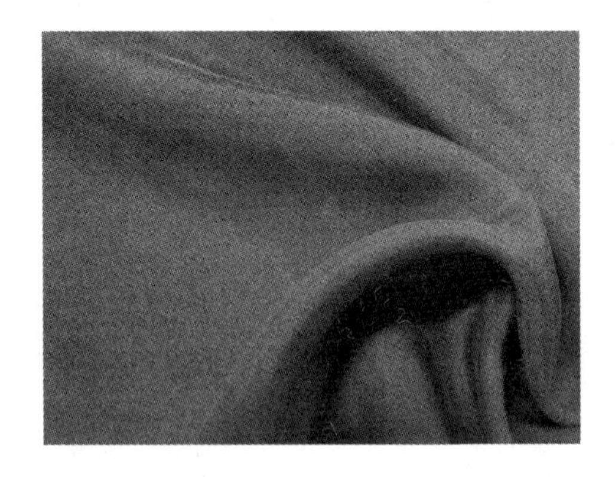

图 5-1-48　电力纺

3. 绢纺

绢丝纺一般用 4.8 tex 或 7 tex 的双股绢丝线作原料，采用平纹组织。面料外观平整，质地坚牢，厚实而有弹性，柔软富有垂感（图 5-1-49）。但因绢丝纺所用的原料是天然丝短纤维的纱线,所以它的绸面不如以天然长丝为原料的电力纺光滑,表面有一层细小的绒毛,手感比电力纺等纺类产品更丰满。适宜做男女衬衫、睡衣睡裤、床罩等。

4. 富春纺

富春纺属于黏纤绸类。经线采用133.3 dtex的无光或有光黏纤丝,纬线采用55.6 tex的黏胶纤维,以平纹组织织造而成(图5-1-50)。由于纬线较粗,所以它的外观呈现出横向的细条纹。其面料色泽鲜艳,手感柔软,穿着舒适、滑爽。缺点是易皱,湿强度低。但因其价格比真丝便宜很多,所以不失为价廉物美的夏季面料。

图5-1-49　绢纺

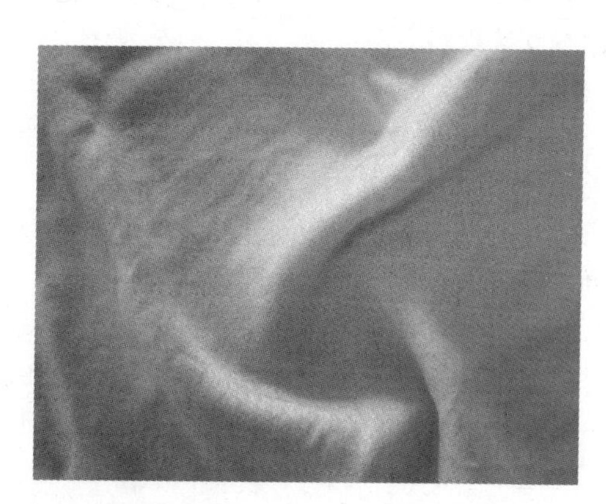

图5-1-50　富春纺

5. 其他

此类产品还有雪纺、尼丝纺(图5-1-51)和涤丝纺(图5-1-52)等,雪纺属于非常轻薄透明的丝织物,而尼丝纺和涤丝纺属于中期仿真丝产品。尼丝纺是以锦纶丝为原料织制的,牢度好,一般作里料(中低档),降落伞。涤丝纺又叫涤平纺,全涤丝产品,只作里料,不作面料。

图5-1-51　尼丝纺

图5-1-52　涤丝纺

(二) 绉类

绉类是用平经绉纬织造的平纹或用绉组织织成的表面有皱纹并富有弹性的紧密型丝织物。这类织物质地轻薄、密度稀疏、光泽柔和、手感糯爽而富有弹性,抗折皱性能好,透气舒适,不易紧贴皮肤。缺点是缩水率较大。其代表品种有:

1. 双绉

图 5-1-53 双绉

采用 22/24.2 dtex（20/22 旦）生丝作经丝，44/48.4 dtex（40/44 旦）强捻生丝作纬丝，以平纹组织织成，纬丝以两两不同的捻向相间织入，经漂练后捻缩使织物表面呈现双向的细微绉纹，所以称双绉（图 5-1-53）。其特点是质地轻柔，富有弹性，外观似乔其纱但不透明，品种有染色和印花之分，一般用作夏季女装面料。

2. 碧绉

也称单绉，与双绉同属于平经绉纬的平纹组织，但是纬丝采用相同捻向的合股强捻丝，漂练后织物表面呈均匀的螺旋状的粗斜纹皱纹。其质地厚实，柔软，表面光泽好，富有弹性，手感滑爽，多为染色的品种，适用于女装外衣，夏装面料。

3. 留香绉

用厂丝与有光人造丝交织，以绉地提花组织交织而成，形成暗色绉地上起亮花的外观，质地厚实坚牢，手感滑爽，适用于作女装面料。由于人造丝本身具有较高的光泽，加之浮点较长，织品经染色后，花纹显得特别明亮和艳丽。织物地组织暗淡柔和，提花光亮明快，花纹大方雅致，质地柔软，色彩鲜艳夺目。花型以梅花、兰花、蔷薇花为主（图 5-1-54）。由于经纬是用两种不同原料组成，染色后可显双色。这种面料适宜做妇女棉袄面料、民族服装或舞台戏装。要注意的是提花浮线较长，容易起毛，不宜多洗。

4. 乔其绉

又名乔其纱。经纬纱均采用 2Z∶2S 双股强捻厂丝相间交织，以平纹织成。织物密度较小，属生丝织品，经炼染后才成产品。经纬密度、捻度及捻向基本平衡。绸面分布着均匀绉纹与明显的纱孔，质地轻薄滑爽，透明飘逸（图 5-1-55）。乔其绉手感柔爽而富有弹性，外观清新淡雅，有良好的透气性和悬垂性。一般可用来制作妇女连衣裙、高级夜礼服、窗帘、方头巾、围巾以及灯罩、宫灯等手工艺品。

图 5-1-54 留香皱

图 5-1-55 乔其绉

5. 顺纡绉

与双绉不同的是其纬向强捻丝只有一个捻向，经练漂后，纬丝朝一个方向扭转，形成一顺向的绉纹，波纹凹凸起伏且不规则，风格新颖别致。其绉纹比双绉明显而粗犷，弹性更好，穿着时与人体接触面积较少，更为舒适透气。顺纡绉光泽柔和，手感柔软，轻薄凉爽，抗皱性好，可用作男女衬衫、连衣裙等（图 5-1-56）。

（三）绡

采用平纹或假纱组织的轻薄透明织品，一般是透明或半透明状。经纬纱都加捻或加强捻，2Z∶2S 间隔排列。构成有似纱组织孔眼的花素织物，经纬密度较小，质地透明轻薄，孔眼方正清晰。真丝绡薄如蝉翼，细洁透明，织纹清晰，绸面平挺，手感滑爽，柔软而又富弹性。适宜做各种头巾、面纱、披纱和裙衣、晚礼服（图 5-1-57）。

图 5-1-56　顺纡绉

图 5-1-57　金皮剪花绡

（四）绢

绢类是平纹或平纹变化组织，经纬丝先染色或部分染色进行色织花素丝织品，经丝一般加弱捻，纬丝不加捻或加弱捻。质地轻薄细腻，绸面细密平整，手感挺括，比缎、锦薄而坚韧。品种常有塔夫绸、天香绢，挖花绢等。

1. 塔夫绸

又称塔夫绢，是高档的丝绸品种，属熟织绸。经纬均采用高级的桑蚕丝经炼漂染色后织制而成。经丝采用两根复捻熟丝，纬丝采用三根并合单捻熟丝。绸面紧密细腻、绸身韧洁，光滑平挺，花纹光亮突出，不易沾染尘土，但易留下折痕，因此不宜折叠和重压。塔夫绸花色品种较多，有素色（图 5-1-58）、条格、闪色、提花等品种。素色塔夫绸是用单一颜色的染色熟丝织成的；条格塔府绸是利用不同颜色的经丝和纬丝，按规律间隔排列而织成条格图案；闪色塔夫绸是利用经纬不同颜色，一股以深色丝作经，浅色或白色作纬，织成后便显示闪色效应；提花塔夫绸是在平纹地上提织八枚缎纹经花。

2. 天香绢

天香绢也称双纬花绸，是以真丝作经纱、以有光人造丝作纬纱的平纹提缎纹、具有闪光花纹的丝织品。花型为满地散小花（图 5-1-59），花纹正面亮、反面暗，一般有两色或三色，与地部成双色对比，是传统产品。织物质地细密、薄韧、滑软。缺点是不耐磨，不耐穿。大多用于制作女式棉衣、旗袍、童帽、斗篷等。

图 5-1-58 素色塔夫绸

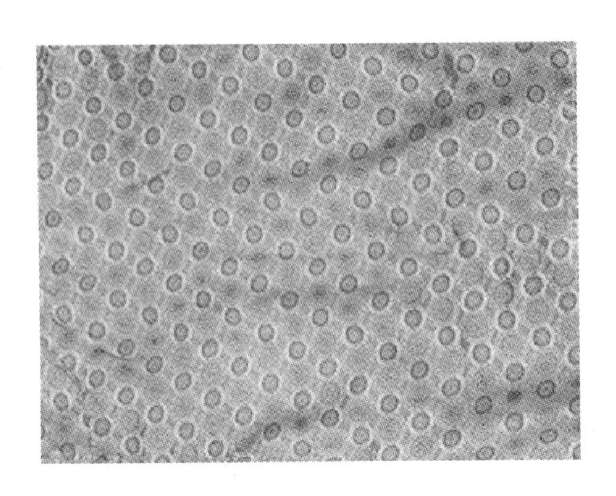

图 5-1-59 天香绢

3. 挖花绢

挖花绢是江苏苏州的传统名品。经丝用真丝、纬丝用有光人造丝交织而成。平纹地提本色缎纹花，且在花纹中镶嵌突出色彩的手工挖花，具有刺绣品的风格。绸面立体感强，色彩鲜艳，缺点是不能洗涤。适于做春、秋、冬三季各式服装及戏装面料。

（五）绫

绫是应用斜纹组织或变则斜纹组织，绸面呈明显斜向纹路的丝织品。花素织物运用各种斜纹组织为地纹。素绫采用单一斜纹或斜纹变化组织；花绫花样繁多，在斜纹地组织上常织有盘龙、对凤、环花、麒麟、孔雀、仙鹤、万字、寿团等民族传统纹样。中厚型用做衬衣、头巾等，轻薄型适宜做里料或装裱书画经卷及包装盒的制作。

1. 广绫

是绫类丝织物的主要品种，属于平经平纬的生丝绸。通常采用厂丝作经纬，以八枚经面缎纹组织为地纹的织品，它的正面有显著的斜纹起缎纹花，质地轻薄，绸身硬挺，色光艳丽明亮，别具一格。广绫有素广绫和花广绫两种。素广绫是采用八枚缎纹组织织成，手感较硬实，不粘附肌肤，适于热带地区穿用，可用作女装镶嵌、服饰用料。花广绫是八枚缎纹上起纬缎花纹，花型有大型花和小型花，一般以散点花居多。素广绫和花广绫美观漂亮、平整挺滑，但洗涤时不可用力揉搓拧绞，以免起毛和影响穿用寿命。

2. 尼棉绫

是丝绸产品中的新产品。经向采用锦纶丝，纬向采用丝光棉线。以 3/1 的斜纹组织织制。由于锦纶丝与棉线的色泽不一，使面料在不同的视觉角度形成闪光，曾一度很受女士的欢迎。织品坚牢耐用，但洗涤时应注意浸泡时间不能太长，应随浸随洗，同时不能用力搓，避免起毛，影响其闪光效果。

3. 美丽绸

经纬均采用有光人造丝织成的 3/1 斜纹组织。绸面纹路清晰，正面有明亮的光泽，反面光线暗淡。手感滑润，略比丝绸粗硬，是高档里子绸（图 5-1-60）。

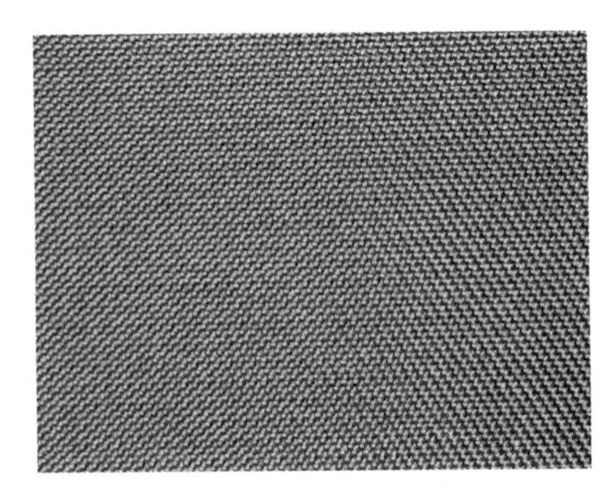

图 5-1-60 美丽绸

缩率为8%左右。美丽绸不宜喷水烫(因正面易产生水渍,失去光泽),大批量生产应放足缩率。

4. 羽纱

羽纱大多是黏胶或黏胶混纺织品,由3/1斜纹组织织成,缩率都较大,而且湿强度差。可分为棉纬绫、棉线绫,棉纬绫也称羽纱(图5-1-61),以有光人造丝与棉纱交织而成,若为上蜡,则称蜡羽纱;棉线绫是指以有光人造丝与棉纱交织而成。羽纱纹路清晰、手感柔软,正面比反面光亮平滑,属中档里子绸。

5. 斜纹绸

真丝斜纹绸经纬均采用厂丝,为生货绸。有漂白,素色,印花等品种。表面有明显的斜纹(图5-1-62),质地柔软轻薄,滑润凉爽,具有飘逸感,是女士喜爱的裙衫料,也可做高档呢科服装的里子或做装饰用绸,但主要用作领带。

图5-1-61 羽纱

图5-1-62 斜纹绸

(六)缎

以缎纹组织织成的平滑光亮的织品。织物地纹的大部采用缎纹组织的花素织物,表面平滑光亮,质地紧密,手感柔软,富有弹性,如花软缎、人丝缎。其缺点是不耐磨、不耐洗。

1. 软缎

是丝织物的传统产品,为缎类的代表产品。多以蚕丝与黏胶交织,经纬无捻丝或弱捻。根据花色,有素软缎、花软缎之分。素软缎素净无花(图5-1-63),花软缎纹样多为月季、牡丹、菊花等自然花卉,色泽鲜艳,花纹轮廓清晰,花型活泼,光彩夺目。软缎手感柔软润滑,光亮鲜艳,平滑细致,背面呈细斜纹状,但易摩擦起毛。适做旗袍、晚礼服、晨衣、棉袄、斗篷、里子、镶边、戏装、被面等,也可用作锦旗、绣花枕套、绣花靠垫、绣花台毯等。

图5-1-63 素软缎

2. 九霞缎

与留香绉一样也是具有民族特色的传统产品。属于真丝平经绉纬缎类提花丝织物。经丝不加捻,纬丝加捻并左右捻向间隔排列,花纹为不起绉的经

向缎纹组织,且与地纹同一颜色。九霞缎的花纹大多为以花卉为主的团花图案(图 5-1-64),暗地亮花,质地柔软,大多用于男、女棉袄面料。

3. 绉缎

为平经绉纬的缎纹丝织品。原料一般为桑蚕丝,也有真丝与人造丝交织的绉缎、全化纤的仿真丝绉缎等。绉缎有花、素两种。素绉缎一般采用五枚缎纹组织,织物表面一面为绉效应,另一面为光亮缎纹效应(图 5-1-65)。花绉缎为绉地起光亮的缎花。织物手感柔软,抗皱性好,宜作衬衣、裙料。

图 5-1-64 九霞缎

图 5-1-65 素绉缎

4. 织锦缎

织锦缎是我国传统的熟织提花丝织品,生产工艺复杂,是丝织物中最为精致的产品,素有"东方艺术品"之称。织锦缎多为经缎起三色以上纬花,花纹精巧细致,以花卉图案为多。其典型纹样以我国传统的民族纹样见多,如梅、兰、竹、菊、福寿如意、龙凤呈祥等(图 5-1-66、图 5-1-67),也有采用变形花卉和波斯纹样,但以清地纹样为宜。

图 5-1-66 织锦缎(字)

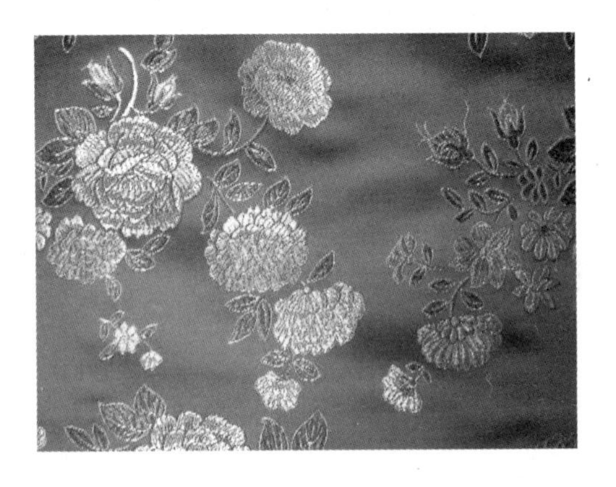

图 5-1-67 织锦缎(花)

织锦缎地部细洁紧密,质地紧密厚实,坚韧平挺,纬花瑰丽多彩,纹样精细,属于丝织品的高档产品之一。缺点是不耐磨,不耐洗。有真丝、黏胶丝、交织、金银丝织锦缎等多个品种,其名称

图 5-1-68 古香缎

可根据所用原料的不同而略有不同，如尼龙织锦缎、人造丝织锦缎、真丝织锦缎、交织织锦缎。真丝织锦缎采用真丝为经纱并加捻，人造丝为纬纱。织锦缎可制作高级礼服、袄面、罩衫、戏装或装饰物。

5. 古香缎

古香缎是织锦缎的派生品种，也是我国传统丝织物。古香缎常采用古色古香的四季花卉、花鸟虫鱼、亭台楼阁、小桥流水和山水风景等图案（图5-1-68），或以人物故事为主题来表现艺术效果。它与织锦缎风格各异，竞秀争妍。古香缎富有弹性，挺而不硬，软而不疲，是女式睡衣和装饰用等理想织物，还可用做袄面、戏装、台毯以及照相簿、集邮册的贴面等。

（七）锦

锦是我国传统高级多彩提花丝织物。花纹色彩多于三色，最多甚至有三十四色，外观瑰丽多彩，富丽堂皇，精致丰满。采用的纹样多为龙、凤、仙鹤、梅、兰、竹、菊及福、禄、寿、喜、吉祥如意等（图5-1-69、图5-1-70）。一般用作台毯、床罩、被面、高级礼品封面、名贵书册装帧、领带、腰带、袄面等。

图 5-1-69 汉魏"五星出东方利中国"锦

图 5-1-70 唐红地花鸟纹锦

锦原为仿刺绣类丝织物的大类名。一般指经纬丝先染后织，缎地纬花的提花熟织物（色织绸）。"锦"字的含意是"金帛"，意为"像金银一样华丽高贵的织物"，因此锦的外观瑰丽多彩，花纹精致高雅，花型立体生动。从组织结构上看，唐代以前的锦多为重经组织的经锦，唐代以后由于提花织造技术的发展，有了纬重组织的纬锦。近代的织锦缎、古香缎等品种，则是在云锦的基础上发展起来的色织提花熟织绸。

宋锦、蜀锦和云锦，并称中国传统三大名锦。宋锦虽以时代得名，云锦虽以纹样得名，但都带有极明显的地方色彩，宋锦多产于苏州，云锦多产于南京，而蜀锦则是产于四川了。

1. 蜀锦

产于四川，大多以经向彩条为基础起彩，并彩条添花，其图案繁华、织纹精细，配色典雅，独具一格，是一种具有民族特色和地方风格的多彩织锦。图案大多是团花、龟甲、格子、莲花、对禽、对兽、翔凤等。清代以后，蜀锦受江南织锦影响，又产生了雨丝锦（图 5-1-71）、月华锦（图 5-1-72）、方方锦、浣花锦等品种，其中尤以色晕彩条的雨丝锦、月华锦最具特色。

图 5-1-71　雨丝锦

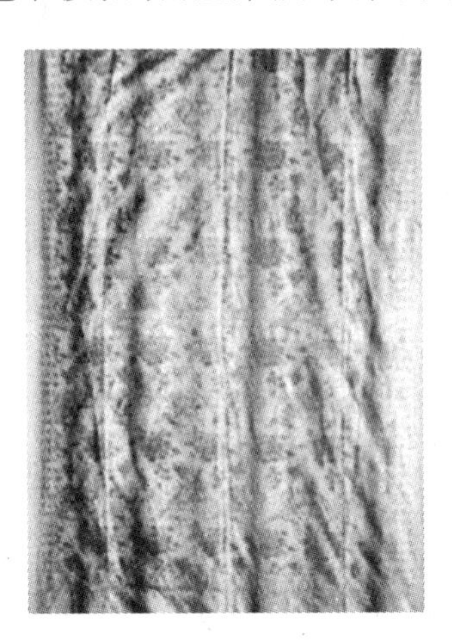

图 5-1-72　月华锦

2. 宋锦

苏州宋锦是在唐代织锦的基础上发展起来的，平挺精细，光泽柔和雅致，古色古香。宋锦起源于宋代，发源地在中国的苏州，故又称之为“苏州宋锦”。其特色是彩纬显色，织造中采用分段调换色纬的方法，使得宋锦绸面色彩丰富，纹样色彩的循环增大，有别于云锦和蜀锦。宋锦的纹样具有特定的风格，一般为格子藻井等几何框架中加入折枝小花，配色典雅和谐（图 5-1-73、图 5-1-74），后世主要用于书画装裱。以前许多精装本的图书和礼品盒、文砚盒以及装裱字画的底绸用的都是宋锦。

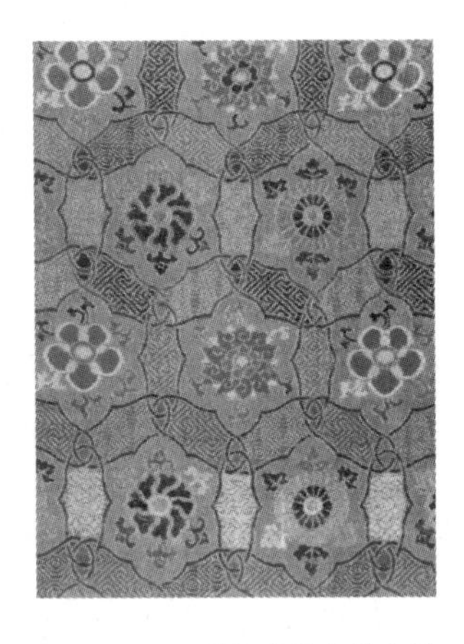

图 5-1-73　柿红盘绦朵花宋锦

图 5-1-74　蓝地团龙八宝纹天华锦

3. 云锦

云锦是传统提花多彩特色的锦类织物，由桑蚕丝、金银丝、黏丝交织而成，紧密厚重，豪放饱满，典雅雄浑，色彩富丽，配色多达十八种，运用“色晕”层层推出主花，色彩浓艳庄重，大量使用金线，形成金碧辉煌的独特风格。由于用料考究，织工精细，图案色彩典雅富丽，宛如天上彩云般的瑰丽，故称“云锦”。云锦质地紧密厚重，花型题材有大杂缠枝花和各种云纹等，风格粗放饱满（图5-1-75）。在明、清时期云锦主要是宫廷用的贡品，皇上穿的金色大花锦缎衣袍，多数都是云锦产品。晚清之后开始形成商品生产，现代只有南京生产，常称为“南京云锦”。

图5-1-75　云锦

（八）纱

纱类织物是采用特殊的绞纱组织构成清晰而均匀的纱孔的花素织物。一般以加捻桑蚕丝做经纬，织物质地透明而稀薄，并有细微的皱纹。常见产品有香云纱、庐山纱、夏夜纱等。具有透气性好，纱孔清晰、稳定，透明度高，轻薄、爽滑、透凉的特点。特别适合制作晚礼服、夏季连衣裙、短袖衫以及高级窗帘等。

1. 香云纱

又称莨纱。莨纱是世界上最早的涂层织物，这种涂料来源于一种叫做薯蓣科山薯莨的野生薯类植物的汁液。薯莨纱加工时，先将绸坯练熟、水洗、晒干后，用山薯莨的汁水作为天然染料，对坯绸反复多次浸染，染成棕黄色的半成品，再拿塘泥对其单面涂抹，并放到烈日下曝晒，使绸面逐渐形成油亮的黑褐色，未覆泥的一面呈红棕色。抖落塘泥，清洗干净，即成为面黑里黄、油光闪烁的香云纱。

莨纱采用桑丝做经纬，并以平纹地组织提花织成坯纱，再进行拷制处理，形成香云纱的特殊风格。其色泽油亮，多为黑色，防水性好、绸身爽滑、轻快透凉、挺括利汗（图5-1-76）。是一种20世纪40～50年代流行于岭南的独特的夏季服装面料，薯莨纱的拷制目前只有广东德顺可以生产，离开本地区的土壤就不能生产，因此它是不用申请专利的永久专利品。

图5-1-76　香云纱

2. 芦山纱

芦山纱是经纬加捻的平纹地组织的真丝织品，采用加捻丝作地经、地纬，面料上有小花纹和清晰的小纱孔。幅宽较窄，缩水率在10%左右。其质地坚韧、轻薄、透气、滑爽，适宜制作男女夏季衬衫，也可做香云纱的绸坯。

（九）罗

罗是全部或部分采用罗组织的丝织品，合股丝作为经纬纱，由经丝每隔一根或三根以上的奇数纬丝扭绞一次而成的，即为罗（图5-1-77）。织物表面排列着等距有规则的纱孔，罗纹均匀，纱孔清晰，整齐洁净，不起毛。应用罗组织在经向或纬向构成一列纱孔的花素织物，如杭罗。杭罗是我国浙江省的特有产品，以杭州为主要产地，经纬皆土丝，故称杭罗。它是以真丝为原料、平纹地的纱罗组织织物。根据纱孔排列方向可分为横罗和纵罗两种，多数为横罗。按罗纹的宽窄可分为七丝罗、十三丝罗和十五丝罗等。所谓几丝罗是根据纬线的织入数而定名，如七丝罗是指每织入七根纬线后，经纱绞转一次的罗织品，依此类推。杭罗光洁平挺，匀净细致，紧密结实，挺括滑爽，柔软舒适，透气性好。杭罗服用性能好，耐洗耐穿，是夏令衣着佳品，适合制作男女夏季衬衫、便服。

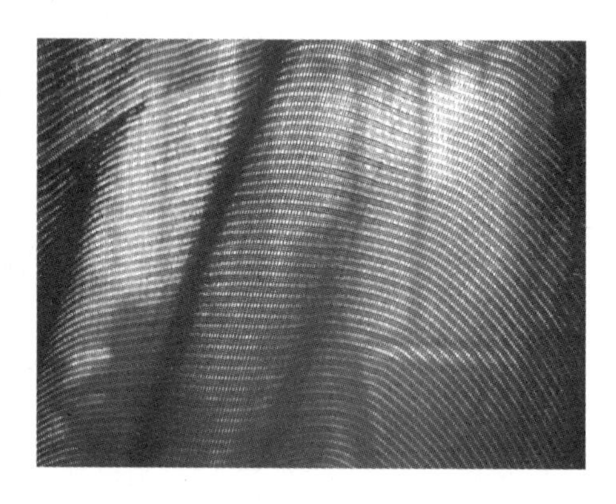

图5-1-77 杭罗

（十）葛类

葛类丝织物采用平纹、经重平或急斜纹组织，大多采用两种或两种以上的材料纺织而成的花、素丝织物，属于丝中低档产品，质地较厚实。一般经密纬疏，经细纬粗，织物质地厚实，色泽柔和，结实耐用，表面呈现明显横向凸纹。根据外观可分为不提花的素葛和提花葛两类。素葛表面素净无花，只呈现横棱纹；提花葛在横棱纹上起缎花，花纹光亮平滑，层次分明，有的还饰以金银线，外观富丽堂皇，是较高级的装饰织物。

1. 文尚葛

又称朝阳葛，在杭州叫"麻葛"（图5-1-78）。经用真丝，纬用棉纱的文尚葛称真丝文尚葛；经用人造丝，纬用棉纱称人丝文尚葛。文尚葛采用平经绉纬，绸面有明显的绉光细罗纹。光泽柔顺，坚牢耐穿，耐洗差，易起毛。适做男女各式服装上衣。

2. 特号葛

是采用两合股线为经、纬向，以四股线用平纹组织提缎纹花织成；它具有绸身反面起缎背，而正面为平纹，有缎纹亮花、质地柔软、花纹美观、坚韧耐穿、但不宜多次洗涤的风格特点。适用于春秋冬各式女装及男便服，是少数民族及港澳同胞主要消费的衣料品种之一。

图5-1-78 文尚葛

3. 兰地葛

是以厂丝做经、纬向用人丝的交织物。织物具有粗细纬丝交叉织入,并以提花技巧衬托,绸面呈现不规则细条罗纹和轧花的特殊风格。质地平挺厚实,有高雅文静之感,适于男女便装、外衣等。

(十一) 绨类

以长丝作经、棉纱或上蜡棉纱作纬,质地较粗厚的花、素织物称为绨。绨采用平纹提花或斜纹变化组织,纹样多为亮点小提花或梅、竹、团龙、团凤等大提花。绨类织物质地厚实,绸面粗糙,织纹简洁而清晰,有线绨与蜡纱绨之分。一般采用有光人造丝与丝光棉纱交织的称为线绨,与上蜡棉纱交织的称为蜡纱绨。小花纹线绨与素线绨一般作为衣料或装饰绸料,大花纹线绨作为被面及装饰用绸。

(十二) 呢类

呢是应用各种组织和较粗的经纬丝线织制、质地丰厚的丝织品。一般采用绉组织或短浮纹组织成地纹,表面具有颗粒,凹凸明显,不显露光泽,质地比较丰满、厚实,坚牢耐穿,有毛型感。可分为毛型呢和丝型呢两类。毛型呢是采用人造丝和棉纱或其他混纺纱并合加捻的纱线织制,表面有毛茸、少光泽,织纹粗犷,手感丰满,如素花呢、宝光呢等。丝型呢是采用桑蚕丝及人造丝为主要原料、光泽柔和、质地紧密的提花织物(图5-1-79),主要产品有大伟呢、博士呢、康乐呢、四维呢等。呢类丝织物宜做秋冬季外衣、棉服面料或装饰绸,薄型呢还可做衬衣、连衣裙。

图5-1-79 真丝提花呢

(十三) 绒类

绒类丝织物是指采用桑蚕丝或柞蚕丝与化学纤维的长丝交织而成的起绒丝织物。织物表面覆盖一层毛绒或毛圈,外观华丽富贵,手感糯软,光泽美丽耀眼,是丝绸类中的高档织品。丝绒品种繁多,花式变化万千,一般根据织造工艺进行分类:双层经起绒织物,如乔其绒;双层纬起绒织物,如鸳鸯绒;用起绒杆使绒经形成绒圈或绒毛的绒织物,如漳绒;将缎面的浮经或浮纬割断的绒织物,如金丝绒。绒织物色泽光亮、舒适悬垂,适宜制作旗袍、裙子、时装及装饰用料,由绒类织物制成的旗袍、裙子有华贵、庄重感。

1. 金丝绒

金丝绒是桑蚕丝和黏胶丝交织的单层经起绒织物。具有色泽柔和、绒毛耸立浓密、质地滑糯、柔软而富有弹性的特点。其地组织的经纬纱均采用厂丝,起绒纱用人造丝,采用平纹二重组织,经过割绒、刷毛处理。金丝绒表面具有一层耀眼的绒毛,可染成各种色彩。金丝绒是一种高级丝绒,可做女式服装、服装镶边及窗帘装饰等(图5-1-80)。

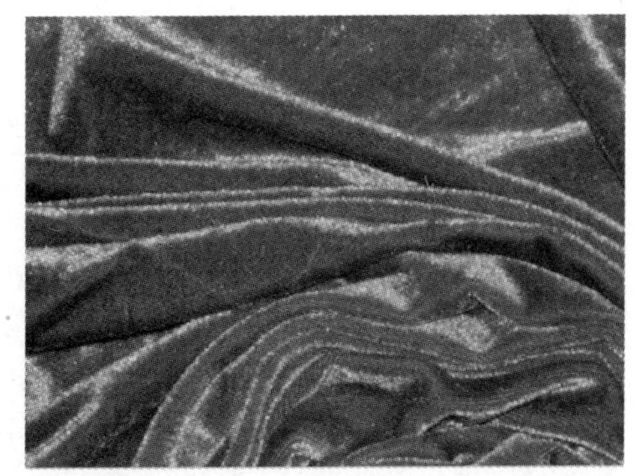

图5-1-80 金丝绒

2. 乔其绒

乔其绒是桑蚕丝和黏胶丝交织的双层经起绒

的绒类丝织物。用强捻桑蚕丝作地经、地纬，均采用二左二右间隔排列的绉纹组织。根据加工工艺不同，可分为乔其绒和烂花乔其绒。乔其绒绒毛挺立，顺向倾斜，光彩夺目，手感滑糯柔软，富有弹性，多为深色。烂花乔其绒根据人造丝怕酸的特性，将乔其绒经特殊印花酸处理，呈现以乔其纱为底纹、绒毛为花纹的镂空丝绒组织，其花纹凸出，立体感强，显得富贵荣华，别具一格（图 5-1-81）。乔其绒可制成烂花、烂印、烫漆、印花乔其丝绒，是制作妇女旗袍、晚礼服、宴会服以及维吾尔族等少数民族礼服的极好面料。

3. 漳绒

漳绒是表面呈现绒毛或绒圈的单层经起绒丝织物。中国传统丝织物之一，起源于福建省漳州。属于彩色缎面起绒的熟货织品。经纬均采用染色真丝，绒毛花纹美丽而清晰地耸立在缎面上，立体感强，光泽柔和，质地坚牢耐磨。花纹图案多采用清地团龙、团凤、五福捧寿一类的题材，特别适合做节日礼服，也常用作高档服装面料、帽子、沙发、靠垫面料等（图 5-1-82）。

图 5-1-81　烂花乔其绒

图 5-1-82　漳绒

（十四）绸类

广义来讲，绸是丝织物总称，其他所有无以上十三大类品种明显特征的丝织物，都可以称为绸。但从狭义来说，绸是丝织物品种之一。绸类织物的地纹采用平纹或各种变化组织，也可以混用多种基本组织和变化组织（除纱、罗、绒组织外）。丝织行业习惯把紧密结实的花、素织物称为绸，如塔夫绸。绸可分为生织和熟织两种，常见的生丝绸有花线春、双宫绸等，熟丝绸有塔夫绸、高花绸等。

1. 绵绸

绵绸是指由绢纺落绵为原料织成的手感柔软、条干均匀、表面有粗节的厚实丝织物，是绢纺厂生产的丝绸产品，采用䌷丝为原料。䌷丝是用缫丝后的蛹衬、茧衣或纺制绢丝的落丝等下脚料，经过纺纱而成的短纤维纱，纤维缝隙中夹杂有未脱净的蚕蛹碎屑，外观呈现出粗糙的黑点和糙结，手感比较粗硬。绵绸质地坚牢，富有弹性，但手感柔糯丰厚，外观粗糙不平整，缺乏光泽，散布粗细不匀的疙瘩，具有粗犷及自然美（图 5-1-83）。因织物表面布满斑点疙瘩，故有疙瘩绸之

图 5-1-83　绵绸

称。可用做服装和装饰。

2. 双宫绸

双宫是用厂丝作经、双宫丝作纬的平纹丝织物。双宫丝有天然瘤节，粗细不均，糙节较多。所以双宫绸质地紧密，绸面粗糙，纬向呈现出疙瘩状（图 5-1-84），是真丝织物中别具风格的品种。双宫绸宜做西式服装面料和装饰用绸，也可用于贴墙装饰。

3. 柞丝绸

柞丝绸是采用柞蚕丝织制的绸类丝织品，多为平纹组织生织绸。其特点是质地坚牢、厚实、柔软、吸湿散热、耐洗耐晒。但其在色泽、光洁、柔软度等方面，均不及桑丝绸，且弹性较差（图 5-1-85）。桑丝织物色白细腻、光泽柔和明亮、手感爽滑柔软、高雅华贵，为高级服装衣料；而柞丝织物色黄光暗，外观较粗糙，手感柔而不爽，略带涩滞，衣服易起皱，绸面沾水后易产生水渍痕，影响美观，但价格便宜。多为中档服装及时装衣料。

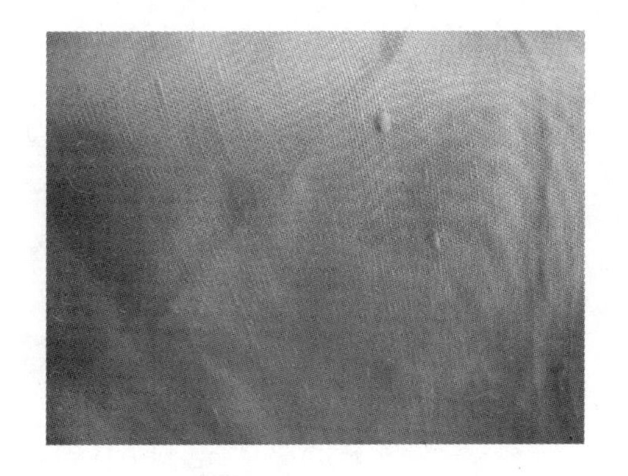

图 5-1-84 双宫绸

图 5-1-85 柞丝绸

第二节 针织物品种及应用

针织品是纺织品中的一个大类，其以柔软、舒适，富有弹性与休闲、随意的优良性能和风格，深受人们喜爱。随着高新技术的广泛应用，针织面料的品种越来越丰富，产品的设计开发水平越来越高，应用的领域也越来越广。服装用针织产品除了广泛用于内衣、T 恤衫、羊毛衫、运动休闲服、袜品、手套等领域外，多功能、高档化和独特外观使之在外衣甚至时装领域也得到广泛应用，发展前景广阔。

针织物的原料可以使用天然纤维、化学纤维及其混纺纤维，针织物是由纱线弯曲互相串套而成的，因线圈串套方式不同，可构成不同组织、不同风格的针织面料。与机织物面料相比，针织面料具有手感柔软、吸湿透气、富有弹性、色彩鲜艳及花型美观等优点。

针织面料根据其织造特点分为纬编面料与经编面料两大类。按用途分为内衣面料、外衣面料、衬衣面料、裙子面料和运动服面料。按布面形态分有平面面料、绉面面料、毛圈面料、凹凸花面料等。按花色分有素色面料、色织面料、印花面料等。根据面料的颜色可分为漂白、浅色、深

色、闪色与印花等。

一、纬编面料

纬编面料质地柔软，具有较大的延伸性、弹性以及良好的透气性。根据不同的原料而表现出各异的风格和服用特点，适用面很广，但挺括度和稳定性不及经编面料好。

纬编面料使用原料广泛，有棉、麻、丝、毛等各种天然纤维及涤纶、腈纶、锦纶、维纶、丙纶、氨纶等化学纤维，也有各种混纺纱线。

（一）汗布

纬平针织物统称为汗布。其布面光洁、质地细密、轻薄柔软，但卷边性、脱散性严重。汗布的原料有棉纱、真丝、苎麻、腈纶、涤纶等纯纺纱线与涤/棉、涤/麻、棉/腈、毛/腈等混纺纱线，还有采用棉/麻混纺纱为原料的。编织纬平针组织的羊毛衫常用羊毛、羊绒、兔毛、羊仔毛、驼绒、牦牛绒等纯纺毛纱与毛/腈等混纺毛纱作为原料。

汗布一般制作汗衫、背心、T 恤、衬衣、裙子、运动衣裤、睡衣、衬裤、平脚裤等。

① 漂白汗布的白度不如加用荧光增白剂而得到的特白汗布白，所以自 20 世纪 50 年代初开始已被特白汗布所取代。烧毛丝光汗布具有良好的光泽，手感平滑，染色后色泽鲜艳，坯布的弹性和强力增加，吸湿性好，缩水变形较小，适用于制作高档针织产品。彩横条汗布（图 5-2-1）和海军条汗布均为色织汗布。

图 5-2-1　彩条汗布

② 真丝汗布是指用蚕丝编织的汗布。富有天然光泽，手感柔软、滑爽，弹性较好，穿着时贴身、舒适，有良好的吸湿性和散湿性，同时织物的悬垂性较好，有飘逸感，制作服装风格优雅高贵。真丝的耐碱性低于天然纤维素纤维，对酸有一定的稳定性，但受盐的影响很大，穿着真丝汗衫长期受汗水浸蚀，则会影响服用性能，甚至出现破洞。真丝汗布可制作内衣、外衣、晚礼服、裙衫等。

③ 腈纶汗布弹性好，手感柔软，染色性能较好，色泽鲜艳且不易褪色，吸湿性较差，易洗快干，洗涤后不变形，但摩擦后易产生静电作用易吸附灰尘，故不耐脏。腈纶汗布主要制作 T 恤、汗衫、汗背心、运动衣裤等。

④ 涤纶汗布具有优良的抗皱性、弹性和尺寸稳定性，织物挺括、易洗快干、耐摩擦、牢度好、不霉不蛀，但吸湿性、透气性和染色性较差。涤纶汗布可制作汗衫、背心、翻领衫等。

⑤ 苎麻汗布吸湿性、透气性好，织物硬挺，穿着时凉爽不贴身，湿强力大于干强力，苎麻经过改性处理后更显出其独特的风格，同时增加了手感的柔软性。另外经过丝光烧毛等工序的苎麻坯布，表面光洁，手感更为滑爽。苎麻汗布适宜制作夏季服装。大麻汗布手感柔软，吸湿性好，散湿更快，穿着凉爽，同时还具有抗菌性、抗静电性、抗紫外线辐射等特点。大麻汗布特别适宜制作夏季 T 恤、衬衣、裙子等。

⑥ 混纺汗布如常见的涤/棉混纺织物，既具有涤纶纤维的耐磨性好、强度高、耐霉烂、耐气候性好的优点，又具有棉纱的吸湿性好、柔软的特点。涤/棉混纺纱的混纺比常用 65/35 和 35/65

两种,用做内衣的汗布常取混纺比中棉纱含量较高者。此外,如涤/麻混纺汗布还具有麻纤维特有的滑爽性能;棉/麻混纺汗布既具有柔软、吸湿性与透气性好的优点,又具有滑爽的特点。这两类混纺汗布尤其适宜制作夏衣,如汗衫、背心、T恤、衬衣、裙子等。

近年来市场上出现的Modal汗布、Modal/棉混纺汗布、竹浆黏胶纤维汗布都因其穿着柔软光滑、悬垂、吸汗,深得消费者喜爱。正是面料上的变化,使古老的汗布文化衫在今天有了更多元的演绎。夸张的人物肖像、逼真的风景图案、抽象风格的图案被搬上了文化衫,构成一款款富有个性的文化衫;柔滑的手感、悬垂的造型透露出文化衫的舒适;卷边、破洞汗布勾勒出一款自然休闲的文化衫;更有极富弹性的汗布营造出柔美、纤细而性感的女款文化衫。

(二)衬垫面料

衬垫面料是在织物中衬入一根或几根衬垫纱的针织物,是花色针织物的一种(图5-2-2)。衬垫织物的横向延伸性较小,厚度增加,因衬垫纱较粗,所以织物的反面较粗糙。衬垫面料根据地组织种类的不同,可分为平针衬垫针织物、添纱衬垫针织物、集圈衬垫针织物、罗纹衬垫针织物等,如果改变衬垫纱颜色和垫纱方式,还可形成色彩效应和凹凸效应的花色衬垫针织物。

图5-2-2 衬垫针织物

编织衬垫面料的地纱一般为中号棉纱、腈纶纱、涤纶纱或混纺纱,衬垫纱一般用较粗的毛纱、腈纶纱或混纺纱。衬垫面料可用来缝制运动衣、外衣、劳动服等,经过拉绒后可以形成绒布。

(三)绒布

绒布是指织物的一面或两面覆盖着一层稠密短细绒毛的针织物,是花色针织物的一种。绒布分单面绒和双面绒两种。单面绒通常由衬垫针织物的反面经拉毛处理而形成。按照使用纱线细度和绒面厚度的不同,单面绒又分为厚绒、薄绒和细绒三种。双面绒一般是在双面针织物的两面进行起毛整理而形成的。起绒针织物根据染色不同,可分为漂白、特白、素色、夹色、印花等各类绒布。

绒布具有手感柔软、织物厚实、保暖性好等特点。所用原料种类很多,底布通常用棉纱、混纺纱、涤纶纱或涤纶丝,起绒通常用较粗的棉纱、腈纶纱、毛纱或混纺纱等。绒布应用较广,可用来缝制冬季的绒线裤、运动衣和外衣等。

1. 摇粒绒

作为绒布的一种,柔软而保暖,正反面均可穿用。该面料由坯布先经染色后,再经拉毛、刷毛、梳毛、剪毛、摇粒等多种复杂工艺加工处理,面料正面拉毛,摇粒蓬松密集,又不易掉毛、起球,反面拉毛稀疏匀称,绒毛短少,组织纹理清晰、蓬松弹性好,体现了针织拉毛产品的特色。色彩丰富,也可轧花(图5-2-3)、提花(图5-2-4)、印花(图5-2-5),适宜

图5-2-3 轧花摇粒绒

制作童装、夹克衫、休闲风衣等。

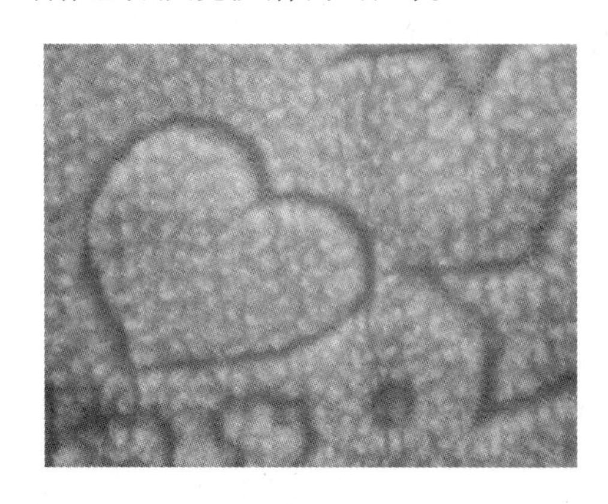

图 5-2-4 提花摇粒绒

图 5-2-5 印花摇粒绒

2. 细绒布

又称 3 号绒布。其绒面较薄,布面细洁、美观。纯棉类细绒布一般用于缝制妇女和儿童的内衣,腈纶类细绒布常用于缝制运动衣和外衣。

3. 薄绒布

又称 2 号绒布。薄绒布的种类很多,根据所用原料不同可分为纯棉、化纤和混纺几种。纯棉薄绒布柔软,保暖性好,常用于制作春秋季穿着的绒衫裤;腈纶薄绒布色泽鲜艳,绒毛均匀,缩水率小,保暖性好,常用于制作运动衫裤。

4. 厚绒布

又称 1 号绒布,一般为纯棉产品和腈纶产品。厚绒布的绒面疏松,保暖性好,是起绒针织物中最厚的一种面料。常用来制作冬季穿着的绒衫裤。

5. 驼绒布

又称骆驼绒,是用棉纱和毛纱交织成的起绒针织物,因织物绒面外观与骆驼的绒毛相似而得名。驼绒具有表面绒毛丰满、质地松软、保暖性和延伸性好的特点。驼绒针织物通常是用中号棉纱作地纱,粗号粗纺毛纱、毛/黏混纺纱或腈纶纱作起绒纱。驼绒是服装、鞋帽、手套等服饰用品的良好衬里材料。

(四) 法兰绒

法兰绒面料是指用两根涤/腈混纺纱编织的棉毛布。混色纱常采用散纤维染色,主要是黑白混色配成不同深浅的灰色或其他颜色。法兰绒适宜缝制针织西裤、上衣及童装等(图 5-2-6)。

图 5-2-6 法兰绒

(五) 毛圈面料

毛圈面料是指织物的一面或两面有环状纱圈(又称毛圈)覆盖的针织物,是花色针织物的一种,其特点是手感松软、质地厚实、有良好的吸水性和保暖性。毛圈面料所用的原料,通常是地纱用涤纶长丝、涤/棉混纺纱或锦纶丝，毛圈纱用棉纱、腈纶纱、涤/棉混纺纱等。毛圈面料分为单面毛圈织物和双面毛圈织物。毛圈在针织物表面按一定规律分布，就可形成花纹效应。毛圈针织物如经剪毛及其他后整理，便可获得针织绒类织物。

1. 单面毛巾布

是指织物的一面竖立着环状纱圈的针织物(图5-2-7)。它是由平针线圈和具有拉长沉降弧的毛圈线圈组合而成。单面毛巾布手感松软，具有良好延伸性、弹性、抗皱性、保暖性和吸湿性。常用于制作春秋季节的长袖衫、短袖衫，也可用于缝制睡衣。

2. 双面毛巾布

是指织物的两面竖立着环状纱圈的针织物，一般由平针线圈或罗纹线圈与带有拉长沉降弧的线圈一起组合而成。双面毛巾布厚实，毛圈松软，具有良好的保暖性和吸湿性，对其一面或两面表面进行整理，可以改善产品外观和服用性能。织物两面的毛圈如果采用不同颜色或不同纤维的纱线织成，可以制作两面都可以穿的服装。

3. 提花毛巾布

是指毛圈按照花纹要求覆盖在织物表面的毛巾布，一般为单面毛巾布(图5-2-8)。提花毛巾布一般用于制作内衣、外衣及装饰物等。

图5-2-7 单面毛巾布

图5-2-8 提花毛巾布

(六)天鹅绒面料

天鹅绒面料是长毛绒针织物的一种，织物表面被一层起绒纱段两端纤维形成的直立绒毛所覆盖。天鹅绒面料手感柔软，织物厚实，绒毛紧密而直立，色光柔和，织物坚牢耐磨。天鹅绒面料可由毛圈组织经割圈而形成，也可将起绒纱按衬垫纱编入地组织后经割圈形成，后面一种织物的毛纱用量少，手感柔软，应用范围较广(图5-2-9)。

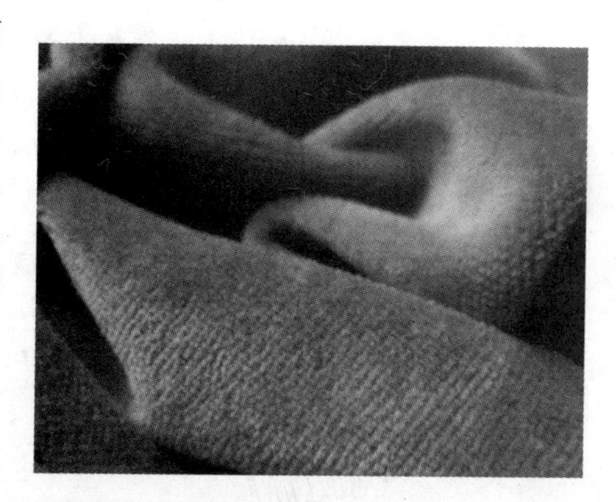

图5-2-9 针织单染天鹅绒

天鹅绒面料采用棉纱、涤纶长丝、锦纶长丝、涤/棉混纺纱为地纱，用棉纱、涤纶长丝、涤纶变形丝、涤/棉混纺纱、醋酯纤维为起绒纱。由醋酯纤维制成的天鹅绒织物绒毛光泽好，绒头直立，外观效果

好。天鹅绒面料可制作外衣、裙子、旗袍、披肩、睡衣等。

（七）罗纹面料

罗纹面料是由正面线圈纵行和反面线圈纵行以一定形式组合相间配制而成的针织物。罗纹面料在横向拉伸时具有较大的弹性和延伸性，坯布裁剪时不会出现卷边现象，能逆编织方向脱散。

罗纹面料由于具有非常好的延伸性和弹性，卷边性小，而且顺编织方向不会脱散，它常被用于要求延伸性和弹性大、不卷边等地方，如袖口、裤脚、领口、袜口、衣服的下摆以及羊毛衫的边带，也可作为弹力衫、裤的面料。

由罗纹组织派生出来的组织很多，主要有罗纹空气层组织和点纹组织等。罗纹空气层面料的横向延伸性好，尺寸稳定性好、厚实挺括、保暖性好，两面外观完全相同。罗纹空气层面料常用原料有腈纶纱、毛纱或混纺纱等。这类面料主要用于缝制运动衫裤和外衣等（图 5-2-10）。

点纹罗纹面料有瑞士式和法国式等，瑞士式罗纹组织结构紧密、延伸件好、尺寸稳定性好；法国罗纹线圈纵行纹路清晰、表面丰满、幅宽较大等特点（图 5-2-11）。

图 5-2-10　罗纹空气层组织

图 5-2-11　法国式罗纹

（八）棉毛布

棉毛布即双罗纹针织物，是由两个罗纹组织彼此复合而成的针织物，是缝制棉毛衫、棉毛裤的主要材料（图 5-2-12、图 5-2-13）。该织物手感柔软、弹性好，表面匀整、纹路清晰，稳定性优于汗布和罗纹布。

图 5-2-12　棉毛布图

图 5-2-13　抽针棉毛布

(九) 花色面料

花色面料是采用提花、集圈、抽条、移圈等在织物表面形成条格、网眼、鱼鳞、菠萝、鸟巢等花色效应的针织物。例如,具有明暗格外观特征的华夫格面料(图5-2-14),采用集圈组织的珠地网眼布(图5-2-15),外观如鱼鳞的鱼鳞布(图5-2-16),外观如菠萝的菠萝布(图5-2-17),外观如鸟的千鸟格提花布(图5-2-18)等。

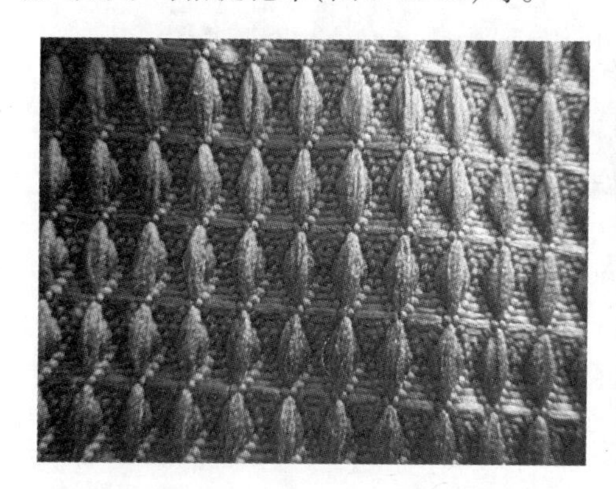
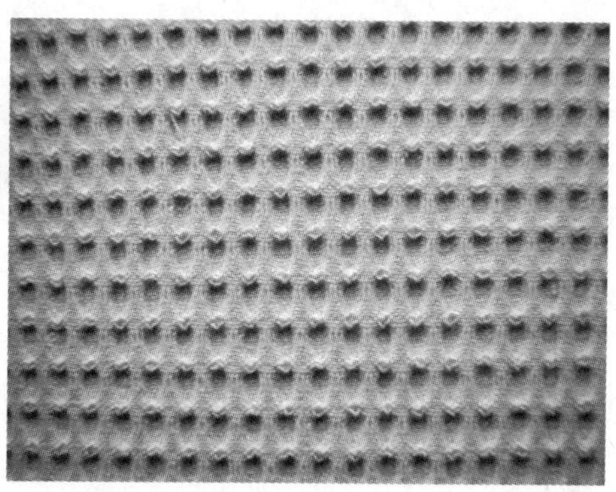

图5-2-14 华夫格

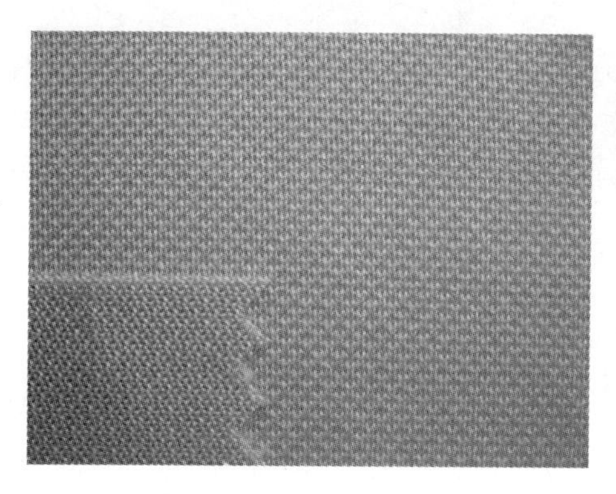

图5-2-15 珠地网眼布

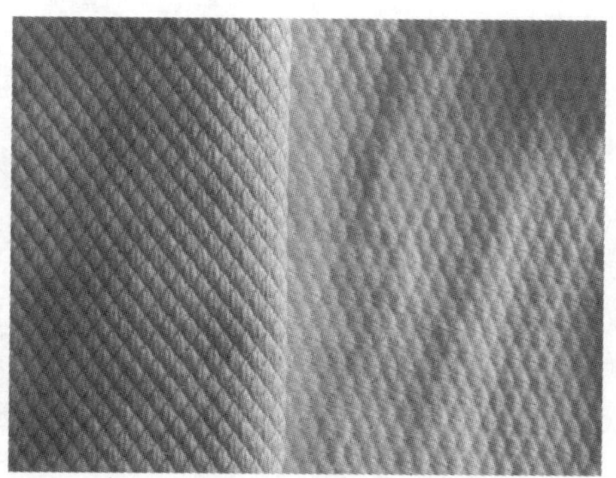

图5-2-16 鱼鳞布

图5-2-17　菠萝布

图5-2-18　千鸟格提花布

（十）衬经衬纬针织面料

衬经衬纬针织面料较多是在纬平针组织的基础上编织，该织物的风格和性能兼有针织物与机织物的特点。此类面料的纵、横向延伸性很小，手感柔软、透气性好，穿着舒适。适宜制作外衣。

二、经编针织面料

经编针织面料常以涤纶、锦纶、丙纶等合纤长丝为原料，也有用棉、毛、丝、麻、化纤及其混纺纱作原料织制的。普通经编织物常采用编链组织、经平组织、经缎组织、经斜组织等织制。花式经编织物种类很多，常见的有网眼织物、毛圈织物、褶裥织物、长毛绒织物、衬纬织物等。经编织物具有纵向尺寸稳定性好、挺括、脱散性小、不卷边、透气性好等优点，但其横向延伸、弹性和柔软性不如纬编针织物。

（一）经编提花织物

常以天然纤维、合成纤维为原料，在经编针织机上织制的提花织物。织物经染色、整理加工后，花纹清晰，有立体感，手感挺括，花形多变，悬垂性好（图5-2-19）。主要用于制作女式外衣、内衣及裙装等。

图5-2-19　经编提花织物

（二）经编毛圈织物

经编毛圈织物是以合成纤维作地纱，棉纱或棉、合纤混纺纱作衬纬纱，以天然纤维、再生纤维、合成纤维作毛圈纱，采用毛圈组织织制的单面或双面毛圈织物（图5-2-20）。这种织物的手感丰满厚实，布身坚牢厚实，弹性、吸湿性、保暖性良好，毛圈结构稳定，具有良好的服用性能。主要用于制作运动服、翻领T恤、睡衣裤、童装等面料。

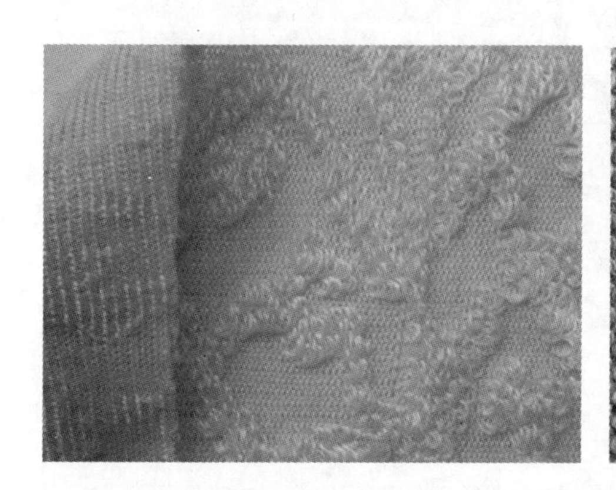
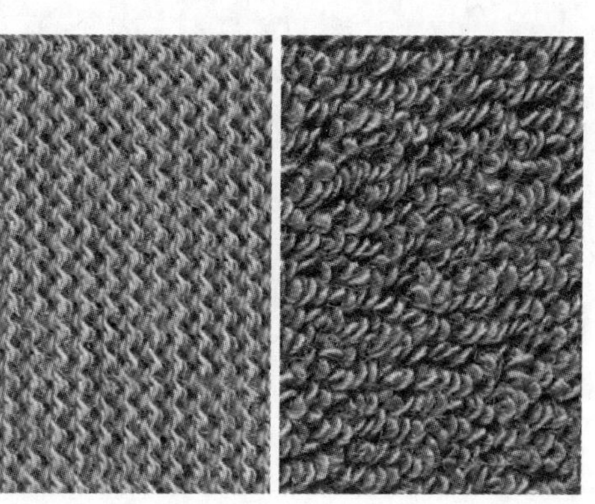

图5-2-20 经编毛圈织物

（三）经编丝绒织物

是采用拉舍尔经编织成由底布与毛绒纱构成的双层织物，以再生纤维、合成纤维或天然纤维作底布用纱，以腈纶等作毛绒纱，再经割绒机割绒后，成为两片单层丝绒。按绒面状况可分为平绒、条绒、色织绒等（图5-2-21）。各种绒面可同时在织物上交叉布局，形成多种花色。这种织物的表面绒毛浓密耸立，手感厚实丰满、柔软，富有弹性，保暖性好。主要用于制作冬令服装、童装等。

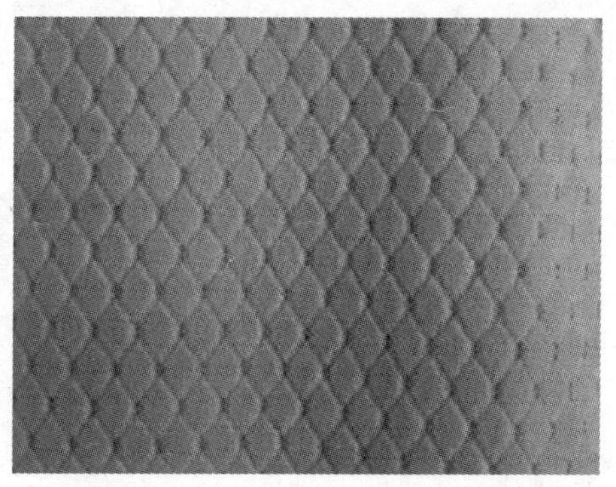

图5-2-21 经编丝绒织物

（四）经编网眼织物

经编网眼织物是以合成纤维、再生纤维、天然纤维为原料，采用变化经平组织等织制，在织物表面形成方形、圆形、菱形、六角形、柱条形、波纹形的孔眼（图5-2-22），孔眼大小、分布密度、

分布状态可根据需要而定。织物经漂染而成。服用网眼织物的质地轻薄,弹性和透气性好,手感滑爽柔挺。主要作为夏令男女衬衫面料等。

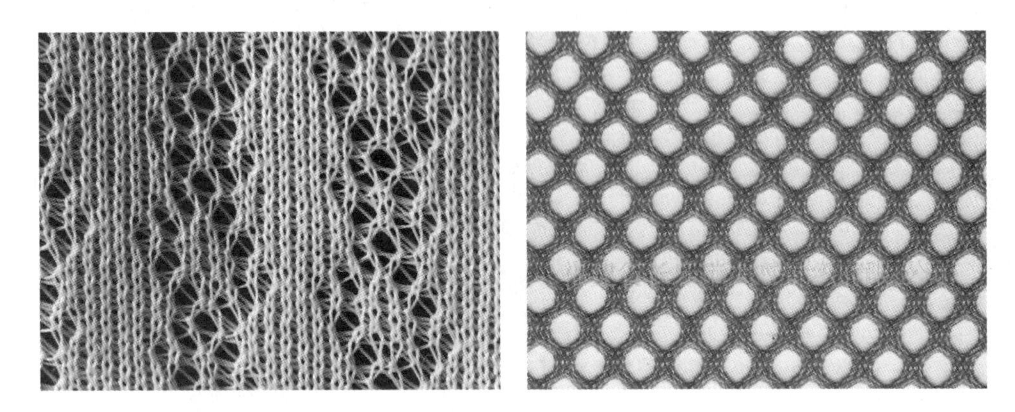

图 5-2-22　经编网眼织物

(五)经编起绒织物

经编起绒织物常以涤纶丝等合纤或黏胶丝作原料,采用编链组织与变化经绒组织相间织制。面料经拉毛工艺加工后,外观似呢绒,绒面丰满,布身紧密厚实,手感挺括柔软,织物悬垂性好,易洗、快干、免烫,但在使用中静电积聚,易吸附灰尘。经编起绒织物有许多品种,如经编鹿皮绒、经编金光绒等。经编起绒面料主要用以制作冬令男女大衣、风衣、上衣、西裤等(图5-2-23)。

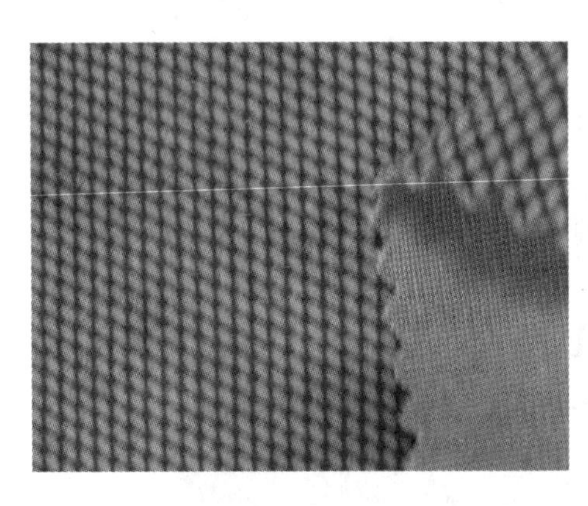

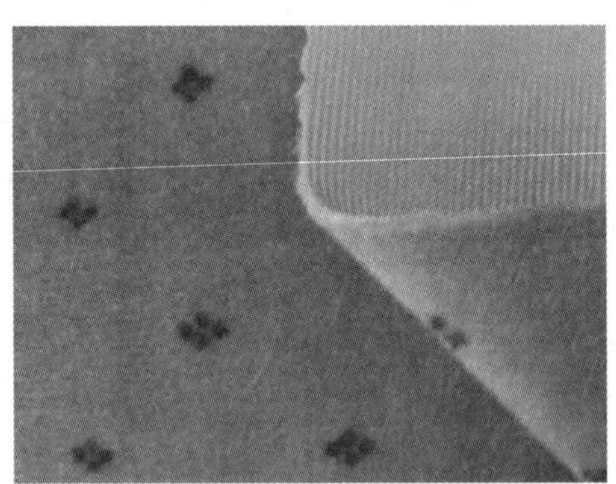

图 5-2-23　经编起绒织物

(六)经编涤纶面料

是采用相同旦数的低弹涤纶丝织制或以不同旦数的低弹丝作原料交织而成,常用的组织为经平组织与经绒组织相结合的经平绒组织。织物再经染色加工而形成素色面料,其花色有素色隐条、隐格,素色明条、明格,素色暗花、明花等。这种织物的布面平挺,色泽鲜艳,有厚型、中厚型和薄型之分。薄型的主要用以制作衬衫、裙子面料;中厚型、厚型的面料则可制作男女大衣、风衣、上装、套装、长裤等。

第三节　毛皮、皮革品种及应用

毛皮、皮革作为高档类服装面料，一直为消费者所喜爱。随着环境保护意识的不断加强，也由于人造毛皮、皮革加工技术的进步，人造毛皮、人造皮革的流行大大丰富了毛皮、皮革服装的原料及花色品种。

古代人们为生存而狩猎，猎杀动物后食其肉、衣其皮，动物毛皮是人类最早的服装材料之一。直接从动物体上剥下来的毛皮称为生皮，湿态时很容易腐烂，干燥后则干硬如甲，而且易生虫、易发霉发臭。生皮经过鞣制剂鞣制等处理后，才能形成具有柔软、坚韧、耐虫蛀、耐腐蚀等良好服用性能的毛皮和皮革。

一般将鞣制后的动物毛皮称为裘皮，而把经过加工处理的光面或绒面皮板称为皮革。现代意义上的皮草是裘皮服装及服饰的统称。

毛皮由皮板和毛被组成。皮板密不透风，毛被的毛绒间可以存留空气，从而起到保存热量的作用，因此毛皮是防寒服装的理想材料；外观上，毛皮服装不仅可以保留动物毛皮的自然花色，还可以通过挖、补、镶、拼等缝制工艺形成绚丽多彩的花色。所以，毛皮服装以其保暖、防寒、吸湿、透湿、耐穿、耐用且华丽高贵等特点，成为人们喜爱的珍品，特别是名贵毛皮服装，价格昂贵，属于高档消费品。

皮革经过染色处理后可得到各种外观风格的原料皮，鞣制后的光面和绒面革柔软、丰满、粒面细致，有很好的延伸性；经涂饰的光面革还可以防水。随着科技的进步，皮革新产品不断涌现，如砂洗革、印花革、金银粉或珠光粉涂层革、拷花革、水珠革（表面呈雨点效果）、丝绸革以及可水洗革等。如今皮革服装不仅作为春、秋、冬季服装，还可经过特殊加工，做成轻、薄、软、垂的夏季衬衫和裙装，除了服装外，还可用于手套、鞋帽、皮包等附件。另外，通过镶拼、编结以及与其他纺织材料组合可以构成多种形式，从而获得较高的原料利用率，并具有运用灵活、花色多变的特点。

虽然毛皮与皮革是设计师和消费者所喜爱的珍贵服装面料，但为了保护野生动物，为了扩大原料皮的来源、降低皮革制品的成本，人造毛皮（仿裘皮）和人造皮革（仿皮革）产品越来越受到关注。它们在外观上与真皮相仿，服用性能优良，缝制方便，从而大量进入服装工业，并因其物美价廉而独具优势。曾经仅被富人或在正式场合穿着的皮草如今轻巧而随意、优雅而经典，已能够被普通消费者所购买，它不再是奢饰品，而称为服装的必需品。

一、毛皮

毛皮，也称“裘皮”或“皮草”，叫法不一。其实追根溯源，“裘皮”、“毛皮”、“皮草”是在不同时期人们的不同称谓。

中国传统的制裘工艺早在距今3 000多年前商朝末期就形成了，商朝丞相比干是中国历史上最早发明熟皮制裘工艺这一技术的人，人们通过硝熟动物的毛皮来制作裘皮服装，并且“集腋成裘”制作成一件华丽的狐裘大衣，所以北方一直习惯称做“裘皮”，比干也被后人奉为“中国裘皮的鼻祖”。

在旧上海的殖民地，很多的意大利商人在上海开设了毛皮店，用英文标注“FUR”，但是他们

怕中国人看不懂,于是翻成中文就叫做“毛皮”,这种称法也一直沿用到现在。所以一直就有这样一个说法:北方以北京为中心裘皮,南方以上海为中心毛皮。

“皮草”的叫法出自粤方言,现已渐渐取代了“裘皮”一词,成为主流用词。粤方言为什么用“草”这个语素组词呢?我们从成语“不毛之地”可以印证。粤方言词“皮草”中的“草”,就是“不毛之地”中的“毛”,“草”和“毛”是同义语素。“不毛之地”指的是连草都不长的地方,反过来,“皮草”指的就是“皮毛”。

(一)天然毛皮

我国地域辽阔,毛皮资源丰富,种类繁多。全国各地分布着400多种家畜和野生动物,毛皮动物就占80多种,其中包括非常珍贵的毛皮动物。比较常见的毛皮动物有绵羊、山羊、兔、狗、猫等;比较珍贵的毛皮动物有水獭、紫貂、狐、豹、虎等,其中水獭皮质量最佳,毛密绒厚,富有光泽,有很好的防水性,较其他毛皮耐穿耐用。

由于野生动物受到保护,故高档时装用毛皮主要来自人工饲养的貂皮和狐皮。用狐皮或貂皮做的大衣,具有保暖、富贵、华丽、舒适、轻盈等特点。

1. 天然毛皮的结构

天然毛皮的主要成分是蛋白质。毛皮的皮板的结构分为三层:表皮层、真皮层和皮下组织;其毛被由针毛、绒毛和粗毛三种毛组成。针毛数量少,长度较长,呈针状,多具有漂亮的颜色,起着保温和护绒毛,使绒毛不易粘结的作用。因此,针毛发育的好坏对毛皮的美观和耐磨性影响很大,挑选毛皮时一定要注意针毛的分布形态;绒毛是毛被中最短、最细、最柔软、数量最多的毛,通常带有不同类型的弯曲,如直形、卷曲形、螺旋形等。在毛被中,绒毛形成一个空气不易流通的保温层;粗毛的数量和长度介于前两者之间,毛的下半段形似绒毛,上半段又像针毛。上述三种毛作用不同,绒毛主要是保持体温,针毛和粗毛则显示颜色、御防风雪,并可借此分辨动物种类及性别。

动物的毛皮由于生长部位不同,其毛被的构造也会有所不同。大多数的毛皮兽,发育最好、最耐寒的是背和两侧的毛被,在这些部位,针毛和短绒都较为发达。在较不易受寒的腹部,毛绒短而较稀。生存在水中的毛皮兽,全身的毛绒基本是平均发育的。

由于天然动物毛皮具有轻便柔软、坚实耐用,可用作面料,又可充当絮料;同时在外观上,可以保留动物毛皮的自然花纹,还可以通过挖、补、镶、拼等缝制工艺形成绚丽多彩的花色等特点,成为人们喜爱的珍品,特别是名贵毛皮服装,价格非常昂贵,属于高档消费品。毛皮的原料是动物皮毛,是直接从动物身上剥下来的生皮。因为生皮上有血污、油污及多种蛋白质,为获得柔软、防水、不易腐烂、无臭的、可供服用的毛皮,必须经过浸水、洗涤、去肉、毛被脱脂、浸酸软化的准备后,对毛皮进行鞣制加工,最后还得进行染色整理,才能获得理想的毛皮制品。

2. 天然毛皮的品种

毛皮的分类方法很多,可以按取皮的季节分为冬皮、秋皮、春皮和夏皮;还可以按动物所属种群进行划分,同族的动物再按其产地的不同而冠以不同的名称;按毛被成熟期先后可分为早期成熟、中期成熟、晚期成熟类;按加工方式可分为鞣制、染整、剪绒、毛革类;按外观特征可以分为厚型(以狐皮为代表)、中厚型(以貂皮为代表)、薄型毛皮(以波斯羊羔皮为代表)。而服装行业通常是按照毛被的尺寸、毛的外观、皮板的厚薄、毛皮加工工艺及毛皮的使用价值将其分为四类：小毛细皮、大毛细皮、粗毛皮和杂皮类。

3. 天然毛皮的品质

毛皮的质量优劣，取决于原料皮的规格要求及生皮的价值和用途，而生皮的价值和用途、加工方法的特点，主要是由生皮的天然性质所决定的，即毛被的疏密度、颜色和色调、长度、光泽、弹性、柔软度、成毡性，以及皮板的面积、厚度和紧密度、毛被和皮板的结合强度等。了解这些天然性质及其影响因素是合理利用原料皮及适当地进行加工所必需的。

4. 天然毛皮的主要性能

用于制作服装的毛皮，大都具有良好的性能。物理方面的性能一般由皮板来决定，毛被则反映毛皮外观方面的特点。毛被的针毛和粗毛色彩丰富、色泽艳丽，绒毛则光泽柔和自然；毛被具有极好的保暖性和防风性能，并且质地轻软、蓬松、华丽；皮板具有良好的吸湿性、透湿性和牢度。

毛皮物理方面的特性主要有抗张强度、耐磨性、毛被坚牢度、弹性、延伸性和坚韧性等。在正常生长的情况下，各种毛皮的抗张强度一般足以满足服装的要求，且具有良好的耐磨性，可以长期使用而不损坏。毛被滑爽柔软，具有抗搓性，坚牢度很好，可以长期穿着而不脱落，并抵抗外力的拉扯。皮板具有良好的弹性和一定的延伸性及稳定性，且柔韧、挺括、抗皱，便于缝制，有较好的接缝强度。皮板还具有可塑性，可在湿态下将其牵拉成一定形状，再加以固定，干燥后即可保持这种状态不变。

(二) 人造毛皮

21 世纪初席卷全球的金融危机之后，天然裘皮彰显“豪华”的一面开始受到限制。为了保护野生动物、为了扩大毛皮资源，降低毛皮的成本，人造毛皮服装更多地占据了裘皮市场。

人造毛皮系指用人工制造的，外观类似动物毛皮的产品，具有保暖好，外观美丽、丰满，手感柔软，光泽自然，绒毛蓬松，弹性好，质地松，单位面积重量比天然毛皮轻，抗菌防虫，可以简化服装制作工艺，增加花色品种，而且价格较低，易保存，可水洗，价格低等优点。由于人造毛皮几乎以假乱真，决定服装价值的因素已不再是材料而是设计了，毛皮穿着者也不再以材料的真假来显示“身价”，而是选择服装的设计，毛皮服装设计日趋时装化。

与天然毛皮相似，人造毛皮由底布和绒毛两部分组成，根据底布结构和绒毛固结方式的不同，人造毛皮主要有机织人造毛皮、针织人造毛皮和人造卷毛皮三类。

1. 机织人造毛皮

一般底布用棉纱作为经纬纱，毛绒采用羊毛或腈纶、氯纶、黏胶纤维等，在双层组织的经起毛机上织造。机织人造毛皮的面密度为 340 ~ 600 g/m^2，仿制珍贵裘皮的人造毛皮面密度为640 ~ 800 g/m^2，属于高档人造毛皮织物，适宜制作妇女冬季大衣面料、冬帽、衣领等（图 5-3-1）。

图 5-3-1　人造仿兽皮

2. 针织人造毛皮

采用长毛绒组织织成，用腈纶、氯纶或黏胶纤维作毛纱，用涤纶、腈纶或棉纱做底布用纱。按其编织工艺分为纬编人造毛皮和经编人造毛皮两类，其中纬编人造毛

皮发展最快，应用最广。用作服装材料的纬编人造毛皮常用品种有：素色平剪绒、提花平剪绒和仿裘皮绒三种。素色平剪绒的毛面平整，主要用于冬服衬里、女装和童装的面料。提花平剪绒毛面平整、手感柔软、配色协调、外观美丽，主要用作服装面料。仿裘皮绒具有层次分明的刚毛和绒毛，色泽和谐而高雅，手感柔软，仿天然裘皮逼真，主要用作女装面料。经编人造毛皮系双针床拉舍尔经编织物，毛丛松散，绒面平整光洁、细柔，绒毛固结牢度好，门幅稳定，织物较厚实，在服装上应用不多。缝编法人造毛皮是无纺织布技术中的毛圈缝编组织，一般用纤维网、纱线层或地布作为基组织，经缝编制得。由浮起的缝编线延展线形成毛圈，然后经拉绒或割圈等后整理形成毛绒。缝编绒有较好的尺寸稳定性和保暖性，且成本低，价格便宜，适宜制作冬季男女服装的衬里。

3. 人造卷毛皮

用黏胶纤维、腈纶或变性腈纶等纤维为原料，将纤维放在条带机上自动转动的一把切刀上，纤维被切成小段，随即被夹持在两根纱线中，通过加捻形成毛绒的绒毛带。绒毛纱带在卷烫卷烫装置中被烫卷曲，称为人造毛皮的卷毛。然后通过传送装置将绒毛纱带送向已刮涂了一层胶浆的基布，在基布上粘满一行行整齐的卷毛（图 5-3-2），再经过加热、滚压，适当修饰后，就成为人造毛皮。

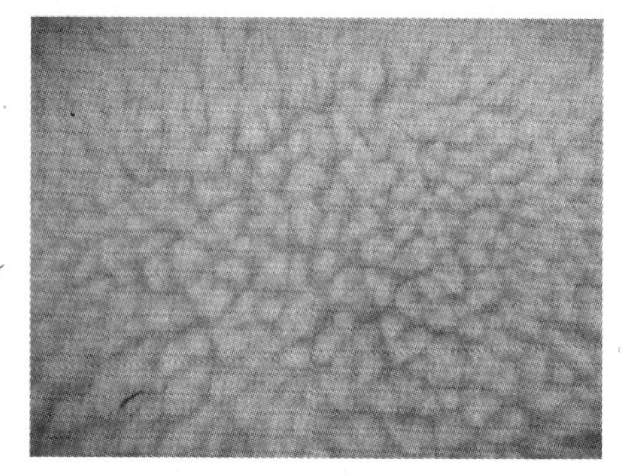
图 5-3-2 人造卷毛皮

二、皮革

（一）天然皮革

动物毛皮除去毛被以后，再经过一系列物理、化学和机械加工处理而成的皮革叫天然皮革。皮革与原料皮相比，耐腐蚀性、耐热性、耐虫蛀性及弹性均有提高，且手感柔软、丰满，保型性好，因此应用广泛。

1. 天然皮革的特点

常用的皮革原料采用绵羊、山羊、猪皮、牛皮的毛皮。用于皮革服装的毛皮皮张面积较大，多数是家畜的皮张，原料来源广泛，与裘皮服装相比价格低廉。在毛皮加工过程中，凡是毛松落、毛稀疏、毛被擀毡或油毛严重的羊皮、短毛羊皮等毛皮及非标准的毛皮原料、不适合制成裘皮的低级毛皮都可用于制革，并成为制革的好原料。毛皮去毛制革可以使次毛皮变成好革皮，使低档毛皮原料制成高档的皮革制品，大幅度地提高原料毛皮的经济价值。

天然皮革的特点是遇水不易变形、干燥不易收缩、耐化学药剂、防老化等；但天然皮革不稳定，大小厚度不均匀一致，加工难于合理化。

2. 天然皮革的分类

（1）按皮革的张幅和轻重分类

① 轻革：是指张幅较小和较轻的皮革，它是用无机鞣剂鞣成的革，如各种鞋面革、服装革、手套等。生产和销售成品革时以面积计算。

② 重革：是指张幅较大和较重的皮革，用较厚的动物皮经植物鞣剂或结合鞣制，用于皮鞋内、外底及工业配件等的革称为重革。生产和销售时以重量计算。

（2）按剖层的部位分类

① 头层革：是皮革剖层中除去表皮层最上面的一层，又分粒面革和半粒面革。在诸多的皮

革品种中，粒面革品质最好，因为它是由伤残较少的上等原料皮加工而成，革面上保留完好的天然状态，涂层薄，能展现出动物皮自然的花纹美。它不仅耐磨，而且具有良好的透气性。

但是一般的原料皮上几乎都有一些缺陷，有的动物活着时就有，有的则是死后剥皮或防腐保藏期间出现的，制革加工不当，也会产生缺陷，这时就需要通过磨革工序把头层皮的伤残去掉，将皮革的粒面层轻轻磨去一部分，称半粒面革，也称修面革，半粒面革保持了天然皮革的部分风格，毛孔平坦呈椭圆形，排列不规则，但是手感比较硬。

② 二层革：是用剖去头层革之后剩下的皮料经过涂饰或贴膜等系列工序制成的，与头层革相比、二层革的牢度、耐磨性较差，是同类皮革中比较廉价的一种。除二层革外还有三层革，三层革是更差的革料。

(3) 按皮革的外观分类

① 粒面革：一般来讲，猪皮、牛皮、羊皮等都可做成粒面革。

② 光面革：一般来讲，大多数动物皮表面都会有各种伤残。因此这类皮革的表面常常需要进行打磨或修饰，通常是在皮革上面喷涂一层有色树脂，经打光或抛光工艺，掩盖皮革表面纹路或伤痕，制成表面平坦光滑、无毛孔及皮纹、光泽感极佳的皮革。光面革强度高、耐脏、耐磨且有良好的透气性，具有光亮耀眼、高贵华丽的风格，多用于制作时装、皮具。

③ 绒面革：是指表面呈绒状的皮革，它是利用皮革正面经磨革制成的，称为正绒；利用皮革反面经磨革制成的，称为反绒。利用二层皮磨革制成的称为二层绒面。正绒是用机器把真皮上表面的粒面磨去后而得到绒毛细致、色调均匀的产品，因此正绒做成的制品售价要高于反绒、二层绒产品。绒面革由于没有涂饰层，其透气性能较好，外观独特，穿着舒适，但其防水性、防尘性和保养性变差，绒面革易脏且不易清洗和保养。

牛皮、猪皮自身厚度较厚，所以可以有头层正绒、反绒、二层绒甚至三层绒产品。而羊皮较薄，最多也只能做成头层正绒或头层反绒。

④ 修面革：这种皮革经过较多的加工将粒面表面部分磨去，用以掩饰原有粒面的瑕疵，然后通过不同整饰方法，如磨砂、打磨、压花、涂层等，造出一个假粒面以模仿全粒面皮的皮革。包括压花革、漆皮革、激光革等。

(4) 按鞣制方法分类

按鞣制方法分为铬鞣革、植物鞣革、铝鞣革、醛鞣革、油鞣革和各种结合鞣革等。

(5) 按用途分类

可分为生活用革、国防用革、工农业用革、文化体育用品革。

(6) 按加工方法分类

① 再生皮：是将各种动物的废皮及真皮下脚料粉碎后，调配化工原料加工制作而成。其表面加工工艺同真皮的修面皮一样，其特点是皮张边缘较整齐、利用率高、价格便宜；但皮身一般较厚，强度较差，只适宜制作平价公文箱、拉杆袋、球杆套等定形工艺产品和平价皮带，其纵切面纤维组织均匀一致，可辨认出流质物混合纤维的凝固效果。

② 水染皮：指用牛、羊、马、鹿等头层皮漂染各种颜色。

③ 开边珠皮：又称为贴膜皮革，是沿着脊梁抛成两半，并修去松皱的肚腩和四肢部分的头层皮或二层的开边牛皮，在其表面贴合各种净色、金属色、珍珠色、幻彩双色或多色的 PVC 薄膜加工而成。

④ 修面皮:是较差的头层皮坯,表面进行抛光处理,磨去表面的疤痕和血筋痕,用各种流行色皮浆喷涂后,压成粒面或光面效果的皮。

⑤ 印花或烙花皮:选料同压花皮一样,只是加工工艺不同,是印刷或烫烙成有各种花纹或图案的头层或二层皮。

3. 常用皮革的品种及特征

(1) 羊皮革

羊皮革的原料皮可分为山羊皮和绵羊皮两种。山羊皮的皮身较薄,皮面略粗,粒面层和网状层各占真皮厚度的1/2,两者之间的联系比绵羊皮的紧密。因此成品革的粒面紧实细致,有高度光泽,手感坚韧、柔软、有弹性,透气性好。强度也高于绵羊皮革,是皮革服装首选革料。

(2) 牛皮革

牛皮革中包括黄牛皮、水牛革和小牛革。一般来说,牛皮是世界皮革工业最重要的生皮原料来源。我国年产牛皮约2 000万张,主要为黄牛皮。

① 黄牛皮:用于制鞋及服装的牛皮原料主要是黄牛皮。黄牛皮的组织结构特点是毛孔细,粒面细致,表皮薄。粒面层与网状层以毛根底部为界限,分界线明显。其耐磨、耐折,吸湿透气性较好,粒面经打磨后光亮度较高,绒面革的绒面细密,是优良的服装材料。

② 水牛革:水牛皮毛稀,毛孔大,表皮厚,粒面粗糙,粒面胶原纤维束细小,粒面层与网状层胶原纤维束编织悬殊,组织结构较松散,成革的强度、耐磨性、弹性、丰满性较差,部位差较大,成品不及黄牛革美观耐用。

③ 小牛革:小牛革(牛犊皮)的组织结构具有更细致的纤维编织与组成,牛犊年龄越小,粒面越细致,小牛革柔软、轻薄、粒面致密,是制作服装的好材料;主要用于制作光亮、粒面细致的高档鞋面革。但牛犊皮的加工难度比大牛皮的大,且小牛原料皮资源有限。

(3) 猪皮革

猪皮的粒面凹凸不平,毛孔粗大而深,明显三点组成一小撮,具有独特风格。猪皮的透气性比牛皮好,粒面层很厚,纤维组织紧密,作为鞋面革较耐折,较耐磨,但皮厚粗硬,弹性较差。绒面革和经过磨光处理的光面革是制鞋的主要原料。

(4) 杂皮革

① 鹿皮:鹿皮指家鹿和野鹿、麂子一类的生皮。鹿皮的表皮很薄,真皮中乳头层比网状层厚,纤维编织疏松,制成的革松软、不结实、延伸性大,常用以制造鞋用绒面革、服装革等,是一种外观比较漂亮的制革原料皮。

② 家兔皮:家兔皮表皮较薄,乳头层约占真皮层的1/3,公兔皮的皮板较母兔皮紧密。在春、夏两季宰杀的家兔不适于制造毛皮,可将毛脱下,皮层用来制作羽毛球革、服饰革等。

③ 鳄鱼皮:鳄鱼的表皮由特殊的、不易变形的角质层构成,且鳄鱼生长时间越长,其表面的角质"鳞片"就越坚硬,越突出明显。鳄鱼皮只有二维的纤维编织,因此弹性较小,不易制成手感优良的皮革,但其具备很好的成型性及特殊的外观。鳄鱼皮属于稀有名贵皮革,价格很高,其腹部皮革多用于加工成皮包、皮鞋等。

④ 其他皮革:世界范围内鱼皮制革量很少,仅占总量的0.1%以下。海水鱼皮有鲨鱼皮、鳕鱼皮、鳘鱼皮、鳗鱼皮等;淡水鱼皮有草鱼、鲤鱼皮等有鳞鱼皮。鱼皮可用于包装、皮鞋的装饰、点缀。其他皮种有羚羊皮、骆驼皮、袋鼠皮、鸵鸟皮、鸸鹋皮、狗皮、蜥蜴皮、蛇皮、牛蛙皮等。

4. 天然皮革的品质及检验

(1) 皮革外观质量要求

皮革的质量要求,概括起来是“轻、松、软、挺、滑、香、牢”七个字。即要求革的单位面积重量轻,皮革纤维疏松而柔软,富于弹性,挺括,手感滑爽,有丝绸感或丝绒感,且香味宜人,耐撕裂。

此外,服装皮革还要求厚薄均匀,颜色均匀一致,色差小,具有较好的透气性和吸湿放湿性。绒面革则要求绒毛均匀细致、长短一致,还要有适当的厚度,以保证必要的强度,不可为了追求轻软、舒适而一味求薄。因为过薄的服装皮革,尤其是磨去粒面的正面绒服装革,其强度相对降低,如果绒面革过于薄,则制成的皮衣在穿着时很容易被撕破。

(2) 皮革的质量检验

皮革的质量检验方法一般有三种:感观鉴定法、穿用试验法、实验室法。

① 感观鉴定法:感观鉴定法是指通过手摸、眼看,弯曲、拉伸等手段从成革的外观来鉴定革的质量的方法。

② 穿用试验法:穿用试验法是将要鉴定的皮革制成成品后,实际穿着使用。在使用过程中,从革的变化情况来判定制品的适用性及使用情况。穿用试验需要较长的时间,而且费用支出较大,故这种方法不常采用。

③ 实验室法:实验室法比较复杂,但最具有说服力。因为此法能提供科学的数据,并与各种标准如国家标准、行业标准、厂级标准等对照后给出成革的确切情况。

(二) 人造皮革

人造皮革质地柔软,穿着舒适,美观耐用,保暖性强,具有吸湿、透气、颜色牢度好等特点。如涂上特殊物质,还具有防水性。人造皮革防蛀、无异味、免烫、尺寸稳定,适合做春秋季大衣、外套、运动衫等服装及装饰用品,也可做鞋面、手套、帽子等。常见的人造皮革有人造革和合成革两类。

1. 人造皮革的品种及特性

(1) 人造革

在机织底布、针织底布或无纺布上面进行涂塑聚氯乙烯树脂(PVC),经轧光等工序整理后制成的一种仿皮革面料。根据塑料层的结构,可以分为普通革和泡沫人造革两种。后者是在普通革的基础上,将发泡剂作为配合剂,使聚氯乙烯树脂层中形成许多连续的、互不相同、细小均匀的气泡结构,从而使制得的人造革手感柔软,有弹性,与真皮革接近。

彩色人造革是在配制树脂时就加入颜料,再加入配制好的胶料充分搅拌,这种有色胶料涂刮到基布上就形成了色泽均匀的人造革。

为了使人造革的表面具有类似天然皮革的外观,在革的表面往往轧上类似皮纹的花纹,称为压花,如压出仿羊皮、牛皮等花纹。人造革用作服装和制鞋面料时要求轻而柔软,基布采用针织布,服用性能较好。

人造革同天然皮革相比,耐用性较好,强度与弹性好,耐污易洗,不燃烧,不吸水,变形小,不脱色,对穿用环境的适应性强。由于人造革的幅宽由基布所决定,因而比天然皮革张幅大,其厚度均匀,色泽纯而匀,便于裁剪缝制。质量容易控制。但是人造革的透气、透湿性能及耐磨性能不如天然皮革,因而制成的服装舒适性差,在多次磨擦或长时间使用后,表面塑料涂层会剥落,露出底布,从而破坏仿皮革效果。

(2) 合成革

合成革表面主要是聚氨酯,基料是涤纶、棉、丙纶等制成的非织造布。其正、反面都与皮革十分相似,并具有一定的透气性。合成革光泽漂亮,不易发霉和虫蛀,比普通人造革更接近天然革。合成革表面光滑,通张厚薄、色泽和强度等均一致,在防水、耐酸碱、耐微生物方面优于天然皮革。

合成革最早是由美国杜邦公司于1963年研究成功的,是聚氨酯合成革(简称PU合成革),这种合成革用合成纤维非织造布为底基,中间以织物增强,并浸以与天然革胶原纤维组成相似的聚氨酯弹体溶液。由于非织造布纤维交织形成的毛细管作用,有利于湿气的吸收和迁移,所以合成革能部分表现天然皮革的呼吸特征。后来杜邦公司将专利技术转给日本的可乐丽公司和东丽公司。

20世纪70年代,非织造布出现了针刺成网、粘结成网等工艺,使基材具有藕状断面、空心纤维状,达到了多孔结构,符合天然皮革的网状结构要求;合成革表层已能做到微细孔结构聚氨酯层,相当于天然革的粒面,从而使PU合成革的外观和内在结构与天然革逐步接近,其他物理特性也都接近于天然皮革的指标。

超细纤维诞生以后,出现了更新型的人造皮革,国内又叫"超纤皮革"。其三维结构网络的非织造布为合成革在基材方面创造了赶超天然皮革的条件。该产品结合新研制的具有开孔结构的PU浆料浸渍、复合面层的加工技术,发挥了海岛型超细纤维的芯吸效应,使得超细纤维PU合成革具有了束状超细胶原纤维的天然皮革所固有的吸湿透气特性,因而不论是内部微观结构,还是外观质感、物理特性和人们穿着舒适性等方面,都能与高级天然皮革相媲美了。

(3) 人造麂皮

人造麂皮又称为仿麂皮、人造绒面革。服装用的人造麂皮要求既有麂皮般细密均匀的绒面外观,又有柔软、透气、耐用的性能(图5-3-3、图5-3-4)。人造麂皮可用聚氨酯合成革进行表面磨毛处理制成。它的底布采用化纤中的超细纤维非织造布。人造麂皮还可通过在织物上植绒制成。植绒就是将切短的天然或合成纤维固结在涂了粘合剂的底布上,使基布表面均匀地布满一层绒毛,从而产生麂皮般的绒状效果。

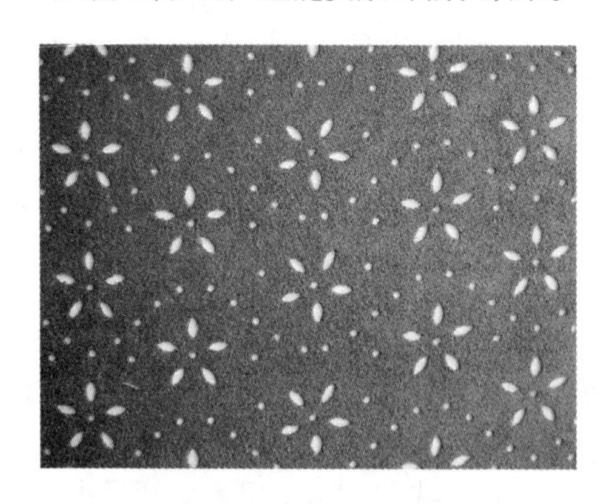

图5-3-3 打孔麂皮绒

图5-3-4 绣花麂皮绒

此外,还有一种方法是将专门的经编针织布进行拉绒处理,使得织物表面呈致密的绒毛状。现在用超细化纤为原料生产的经编织物、机织物或非织造布为基布,经聚氨基甲酸酯溶液处理,再起磨绒,制成的人造麂皮外观很像天然麂皮,而且柔软、轻便、绒毛细密,透湿性良好,是制作仿革服装的理想材料。

第四节 其他结构的服装面料

除机织、针织、非织造布和皮革外，用于服装的其他结构纺织面料还包括复合、刺绣、植绒、簇绒等形式的面料，极大地丰富了服装面料。

一、复合面料

复合面料是由织物与织物或与其他材料，通过一定结合方式（如涂覆、粘合或绗缝）组合在一起，而使材料具有多种功能的复合体，提高其适用性、功能性及附加值，故又称层压织物。主要用于服装、鞋帽、窗帘、帐篷、行李皮箱及其他户外产品。目前应用在服装上的有粘合织物、涂层织物、多层保暖织物。

（一）粘合织物

粘合织物是利用粘合剂将两层织物背对背粘合在一起，或中间加填充料（或薄膜等）三层粘合的复合织物。应用在服装上的产品主要包括衬料和面料、里料的粘合，薄膜与纺织品的粘合等织物。

粘合织物可以将一些不能单独裁剪、缝制的面料与里料粘合，使得裁剪和缝制方便，简化服装加工工艺。也可以将两块面料粘合在一起制成两面穿服装，使织物手感挺括、有身骨。

（二）涂层织物

涂层织物是指在织物的表面均匀涂一层或多层高分子化合物，通过粘合作用在织物表面形成一层或多层薄膜，从而达到改变织物外观和风格并赋予织物特殊的功能，从而提高产品的附加值。涂层材质有 PVC 涂层、PU 涂层和半 PU 涂层、PA 涂层、PTFE 涂层，应用在服装上的常见产品有防水透湿织物、阻燃涂层织物、调温涂层相变、四防（防火、防水、防油、抗静电）涂层织物等（图 5-4-1）。

图 5-4-1 涂层织物

(三)绗缝织物

绗缝织物是由内外两层织物,中间加絮料,通过织造或绗缝的方式形成的织物(图5-4-2),主要用于保暖材料如保暖服装,如棉衣、外套、家居服及床上用品等。内外两层织物一般采用针织单面结构,原料多采用纯棉、涤棉混纺、化纤纯纺、改性丙纶、丝织物等,保暖絮片采用丙纶、涤纶、羊毛、蚕丝、远红外纤维等成分及涂层的非织造布。

图5-4-2 绗缝织物

二、刺绣面料

刺绣,古称针绣,是用绣针引彩线,按设计的花纹用针将丝线或其他纤维、纱线在纺织品上刺绣运针,以绣迹构成花纹图案的一种工艺,更是用针和线把人的设计和制作添加在任何存在的织物上的一种艺术。

刺绣是中国民间传统手工艺之一,在中国至少有二三千年历史。刺绣作为一个地域广泛的手工艺品,各个国家、各个民族通过长期的积累和发展,都有其自身的特长和优势。清代各地的民间绣品皆有传统的风味,形成了著名的四大名绣,即苏州的苏绣、湖南的湘绣、四川的蜀绣、广东的粤绣。此外还有北京的京绣、温州的瓯绣、上海的顾绣、苗族的苗绣等,因其产地不同,风格各异。

1. 苏绣

苏州刺绣,素以精细、雅洁著称。图案秀丽,色泽文静,针法灵活,绣工细致,形象传神。技巧特点可概括为"平、光、齐、匀、和、顺、细、密"八个字。针法有几十种,常用的有齐针、抢针、套针、网绣、纱绣等。绣品分两大类:一类是实用品,有被面、枕套、绣衣、戏衣、台毯、靠垫等;一类是欣赏品,有台屏、挂轴、屏风等。取材广泛,有花卉、动物、人物、山水、书法等(图5-4-3)。此外,苏州发绣也是一件艺术瑰宝。发绣是中国传统工艺中一颗古老而耀眼的明珠,据史料记载,在唐代就已开始流传,与丝绣相比,它有着清秀淡雅、线条明快、清隽劲拔、耐磨耐蚀、永不褪色、富有弹性、利于收藏等特点。

图 5-4-3　苏绣作品

2. 湘绣

湘绣是以湖南长沙为中心的刺绣品的总称。是在湖南民间刺绣的基础上，吸取了苏绣和粤绣的优点而发展起来的。湘绣的特点是用丝绒线（无捻绒线）绣花，劈丝细致，绣件绒面花型具有真实感。其常以中国画为蓝本，色彩丰富鲜艳，十分强调颜色的阴阳浓淡，形态生动逼真，风格豪放，曾有“绣花能生香，绣鸟能听声，绣虎能奔跑，绣人能传神”的美誉（图 5-4-4）。特别是湘绣以特殊的毛针绣出的狮、虎等动物，毛丝有力、威武雄健。

图 5-4-4　湘绣作品

3. 粤绣

粤绣是广东刺绣艺术的总称，它包括以广州为中心的“广绣”和以潮州为代表的“潮绣”两大流派。在艺术上，粤绣构图繁密热闹，色彩富丽夺目，施针简约，绣线较粗且松，针脚长短参差，针纹重叠微凸。常以凤凰、牡丹、松鹤、猿、鹿以及鸡、鹅为题材。粤绣的另一类名品是用织金缎或钉金衬地，也就是著名的钉金绣，尤其是加衬高浮垫的金绒绣，更是金碧辉煌，气魄浑厚，多用作戏衣、舞台陈设品和寺院庙宇的陈设绣品，宜于渲染热烈欢庆的气氛（图 5-4-5）。

图 5-4-5 粤绣作品

4. 蜀绣

又名“川绣”。是以四川成都为中心的刺绣品的总称。蜀绣以软缎和彩丝为主要原料。题材内容有山水、人物、花鸟、虫鱼等。针法经初步整理,有套针、晕针、斜滚针、旋流针、参针、棚参针、编织针等100多种。品种有被面、枕套、绣衣、鞋面等日用品和台屏、挂屏等欣赏品。以绣制龙凤软缎被面和传统产品《芙蓉鲤鱼》最为著名。蜀绣的特点:形象生动,色彩鲜艳,富有立体感,短针细密,针脚平齐,片线光亮,变化丰富,具有浓厚的地方特色(图5-4-6)。

图 5-4-6 蜀绣作品

5. 十字绣

十字绣起源于中国唐朝时代,在民间俗称为“挑花”或“挑补绣”。由于它是一项易学易懂的手工艺,所以流行很快变得广泛,受到不同年龄的人们的喜爱。后再次引进中国,在这个传统的刺绣大国,更加深受喜爱(图 5-4-7)。

图 5-4-7 十字绣作品

三、植绒面料

所谓植绒面料,就是将切短的纤维(长度一般在 0.1 英寸 ~0.25 英寸)垂直固定于涂有胶粘剂的织物上所得到的面料(图 5-4-8)。

图 5-4-8 植绒面料

植绒有两种方法:机械植绒和静电植绒。机械植绒就是将织物以平幅状通过植绒室时,纤维短绒被筛到织物上,纤维短绒被随机置入织物。静电植绒是将纤维短绒施加静电,结果粘到织物上时几乎所有纤维都直立定向排列。比起机械植绒,静电植绒的速度较慢,成本更高,但可产生更均匀、更密实的植绒效果。用于静电植绒的纤维包括实际生产中应用的所有纤维,其中黏胶纤维和耐纶两种最普遍。大多数情况下,短绒纤维在移植到织物上前先要染色。

植绒工艺除用于可用于覆盖整个织物表面的整体植绒外,也可用于植绒印花。根据所用的纤维和植绒工艺,植绒织物的外观可以是仿麂皮或是立绒,甚至是仿长毛绒。这些织物被用于制鞋、衣着、仿长毛绒织物、船甲板上和游泳场所的防滑贴附织物、手提包和皮带、床单、家具布、

汽车座椅以及大量其他用途的织物。所用纤维和粘合剂必须适合产品的最终用途。整体植绒织物上粘合剂的透气性是影响穿着舒适性的重要因素,一些总体上符合要求的粘合剂从另一方面讲可能几乎是完全不透气的。对于某些产品,如鞋子、内衣、衬衫和上衣等,该类织物的舒适性比较差。

第五节 新型服装材料

随着科学技术的发展,社会文化理念的变化多样,人们越来越重视服装的舒适、环保、保健等功能性。此外由于传统服装材料存在的种种局限性和缺陷性,也越来越无法满足人们对服装的要求。服装企业采用高科技服装材料,则可提高服装产品的附加值,取得有利的服装销售市场。因此,新型服装材料的研究、开发和应用已成为国内外服装产业发展的主要趋势,并极大地促进了纺织服装业的可持续发展。

一、生态服装材料

当今,“绿色产品”、“绿色营销”、“绿色消费”的概念已深入人心,人们日益趋向选择无污染、无公害的服装材料。所谓绿色产品或生态服装材料指应用对环境无害或少危害的原材料和加工过程所制成的对人体健康无危害的服装材料。

(一) 新型天然纤维

天然纤维自然的色泽肌理,优良的舒适性和安全性一直受到消费者的青睐。对天然纤维种类的丰富、服用性能的提高、染色性能的改进是其研究的方向。

1. 天然彩色棉花

天然彩色棉花简称“彩棉”。它是利用现代生物基因工程等高技术培育出的新型棉花品种。彩棉棉桃生长过程中就具有红、黄、绿、棕、灰、紫等天然色彩(图5-5-1),我国多为深浅不同的棕绿两类颜色。这种彩色棉花在纺纱、纺织成布时不需染色,无化学染料污染,色泽自然,质地柔软而富有弹性,制成的服装经洗涤和风吹日晒也不变色。其中一种浅绿色的棉花,不仅具有良好的环境适应性,而且具有抗虫抗菌的功能。天然彩色棉花因为不需要人工染色,降低了纺织成本,也防止了普通棉织品对环境的污染。另外,由于彩棉具有弱酸性,与人的皮肤具有很好的亲和度,因此,天然彩色棉花特别适合制作与皮肤直接接触的各种内衣裤、婴幼儿产品和床上用品等。

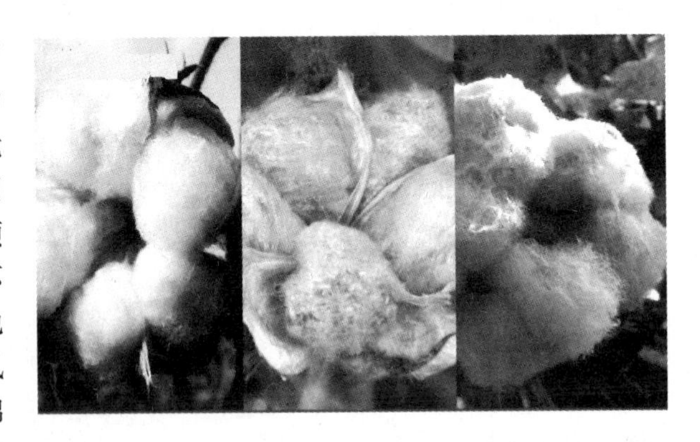
图5-5-1 彩色棉花

2. 无公害的有机棉

无公害的有机棉也叫“生态棉”、“环保棉”。纺织品上的有害物质来源于农药、杀冲剂、化学染料和整理剂等。而有机棉则是在生产中不施加化学药剂就可以抗虫害,它只对以棉花为食物的昆虫有毒,对人和益虫无害;棉籽内不含普通棉籽有的聚酚化合物等毒素,并消除了棉籽里的怪味,以便食用;不需要人工脱叶,基因遗传因素使其在棉花成熟前两个月,叶子开始变红而逐渐脱落;还可自动去除棉纤维中的杂质。所以,有机棉是从种子到农产品全天然、无污染情况下生产的棉花。无公害的有机棉服装材料具有生态环保性。

3. 新型麻纤维

麻纤维由于其优异的吸湿性和透气性、独特的色泽肌理外表,一直是人们喜爱的服用材料。由于麻纤维具有抗菌、抑菌功能,在种植时不需要施放农药和杀虫剂,属于天然的绿色环保纤维。但由于麻纤维面料的易皱性带来的保养问题、刺痒和粗糙等问题以及脱胶、纺纱和织布等生产上存在技术瓶颈,制约了麻纤维在服装上的应用,所以麻纤维的改进主要体现在以下两个方面:

(1) 新型麻纤维材料

传统的非服用麻纤维如罗布麻、大麻等因为具有抗菌保健等功能而被开发为服用面料。

罗布麻又名野麻、红花草,因在新疆罗布泊发现而得名。此类麻中富含具有挥发性的麻缁醇等物质对金黄葡萄球菌、绿脓杆菌、大肠杆菌等具有不同程度的抑茵作用,还具有防霉、防臭、活血、降压等功能。例如用罗布麻面料缝制的内裤可以用于治疗妇女外阴瘙痒。因此,纯罗布麻面料、精梳棉纱与罗布麻混纺或交织的罗布麻保健服饰受到人们的重视和欢迎,市场前景看好。

黄麻纤维表面粗糙,染色性差,过去通常作为麻袋布生产所用的纤维原料。精细化加工的黄麻纤维以突破性加工工艺有效地增加了黄麻的柔软性和平滑度,还具有透气性好、抗菌等优点。不但大幅度降低了麻制品的成本,更使我国拥有了“变麻袋布为服装“的自主知识产权技术。

(2) 传统麻织物的性能改良

传统麻织物的性能改良除利用先进的制麻工艺和纺纱工艺、提高麻纤维的纺纱支数外,还可应用生物技术对麻纤维或面料进行特殊加工处理,如用酶剂对麻纤维材料进行加工整理.使麻纤维柔软、有光泽、抗皱,并保持其耐热、耐日光、防腐、防霉及良好的吸湿透气性。

4. 竹纤维

竹纤维就是从自然生长的竹子中提取出的一种纤维素纤维,是继棉、麻、毛、丝之后的第五大天然纤维。竹纤维纵向表面呈多条较浅的沟槽,横截面内部存在许多管状腔隙(图5-5-2)。这种天然的超中空纤维,可在瞬间吸收和放出水分,因此,竹纤维又被称为“会呼吸的纤维”。

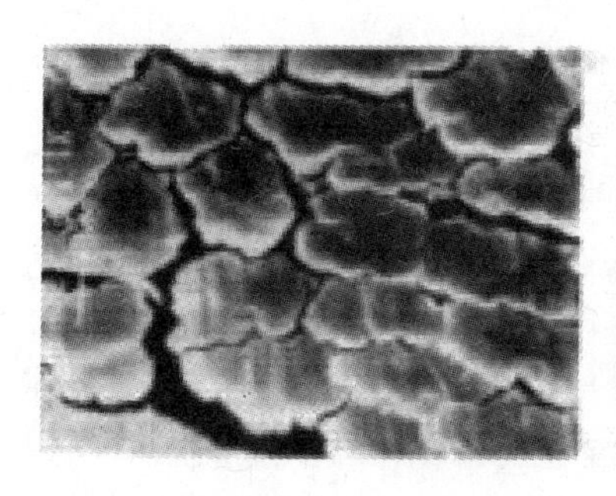

图5-5-2 竹纤维的形态特征

竹纤维可分为天然竹纤维的竹原纤维和化学竹纤维两种。竹原纤维是一种全新的天然纤维,是采用物理、化学相结合的方法制取的天然竹纤维;化学竹纤维包括竹浆纤维和竹碳纤维。天然竹原纤维与竹浆纤维有着本质的区别,竹原纤维属于天然纤维,竹浆纤维属于化学纤维。竹原纤维具有吸湿、透气、抗菌抑菌、除臭、防紫外线等良好的性能:但竹浆纤维在加工过程中竹子的天然特性遭到破坏,纤维的除臭、抗菌、防紫外线功能明显下降。

竹原纤维服装面料,织物挺括、洒脱、亮丽、高贵典雅;竹原纤维针织面料吸湿透气、滑爽悬垂、防紫外线;竹原纤维床上用品,凉爽舒适、抗菌抑菌、健康保健;竹原纤维袜子浴巾,抗菌抑菌、除臭无味(图 5-5-3)。

图 5-5-3 竹纤维服装及纺织品

5. 竹炭纤维

竹炭是竹材资源开发的又一个全新的具有卓越性能的环保材料。将竹子经过 800 度高温干燥炭化工艺处理后,形成竹炭。竹炭具有很强的吸附分解能力,能吸湿干燥、消臭抗菌并具有负离子穿透等性能。竹炭纤维是以黏胶为载体,在纺丝过程中将高科技手段制成的纳米级竹炭微粒均匀分布到黏胶纤维中制成,是一种新型功能性纺织原料。

竹炭纤维具有超强的吸附能力,竹炭内部特殊的超细微孔结构使其具有强劲的吸附能力,能吸收和分解空气中甲醛、笨、甲苯、氮等有害物质,并消除不良异味,它消除异味的效率比一般普通黏胶材料高 3 倍;还具有特殊的保健功能,负离子浓度高,相当于郊外田野的负离子浓度含量,使人倍感清新舒适;蓄热保暖较强,远红外线发射率高达 0.87,能蓄热保暖,日照温升速度快于普通面料。又能调节湿度平衡,竹炭的微多孔结构具有迅速吸放湿功能,环境湿度大时能快速吸收并储藏水分,环境湿度小时能迅速释放水分,从而自动调节人体的湿度平衡。竹炭纤维主要用于高档保健保暖的内衣、外衣等。

6. 茶纤维

茶纤维是由茶叶中提取的天然抗菌剂而制得一种具有抗菌防臭功能性的纤维,绿茶天然抗菌剂均匀分布于茶纤维及其制成品中,功效持久。长期与皮肤接触,纤维中的有效成分可以被皮肤缓慢吸收,也可改善人体微循环,对皮肤衰老、高血脂、高血糖、心血管疾病、甚至癌症起到辅助治疗作用。另外还可起到消除自由基、抗氧化、抑菌、除臭等作用;茶纤维及其制成品本身具有染色效果,无须进行化学漂染即天然呈米棕色,避免了使用化学合成染料染色带来的对环境的污染和对人体潜在的危害;茶纤维还具有黏胶纤维的吸湿透气、服用舒适的特性。其纺织品具有优良的吸湿性,舒适的手感,柔软干爽。可用于保健内衣,运动衣,睡衣等贴身服装。

7. 新型毛纤维

(1) 天然彩色羊毛

天然彩色羊毛指的是在生长时就具有色彩的羊毛。俄罗斯畜牧专家研究发现,给绵羊喂不同的微量金属元素,能够改变绵羊毛的毛色,如铁元素可使绵羊毛变成浅红色,铜元素可使它变成浅蓝色等。目前,他们已研究出具有浅红色、浅蓝色、金黄色及浅灰色等奇异颜色的彩色绵羊毛。

(2) 抗污毛纤维

毛纤维表面超微粒半导体的成膜工艺,使羊毛纤维表面形成的功能膜具有较好的分解污渍的能力,从而使得羊毛具有抗污性能。

(3) 丝光羊毛

羊毛表面的鳞片使羊毛纤维具有单向移动的特性。在湿、热和机械力等因素作用下,羊毛会发生毡缩现象。采用次氯酸钠、氯气、氯胺和亚氯酸钠等氧化剂,可使鳞片变质或受伤,改变其单向移动性(图 5-5-4),进而达到防毡缩的目的。经处理过的羊毛不仅可以获得永久性的防缩效果,且纤维细度变小,表面更为光滑,富有光泽,染色性得到提高且色牢度增加,故这种整理也被称为羊毛丝光处理。丝光羊毛制成的毛衫等服装可达到机洗要求,抗起毛起球性好,且手感柔软,无刺痒感。

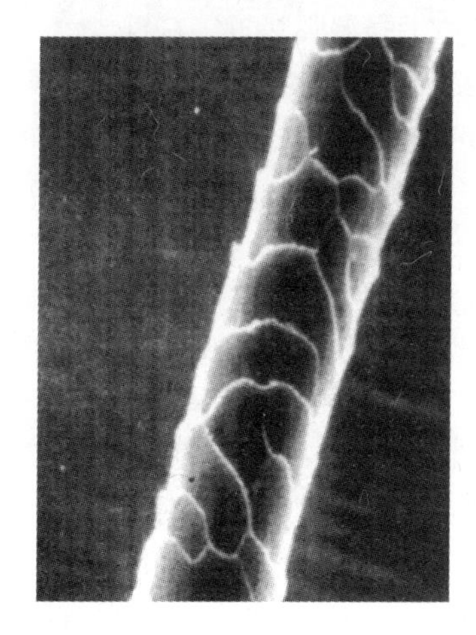

丝光处理前

丝光处理后

图 5-5-4 丝光处理前后羊毛纤维对照图

(4) 拉细羊毛

经过羊毛拉细技术处理过的羊毛长度增加,细度变细,可将细度降低至 18 μm 以下,拉伸过的羊毛纤维形态为伸直、细长、无卷曲,其弹性模量和刚性得到提高,具有丝光柔软的效果,但断裂伸长率下降。拉细羊毛产品具有轻薄、光泽明亮、滑爽、挺括、呢面细腻、悬垂性好和具有飘逸感的特点,极大地扩展了其在服装上的应用范围,且无刺痒感和粘贴感,提高了羊毛产品的服用舒适性。

8. 新型蚕丝

(1) 抗皱真丝

经抗皱整理的真丝织物不但具有优良的服用性以及华美的色彩和肌理,而且还克服了其易

皱的缺点，改变了其穿着外观，也减少了真丝织物的保养难度。

（2）膨体弹力真丝

膨体弹力真丝是一种全真丝新材料，它利用蚕丝蛋白质多肽之间非晶区结构疏松和真丝原纤之间以非共价键结合为主的特点，采用了“异能态和异收缩”的技术原理。通过改变纤维内部的次价结构，使真丝纤维产生显著的纵向收缩，在一定张力作用下，真丝会伸展，并形成纤维内能的积聚，去除外张力后，因纤维内能释放，使纤维再次回到原有的收缩卷曲状态。

（二）新型再生纤维服装材料

1. 新型再生纤维素纤维

（1）天丝纤维（Tencel）

以黏胶为代表的传统人造纤维素纤维以其良好的舒适性受到消费者的喜爱。英国考陶尔公司（Courtaulds）的 TenceI、奥地利兰精公司（Lenzing）的 Lyocell 是一种全新概念的再生纤维素纤维，其生产方法与传统人造纤维素纤维不同，生产过程中使用的有机溶剂在生产密封系统中回收率达 99% 以上，所以对环境没有污染。并且，天丝纤维易于生物降解，焚烧也不会产生有害气体污染环境，因此被誉为 21 世纪的”绿色纤维”。同时由于其聚合度高、结晶度高，纤维截面为圆形，与其他纤维素纤维及天然纤维相比，具有高强度、高湿模量、干强湿强接近等特点。

天丝纤维具有天然纤维的舒适性，强度接近涤纶，可纯纺或与其他纤维混纺或交织，可开发出高附加值的各类服装、家用纺织品和产业用织物等。其所制成的织物具有吸湿性好，悬垂性好，强力高，抗静电性强，缩水率低和触感柔滑等特点。

（2）莫代尔（Modal）

莫代尔纤维是采用高质量的原木浆提炼加工而成的天然纤维素再生纤维，它是一种质量非常轻的纤维，一万米的重量只有 1 克。它一般分为兰精莫代尔和台化莫代尔两种。兰精莫代尔占领了中国绝大部分市场，它是奥地利 LENZING 公司采用欧洲的榉木，制成木浆，再通过专门的纺丝工艺加工成纤维。用显微镜观察，兰精莫代尔的横截面成哑铃型，没有中腔，纵向表面光滑，有 1 ~ 2 道沟槽；台化莫代尔是由中国台湾化学纤维股份有限公司生产的一种木浆纤维，横截面接近于圆形，没有中腔，纵向表面光滑，有的有断续、不明显的竖纹。其形态特征如图 5-5-5 所示。

莫代尔纤维将天然纤维的质感与合成纤维的实用性合二为一，具有棉的柔软、丝的光泽、麻的滑爽，吸水透湿性都优于棉。具有较高的上染率，织物颜色明亮而饱满。其织造的面料具有丝般光泽，柔软触摸感和悬垂感，以及极好的耐穿性能。由于莫代尔纤维的优良特性和环保性，已被纺织业一致公认为是 21 世纪最具有潜质的纤维。另外因其柔软、易处理、成本较低的特点更趋于大众消费，广泛应用于针织内衣、儿童服装、运动衫、袜子、睡衣等。

2. 新型再生蛋白质纤维

再生蛋白质纤维是从天然动物牛乳或植物（如花生、玉米、大豆等）中提炼出的蛋白质溶解液经纺丝而成，分为再生动物蛋白纤维和再生植物蛋白纤维。再生动物蛋白纤维有酪素纤维、牛奶纤维、蚕蛹蛋白丝、丝素与丙烯腈接枝而成的再生蚕丝等。再生植物蛋白纤维有玉米、花生、大豆等蛋白纤维。

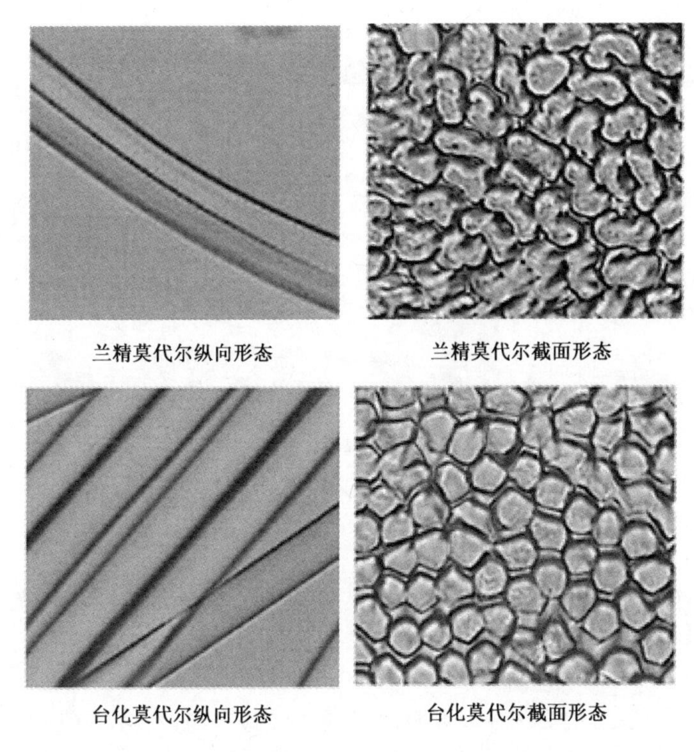

图 5-5-5　莫代尔纤维的形态特征

（1）大豆蛋白纤维

大豆蛋白纤维是一种再生植物蛋白质纤维，以水浸出过油的废豆粕为原料，利用生物工程新技术，配制成一定浓度的蛋白纺丝液，用湿法纺丝工艺纺成的丝束，通过醛化稳定纤维的性能，再经过卷曲、热定型、切断，即可生产出各种长度规格的纺织用高档纤维。

大豆蛋白纤维是单丝线密度低，强伸度较高，耐酸耐碱性较好，手感柔软，具有羊绒般的手感、蚕丝般的柔和光泽、棉纤维的吸湿性、羊毛的保暖性和冷热适应性。在纺丝过程中，加入杀菌消炎类药物或紫外线吸收剂等，可获得功能性、保健性大豆蛋白质纤维。通过组织结构和染整工艺的优化设计，可使大豆蛋白纤维制品实现冬暖夏凉的服用效果，满足了人们对穿着舒适性、美观性的追求，又符合服装免烫、洗可穿的潮流。

（2）玉米蛋白纤维

玉米蛋白纤维也称聚乳酸纤维或 PLA 纤维。它是将玉米淀粉发酵，经脱水反应制成的聚乳酸溶液，再经纺丝后制成的可生物分解的纤维。玉米纤维原料全部来自植物，生产过程无毒，燃烧不会产生有毒有害物质，且可以生物降解生成二氧化碳和水，是一种理想的环保型新材料。

玉米纤维的物理性能介于涤纶和锦纶之间，吸湿性略优于涤纶，吸汗快干，并能抵抗细菌生长，具有无臭、无毒、抗菌的特性。玉米纤维可纯纺，也可和棉、毛、麻等混纺，产品手感柔软，有丝质般的光泽和亮度，悬垂性、滑爽性、抗皱性、耐用性良好，穿着舒适，可用于内衣、外衣、运动服等。

（3）牛奶蛋白纤维

牛奶纤维指将牛奶脱水、脱脂，利用生物工程技术形成蛋白纺丝液，通过湿法纺丝工艺喷丝而

成的束状物(图5-5-6)。牛奶蛋白纤维织物具有天然丝般的光泽和柔软手感,其悬垂性和通透性很好,吸水率是棉的2倍。牛奶蛋白纤维兼有天然纤维的舒适和合成纤维的牢度,其制成的内衣裤具有矫正身形的功能。牛奶蛋白纤维原料中含有17种氨基酸,保湿因子的分子结构中多含羟基,能保持皮肤最外层角质层的水分含量,因此面料具有独特的润肌养肤、抗菌消炎的功能。

图5-5-6 牛奶蛋白纤维

我国国内自己研制的牛奶蛋白纤维织物制成的牛奶衣,夏天穿透气、导湿、爽身、出汗无味,冬天穿,轻松滑爽又保暖;春秋天穿,有轻盈飘逸的美感。用它制成的内衣裤,不仅充满牛奶的滑爽感,而且轻盈柔软,透气性强,穿着特别舒适。

(4)再生蜘蛛丝纤维

蜘蛛丝和蚕丝相似,也是来自自然界的动物丝,并且蜘蛛丝具有高强度、高韧性、高弹性、良好的耐热性能及与人体良好的相容性等。蜘蛛丝具有促进伤口愈合的功能,因此其在伤口包覆材料获得了广泛的应用。

如果将其他材料与蜘蛛丝复合,可以制成功能性复合材料,以扩大蜘蛛丝的应用范围。如将蜘蛛丝浸入含有纳米级的超顺磁性微粒的溶液中,可以制成具有磁性效果的超细纤维,这种纤维可以制成功能性织物。利用静电纺丝方法,将各种纳米级微粒加入聚合物溶液中,可以制得各种具有不同功能的再生蜘蛛纤维,进一步扩大了蜘蛛丝的应用领域。

3. 甲壳素纤维

甲壳素广泛存在于昆虫类、水生甲壳类的外壳和海藻的细胞壁中。将甲壳素或壳聚糖粉末放在适当的溶剂中溶解,可制成甲壳素纤维。用甲壳素制成的纤维属纯天然素材,具有抑菌、镇痛、吸湿等功能,可制成各种抑菌防臭类保健纺织品。甲壳素纤维与棉、毛、化纤混纺织成的高档面料,有坚挺、不皱不缩、色泽鲜艳、吸汗性能好且不透色等功能。另外,在医用方面其主要用于手术缝线和人造皮肤。

地球上存在的天然有机化合物中,数量最大的是纤维素,其次就是甲壳素,前者主要由植物生成,后者主要由动物生成。估计自然界每年生物合成的甲壳素将近100亿吨。甲壳素亦是地球上除蛋白质外数量最大的含氮天然有机化合物。仅此两点,就足以说明开发利用甲壳素的重要性。

二、新型合成纤维服装材料

合成纤维服装材料具有强力高,弹性、保形性、耐用性和耐化学药品性好,易洗快干、免烫等良好的保养性能。但常规的合成纤维服装材料有诸如吸湿性差、手感差、光泽不佳、染色困难、容易勾丝、容易起毛起球、易产生静电等问题。为改善上述缺陷,人们不断致力于新型合成纤维及其纱线、织物结构和后整理的研究。

(一)超细纤维

超细纤维是一个统称,一般把纤度0.3 d(直径5 μm)以下的纤维称为超细纤维。国外已制出0.000 09 d的超细丝,如果把这样一根丝从地球拉到月球,其重量也不会超过5 g。我国目前已能生产0.13～0.3 d的超细纤维。

超细纤维由于纤度极细,大大降低了丝的刚度,作成织物手感极为柔软,纤维细还可增加丝的层状结构,增大比表面积和毛细效应,使纤维内部反射光在表面分布更细腻,使之具有真丝般的高雅光泽,并有良好的吸湿散湿性。用超细纤维作成服装,舒适、美观、保暖、透气,有较好的悬垂性和丰满度,在疏水和防污性方面也有明显提高,利用比表面积大及松软特点可以设计不同的组织结构,使之更多地吸收阳光热能或更快散失体温起到冬暖夏凉的作用。

超细纤维用途很广,用它作的织物,经砂洗、磨绒等高级整理后,表面形成一层类似桃皮茸毛的外观,并极为膨松、柔软、滑爽,用这种面料制造的高档时装、茄克、T恤衫、内衣、裙裤等凉爽舒适,吸汗不贴身;用超细纤维作成高级人造麂皮,既有酷似真皮的外观、手感和风格,价格低廉;由于超细纤维又细又软,用它作成洁净布,吸水、除污效果极好,可擦拭各种眼镜、影视器材、精密仪器,对镜面毫无损伤;用超细纤维还可制成表面极为光滑的超高密织物,用来制作滑雪、滑冰、游泳等运动服,既可减少阻力,又有利于运动员创造良好成绩;此外,超细纤维还可用于过滤、医疗卫生、劳动保护等多种领域。

(二)异形纤维

异形纤维指通过改变纤维的表面和截面形态,纤维的截面不是常规合成纤维所具有的圆形或近似圆形的截面,从而具有新的风格和功能的新型纤维。

根据所使用的喷丝孔不同,可得到三角形、多角形、三叶形、多叶形、十字形、扁平型、Y形、H形、哑铃形等横截面的纤维(图5-5-7)。

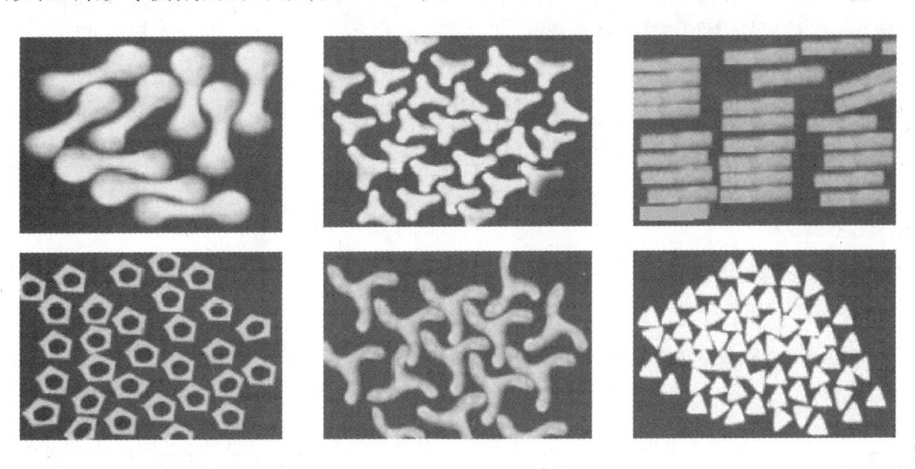

图5-5-7 异形纤维横截面图

异形纤维的主要特性表现在以下几个方面:

1. 闪光性

异形纤维表面对光的反射强度随入射光的方向而变化。利用这种性质可以制成具有真丝般光泽的合成纤维织物。

2. 耐污性

异形截面纤维的反射光增强,纤维及其织物的透光性减小,因此织物上的污垢不易显露出

来，提高了织物的耐污性。

3. 蓬松性与透气性

异形化可提高织物的蓬松性与透气性，降低纤维的透光性，使遮蔽性提高。

4. 吸湿性及抗静电性

因表面积和空隙增加，异形纤维织物的吸湿性增加，抗静电性能有所改善。此外，异形纤维织物在水中浸湿后的干燥速度也较快。

5. 抗起球性和耐磨性

由于异形纤维比表面积增大，长丝纤维纱线间的抱合力增大，织物经摩擦后不易起新型服装材料毛起球。即使起毛起球后，因单丝的强度在异形化后相对降低，球的根部与织物间连接强度降低，小球容易脱落。实验表明，锯齿形截面纤维游离起球的倾向最小。此外，异形纤维织物表面蓬松，摩擦时接触面积减小，耐磨性也随之提高。

6. 手感

异形截面纤维可增加纤维的摩擦系数和抗弯刚度，减弱圆形截面纤维的蜡状感、软滑感并产生丝绸感。

7. 染色性

纤维异形化使面料表面反射光增强，颜色较浅。

8. 抗皱性

纤维的异形化使面料抗皱性降低。

变形三角截面纤维应用最为广泛，常用做仿丝绸、仿毛料、灯心绒等，其手感温和，色泽高雅，或具有闪光效果；多角形截面纤维织物手感优良，保暖性良好，有较强毛感，抗起球起毛，多用于制作绒类织物；三叶形截面纤维织物手感粗糙、厚实、耐穿，比较适合做外衣，其长丝适合做针织外衣，不勾丝和跳丝；Y 形截面纤维织物重量轻，吸水吸汗，易洗快干，多用于女式衬衫、裙装、运动休闲装和训练服装等；中空形纤维织物性能优越，可制成质地轻松、手感丰满的中厚花昵，有较高耐磨性、保暖性、柔软性的长筒袜等。

（三）复合纤维

复合纤维指由两种或两种以上的聚合物，或具有不同性质的同一聚合物经复合纺丝法纺制成的化学纤维。因其复合方式不同，复合纤维可分为双组分复合纤维（如放射型、并列型、多芯型、皮芯型、海岛型、多层型）、多组分复合纤维（海岛型、放射型、多芯型、星云型等）和异型复合纤维。

这种纤维具备两种以上纤维的性能。由于这类纤维横截面上同时含有多种组分，因此，可以制成同时具备易染色、阻燃、抗静电、高吸湿等特殊性能的纤维。

（四）PTT 纤维

PTT 纤维是聚对苯二甲酸丙二醇酯纤维的简称，是由美国壳牌化学公司（Shell Chemical）于 1995 年研制成功的新型纺丝聚合物。PTT 纤维与 PET（聚对苯二甲酸乙二酯）纤维、PBT（聚对苯二甲酸丁二酯）纤维同属聚酯纤维，即由同类聚合物纺丝而成。

PTT 纤维兼有涤纶和锦纶的特性，防污性能好、易于染色、干爽挺括、手感柔软、富有弹性，伸长性同氨纶纤维一样好，但比氨纶更易于加工，非常适合做纺织服装面料。PTT 适合纯纺，或与纤维素纤维、天然纤维、合成纤维复合，生产地毯、便衣、时装、内衣、运动衣、泳装及袜子。因此，PTT 纤维可望将逐步替代涤纶和锦纶而成为 21 世纪的大型纤维种类。

（五）碳纤维

顾名思义，碳纤维是由碳元素构成的无机纤维。它是一种比人发细、比铝轻、比铁刚、比钢强的新型无机材料，是将有机纤维经烧结后得到的一种含碳量在90%以上的无机纤维。碳纤维是复合材料中最重要的增强材料．具有高比强度、高比模量、耐高温、耐腐蚀、耐疲劳、抗蠕变、导电性好、传热系数高、热膨胀系数小等优点。碳纤维丝可大体分成两种短纤维和长纤维，它既可编织成碳布（图5-5-8），还可制成碳毡。碳纤维丝织制的碳布热稳定性好．高温不熔融，是理想阻燃防火服装原料。碳毡具有热容量小、导热系数低、导电系数高，保温绝热性能好，是理想的隔热保温材料。

图5-5-8 碳纤维布

碳纤维是20世纪50年代初应火箭、宇航及航空等尖端科学技术的需要而产生的，现在则广泛用于纺织服装、体育器械、汽车制造、化工机械及医学等领域。

三、功能性服装材料

功能性服装材料是具有特殊功能的材料，例如安全保健、舒适卫生等功能。智能型服装材料指服装材料可以根据人体与环境的变化使得材料本身变化。随着科技的进步，服装材料的功能从单一向多功能化，由低级向高级发展，有些服装成了具有较高科技含量和高附加值的产品。

（一）耐热阻燃服装材料

用碳纤维和凯夫拉（kevlar）纤维混纺制成的防护服，穿着后短时间进入火焰，对人体有充分的保护作用。聚苯并咪唑（PBI）纤维和凯夫拉纤维混纺制成的防护服，耐高温，耐燃烧，在450℃的高温时不燃烧、不熔化。耐阻燃服装材料适合老人儿童以及消防战士、危险工种的人穿着使用。

（二）防辐射服装材料

早在1998年，世界卫生组织就指出，电磁波辐射污染已成为继污水、废气和噪音污染之后的第四大污染，是世界公认的“隐形杀手”，被联合国人类环境会议列为必须控制的污染源。

目前防辐射的服装材料有：抗紫外线纤维、防X射线纤维、防微波辐射纤维、防中子辐射纤维等。用20%的金属纤维与棉等混纺可制成防辐射织物，金属纤维早期采用金属钢、铜、铅、钨或其他合金拉细成金属丝或延压成片，然后切成条状而制成。现已采用熔体纺丝法制取，可生产小于10 μm的金属纤维。防辐射服装广泛用于帽子、太阳伞、窗帘以及各种防辐射服装，例如医院放疗室内医生与护士的服装以及防辐射孕妇装等。

(三) 抗静电服装材料

采用抗静电纤维或经抗静电后整理的服装材料,具有导电性、抗静电、杀菌、防臭和不吸附灰尘等特点,主要适合有防尘和抗静电需要的工作场所,例如油站的工作服。

(四) 抗菌防臭服装材料

采用纳米抗菌消臭剂添加到纤维之中或在整理过程中进行添加处理得到消臭纤维或织物。该类材料具有抗菌、消臭、防霉、驱蚊等功能特点,可减少人体皮肤瘙痒、防止蚊虫的叮咬,提高人的睡眠,减少疲劳,适用于内衣裤、床上用品、室内装饰物等。

(五) 抗菌保健服装材料

以海洋生物活性物质、甲壳素、蚕丝蛋白质等天然物质生成的纤维及其织物材料,具有天然抗菌、抗病毒、洁净皮肤和健康体魄;增强人体细胞组织的活性,减缓机体老化;抑制胆固醇、血压上升和抵抗血栓形成;帮助伤口愈合等功能。主要用于妇幼用品、内衣,床上用品等。

(六) 养生保健服装材料

远红外线纤维被称为第四代纺织材料。该纤维是将陶瓷粉末加入到纤维中,使纤维产生远红外线,可以渗透到人体皮肤深部,从而产生升温作用。该纤维制成的填充料、面料、服装或床上用品,能高效地吸收太阳能并转化为热量,提高服装的保暖性;可促进人体的微循环,增强细胞的活力;促进人体新陈代谢,延缓衰老;缓解疲劳,分解脂肪,具有减肥作用。其用于高寒环境下的服装及床上用品。

负离子纤维作为床上用品物或服装面料,同样具有多种养生保健作用:抗菌抗病毒;促进血液循环,新陈代谢,降低血压;促进大脑活化与精神安定,改善睡眠质量;提高室内空气中负离子的浓度,可改善居室的空气环境。其用于内衣、床上用品与装饰品等。

(七) 芳香型服装材料

把药物或芳香型微粒处理成芳香型纤维或织物,制成保健纺织品。此类服装材料增添了嗅觉上的享受,并且不同的香味具有不同的功效,有杀菌、净化环境、医疗保健作用;还可以利用香味调节人的心理、生理机能,改善人的精神状态。例如在心血管病、高血压、气管炎、哮喘、神经衰弱、失眠等病症治疗上有独特的预防和治疗功效。

(八) 防创伤服装材料

超高强纤维材料及其复合材料制成的防护服装,例如防弹衣、防割服装等,广泛用于军事、医疗和工业等领域。

(九) 可食服装材料

采用特殊的蛋白质、氨基酸和多种维生素等原料制成的服装,款式多样,口味多种,并且规定了此类"食品"服装的保质期。

(十) 变色服装材料

服装材料的色彩变化给人以直接的视觉刺激,进而影响相应的心理感受。变色服装材料是采用变色纤维或将变色材料经过后整理而得到,随着外界的环境变化而改变材料自身的颜色。

1. 热敏变色服装

热敏变色服装随温度的变化而改变纤维的颜色,温度恢复后,纤维变回原来的颜色,具有满足穿着者心理愉悦或者提高警惕的作用。其用于儿童服装、旅游产品或者一些人体不宜接触的材料等。

2. 光敏变色服装

随着外界的光照度和紫外线受光亮的程度,使得纤维色泽发生变化的服装,例如从室内到室外,从背阴处到阳光下,服装会发生颜色变化或者是显现之前没有的图案或花纹。光敏变色服装可满足人穿着的个性需要,产生绚烂的舞台效果,此外还可起到提醒的目的等。其主要用于泳装、滑雪服、儿童服和舞蹈装,或者是交通、建筑业等部门夜间使用的职业服装。

3. 辐射变色服装

当一些看不见的辐射波照射到织物上时,就可以改变服装上该织物部位的色彩,可作为服装的防伪标记,或在某些场合起警示作用。

4. 生化变色服装

生化变色服装指当接触某些生物体或者化学物质后会改变颜色,这类变化多数无法再恢复到原来的色彩。随着新材料、新技术在纺织品中的应用,功能性服装材料势必将不断增加种类与各种功能,并且各种功能将不断提高与复合化,出现舒适、安全、健康和环保等功能为一体。

四、纳米材料

纳米是一个长度计量单位,1 纳米等于 10 亿分之一米。纳米粒子一般是指粒径在0.1 ~ 100 nm 之间的微粒。纳米粒子在光学性质、催化性质、化学反应性、磁性、熔点、蒸汽压、相变温度、超导等许多方面显示出特殊性能,使其在新型功能性服装材料的研制生产中具有重要价值。

目前,纳米功能材料及纳米技术已成为世界各国研究的热点,纳米技术已渗透到人类生活和生产的各个领域,使得许多传统产品得到改进。目前纳米技术已应用于防紫外、抗静电、防电磁辐射、远红外、抗菌抑臭、抗老化、拒水拒油等功能性服装材料的研发和生产。

(一) 纳米技术在纺织中的应用途径

应用纳米技术开发功能性纺织品主要通过以下三个途径来实现:

① 纤维超细化,应用纳米技术使纤维达到纳米级,以满足特殊用途领域的需要。

② 利用纳米材料对传统材料进行改性。如湿法纺丝中的溶液共混,就是将高聚物经适当的溶剂溶解后,将纳米材料粒子加入其中,充分搅拌均匀后进行聚合反应,然后进行纺丝加工。而在融纺中则是把纳米粒子均匀分散在熔融的聚合物中再制备功能化纤维。

③ 对纤维或织物进行纳米后整理,使之功能化。纳米后整理的主要方法有:将纳米微粒作为固体物质直接加入到织物后整理剂中,使纳米微粒均匀分散在织物中;将纳米微粒的微乳液和织物后整理剂均匀混合后,使织物通过这种含有纳米微粒的整理液;将含有纳米材料的整理剂在一定的粘合剂存在下涂覆到织物表面,形成一种功能性的涂层,从而改善织物的服用性能。

无论采用上述哪一种方法,都能改变原有纺织或服用材料的特性,增添新的功能,一些新开发的产品已经进入了日常消费领域,如拒水开司米风衣、防污领带及长裤、抗菌消炎内衣裤、阻挡紫外线的外套等。

(二) 纳米技术功能化服装材料

1. 防紫外材料

太阳能对人体有伤害的紫外线主要在 300 ~ 400 nm 波段。研究表明,纳米 TiO_2、ZnO、SiO_2、Al_2O_3、Fe_2O_3 和纳米云母都具有在这个波段吸收紫外线的特征。如果将少量纳米微粒添加到化学纤维中,就会产生紫外线吸收现象,从而可有效保护人体免受紫外线的损伤。

2. 抗静电材料

化纤的衣物和地毯由于静电摩擦产生放电效应,同时易吸附灰尘,给使用者带来诸多不便。纳米微粒为解决化纤制品的静电问题提供了一个新的途径,在化纤制品中加入少量的纳米微粒,如将0.1% ~0.5%的纳米TiO_2、Cr_2O_3、ZnO、Fe_2O_3等具有半导体性质的粉体掺入到树脂中,就会产生良好的静电屏蔽性能,大大降低静电效应。

3. 防电磁辐射材料

电子产品的普及使得电磁辐射对人体健康造成了巨大威胁, 一些纳米微粒如纳米氧化铁、纳米氧化镍等能强烈吸收电磁辐射, 从而对人体起到防护作用。

4. 远红外材料

人体释放的红外线大致在4~16的中红外波段,在战场上如果不对这一波段的红外线进行屏蔽,就很容易被非常灵敏的中红外探测器所发现,尤其在夜间人体安全将会受到威胁,因此研制具有对人体红外线进行屏蔽的衣服是很有必要的。某些纳米微粒如纳米Al_2O_3、TiO_2、SiO_2和Fe_2O_3的复合粉体与高分子纤维结合,对中红外波段有很强的吸收性能。另一重要特性是,有些纳米微粒如纳米氧化锆,能有效吸收外界能量并辐射与人体生物波相同的远红外线,此种远红外线作用于人体,即产生人体细胞的共振活化现象,具有保温和抑菌,促进血液循环,增强免疫力等卫生保健的作用。

5. 抗菌消臭材料

一些金属粒子如银、铜、铁等,可通过其释放出微量的金属离子,与带负电电荷的菌体蛋白质结合而使细菌变形或沉淀,从而达到杀菌作用。纳米氧化锌、氧化铜等不仅具有良好的抗菌消臭功能,还具有良好的紫外线屏蔽作用。

6. 抗老化材料

有些化纤不耐日晒,就是因为有机高分子材料在紫外线的照射下会发生分子链的降解,产生大量的自由基,致使纤维及纺织品的颜色、强度等受到影响,而纳米二氧化钛粒子是一种稳定的紫外线吸收剂,将其均匀分散于高分子材料中,利用其对于紫外线的吸收作用,即可防止分子链的降解,从而达到防日晒耐老化的效果。

7. 拒水拒油材料

对材料的表面进行某种特殊的加工,使材料具有特殊的功用。经过这种技术处理的纺织材料(棉、麻、丝、毛、绒、混纺、化纤等)不仅防水防油,也防墨水、果汁等。用这种纤维制成的衣物洗涤时可以仅用清水冲洗,不必再使用传统的洗涤剂。

第六节 织物品号的识别

纺织品种类繁多,品种丰富,为便于服装及其材料的生产、企业管理和贸易经营需求管理,国家对各类织物要求进行统一的标准编号,以几位数字代表某一织物的品种类别,称为织物的品号。下面就棉、毛、丝、麻、化纤织物以及服装衬料的品号做一般介绍。

织物品种	编号数字位数	第一位数字含义	第二位数字含义	其他数字含义
棉织物	4	代表印染加工类别 1—漂白布 2—卷染染色布 3—轧染染色布 4—精元染色布 5—硫化元染色布 6—印花布 7—精元底色印花布 8—精元花印花布 9—本光漂白布	代表本色棉布的品种类别 1—平布 2—府绸 3—斜纹 4—哔叽 5—华达呢 6—卡其 7—直贡、横贡 8—麻纱 9—绒布坯	第三、四位数字表示产品顺序号
苎麻织物	苎麻织物因手工产品占主流,故没有统一的品种规格和名称编号。一般可从以下三方面进行命名:(1)按产地命名:分为湖南浏阳、江西萍乡、宜春及万载夏布;(2)按总经根数命名:以四川省的麻布为主,如有600、750、925、1000夏布等;(3)按幅宽命名:以广东省的麻织物采用较多,如有18寸、24寸夏布等。			
亚麻织物	3	代表类别 1—纯亚麻酸洗平布 2—纯亚麻漂白平布 3—棉麻交织布 4—纯亚麻绿帆布 5—纯亚麻交织帆布 6—不经过染整加工的出厂亚麻原布 7—斜纹亚麻布 8—提花与变化组织亚麻布	第二、三位数字表示同一类别不同技术条件加工成的成品麻布的代号	
毛织物(精梳)	5	代表原料成分 2—纯毛 3—毛混纺 4—纯化纤	代表织物大类名称 1—哔叽、啥味呢类 2—华达呢类 3、4—中厚花呢 5—凡立丁、派力司 6—女衣呢 7—贡呢类 8—薄花呢 9—其他	第三、四、五位数字表示产品不同规格的顺序号
毛织物(粗梳)	5	代表原料成分 0—全毛 1—毛混 7—全化纤 8—特种动物毛或混纺 9—其他	代表织物品种名称 1—麦尔登 2—大衣呢 3—海军呢 4—制服呢 5—女士呢 6—法兰绒 7—粗花呢 8—学生呢	第三、四、五位数字表示产品生产序号代号

续表

<table>
<tr><th>织物品种</th><th>编号数字位数</th><th>第一位数字含义</th><th colspan="2">第二位数字含义</th><th colspan="4">其他数字含义</th></tr>
<tr><td>丝织物（外销）</td><td>5</td><td>代表绸缎的大类
1—桑蚕丝绸（包括桑蚕丝含量50%以上的桑柞交织品种）
2—合纤绸
3—绢丝绸
4—柞丝绸
5—人造丝绸
6—交织绸
7—被面</td><td colspan="2">代表丝织物所属大类
0—绡类
1—纺类
2—绉类
3—绸类
40～47—缎类
48～49—锦类
50～54—绢类
55～59—绫类
60～64—罗类
65～69—纱类
70～74—葛类
75～79—绨类
8—绒类
9—呢类</td><td colspan="4">第三、四、五位数字表示产品规格代号</td></tr>
<tr><td rowspan="15">丝织物（内销）</td><td rowspan="15">5</td><td rowspan="8">代表用途
8—服装用绸</td><td colspan="2" rowspan="2">代表原料属性</td><td colspan="4">第三位表示组织结构，第四、五位表示规格代号（服装用55～99，装饰用01～99），第三位的含义如下：</td></tr>
<tr><td>平纹</td><td>变化</td><td>斜纹</td><td>缎纹</td></tr>
<tr><td colspan="2">4—黏胶丝纯织</td><td>0～2</td><td>3～5</td><td>6～7</td><td>8～9</td></tr>
<tr><td colspan="2">5—黏胶丝交织</td><td>0～2</td><td>3～5</td><td>6～7</td><td>8～9</td></tr>
<tr><td rowspan="2">7—蚕丝</td><td>纯织</td><td>0</td><td>1～2</td><td>3</td><td>4</td></tr>
<tr><td>交织</td><td>5</td><td>6～7</td><td>8</td><td>9</td></tr>
<tr><td rowspan="2">9—合纤</td><td>纯织</td><td>0</td><td>1～2</td><td>3</td><td>4</td></tr>
<tr><td>交织</td><td>5</td><td>6～7</td><td>8</td><td>9</td></tr>
<tr><td rowspan="7">9—装饰用绸</td><td colspan="2">1—被面</td><td></td><td>0～9</td><td></td><td></td></tr>
<tr><td rowspan="2">2—黏胶被面</td><td>纯织</td><td></td><td>0～5</td><td></td><td></td></tr>
<tr><td>交织</td><td></td><td>6～9</td><td></td><td></td></tr>
<tr><td rowspan="2">7—蚕丝</td><td>纯织</td><td></td><td>0～5</td><td></td><td></td></tr>
<tr><td>交织</td><td>6～9</td><td></td><td></td><td></td></tr>
<tr><td colspan="2">9—装饰绸、广播绸</td><td>0～9</td><td></td><td></td><td></td></tr>
<tr><td colspan="2">3—印花被面</td><td>0～9</td><td></td><td></td><td></td></tr>
</table>

续表

<table>
<tr><th>织物品种</th><th>编号数字位数</th><th>第一位数字含义</th><th colspan="2">第二位数字含义</th><th>其他数字含义</th></tr>
<tr><td>驼绒织物</td><td>5</td><td>代表原料
0—全毛
1—毛混纺
7—全化纤</td><td colspan="2">代表花型
1—花素(夹花色)
4—美素(一种单色)
9—条形(一种单色条形,多种彩色条形)</td><td>第三位数字代表织造工艺:
1—纬编
2—经编
第四、五位数字表示产品规格代号</td></tr>
<tr><td>长毛绒</td><td>5</td><td>用数字 5 代表长毛绒织物</td><td colspan="2">代表织物用途
1—服装用
2—衣里用
3—工业用
4—装饰用
5—玩具用
6—其他</td><td>代表原料
0—纯毛
4—毛混纺
7—纯化纤
9—其他</td></tr>
<tr><td rowspan="2">绒线</td><td rowspan="2">4</td><td rowspan="2">代表绒线产品类别
0—精梳编结绒线
1—粗梳编结绒线
2—精梳针织绒线
3—粗梳针织绒线
4—其他</td><td colspan="2">代表使用原料类别</td><td rowspan="2">第三、四位数字表示成品的单纱支数;单纱支数为 10 以上的,第三位是十位,第四位是个位;单纱支数为 10 以下的,第三位是个位,第四位是小数。绒线的合股数应在品号后面加斜线表示(4 股编结线和 2 股针织绒线可以不注)</td></tr>
<tr><td>精梳绒线
0—山羊绒及其混纺
1—异质毛纯纺
2—同质毛纯纺
3—同质毛与人造纤维混纺
4—同质毛与异质毛混纺
5—异质毛与人造纤维混纺
6—同质毛与合成纤维混纺
7—异质毛与合成纤维混纺
8—化学纤维混纺
9—其他动物纤维的纯纺或混纺</td><td>粗梳绒线
0—山羊绒及其混纺
1—羊仔毛及其混纺
2—兔毛及其混纺
3—雪兰毛及其混纺
4—牦牛绒及其混纺
5—骆驼绒及其混纺
6—其他</td></tr>
</table>

续表

织物品种	编号数字位数	第一位数字含义	第二位数字含义	其他数字含义	
化纤织物（中长纤维织物在其编号前加“C”字母来区别）	4	代表织物大类 6—涤纶与其他合纤混纺织物 6—化纤与棉纤维混纺 7—单一合纤纯纺织物或合纤与黏胶纤维混纺织物 8—人造棉织物	代表原料种类 1—涤纶 2—维纶 3—锦纶 4—腈纶 5—其他 6—丙纶 9—其他	第三位代表织物的品类 0—白布 1—色布 2—花布 3—色织布 4—帆布	第四位代表原料的使用 1—纯纺 2—混纺

第七节　真假毛皮的识别

毛皮轻便柔软，坚实耐用，加工成服装后以其透气、吸湿、保暖、耐穿、华丽等特点，成为人们喜爱的珍品，特别是珍稀动物毛——名贵毛皮服装，价格十分昂贵，成为高级消费品。

近年，随着人们环境保护意识的增强和科技的进步，使得各种各样的仿毛皮（人造毛皮）服装能以其具有天然毛皮的外观和良好的服用性能及其物美价廉的特点，成为极好的毛皮代用品而更多的占据了毛皮市场。

具体可以通过以下方法进行真假毛皮的识别：

一、看皮草标识

一般说来，标识包含皮草种类的信息，但前提是此标识须真实可靠。此外服装的洗水标也会提供一些信息，如果洗水标明示此服装可以使用洗衣机水洗，则此皮草服装肯定是人造皮草。

二、看价格

同等情况下，天然皮草价格肯定要高于人造毛皮。

三、看皮草表相

人造毛皮一眼看去过分光亮，光泽度失真，毛发纠结而不整洁，且缺乏针毛。模仿动物花纹的人造毛皮，其花纹通常规则而有序，看起来很完美。真正的动物毛皮花纹不可能这样完美，而且通常一件外套需要多块毛皮拼接而成，所以在颜色和花纹的统一度方面不可能像人造毛皮那样协调一致。但是需要留意的是，一些高端羊羔皮，比如一岁羊，西藏滩羊，蒙古羔羊皮等，单靠花纹就比较难鉴定。此外，一些通常剪毛处理的毛皮，比如海狸、海狸鼠、水貂等，也很难通过单一手段鉴定真假。总之，人造毛皮是人造服装材料，不可能有天然毛皮的重量、质感和丰满度，只要仔细辨别,还是能看出区别的。

四、看手感

将毛发在手指之间捻动,人造毛皮手感较粗糙,在潮湿的天气下有时粘手,触感跟填充玩具差不多;天然毛皮触感柔软丝滑,毛发在手指间划过,感觉跟轻抚宠物猫咪一样。但随着人造毛皮仿真程度的加强,单凭手感已不能精确鉴定毛皮的真假。

五、看毛针

天然毛皮在针毛下面还有一层丰厚的底绒,在底绒之上才是针毛。人造毛皮毛发结构简单,没有底绒,且毛发长度和颜色都非常均匀。动物毛发越到顶端越细,像缝纫针一样,人造毛发通常没有这个特征。

六、看针毛下面皮层

轻吹毛发查看毛针根部。天然毛皮生长在真正的动物皮之上,即便皮层经过染色,还是能鉴别出来。而人造毛皮的毛发下面不可能是动物皮,只能是纹理清晰可辨的人造纺织材料。尽管现代天然皮草加工的过程中,有时也用到人造材料做底,但天然毛发肯定是生长在皮肤之上的,这个永远也变不了。

七、看服装衬里内侧

最简洁明了的方式是查看衣服衬里里面,天然毛皮的皮革那面摸起来感觉就是绒面皮革的感觉,毛皮通常以条状、块状的方式缝合在一起。当然大型毛皮动物皮制作的皮草,比如波斯羊皮、山羊皮等,缝合的块也较大,但背面摸起来肯定还是天然皮革的感觉。天然皮草通常内侧衬着两层衬里,外层的缎子衬里和里层的法兰绒或者毛料衬里以增加保暖度。人造毛皮的背面通常是肌理均匀的人造织物,有时可见一行行的如针织衫一样的织造方式,人造毛皮通常没有第二层衬里。

八、看针刺测试

取一大头针,试着刺穿皮草,如果皮草很容易的就被刺穿,则为人造毛皮;如果针刺过程困难,或无法刺穿毛针底层,则皮草为天然毛皮所制。

九、看燃烧测试

小心从皮草上取下一些毛发,靠近火焰燃烧。人造毛发像塑料一样迅速融化,烧后成一个坚硬的塑料小球状,味道闻起来像燃烧后的塑料;天然毛发燃烧后的气味如烧焦的头发,且燃烧后呈现灰烬状。燃烧测试应该算是目前最准确的辨别方式。

第八节 真假皮革的识别

目前,市场上流行的皮革制品有真皮和人造皮革两大类,而合成革和人造革是由纺织布底基或无纺布底基,分别用聚氨酯涂复并采用特殊发泡处理制成的,有表面手感酷似真皮,但透气性,耐磨性,耐寒性都不如真皮。

一、区别真假皮革制品可从以下几个方面来观察

1. 革面

天然的革面有自己特殊的天然花纹,革面光泽自然,用手按或捏革面时,革面无死皱或死褶,也无裂痕;而人造革的革面很像天然革,但仔细看花纹不自然,光泽较天然革亮,颜色多为鲜艳。

2. 革身

天然革,手感柔软有韧性,而仿革制品虽然也很柔软,但韧性不足,气候寒冷时革身发硬。当用手曲折革身时,天然革曲回自然,弹性较好,而仿革制品曲回运动生硬,弹性差。

3. 切口

天然革的切口处颜色一致,纤维清晰可见且细密。而仿革制品的切口无天然革纤维感,或可见底部的纤维及树脂,或从切口处看出底布与树脂胶合两层次。

4. 革里面

天然革的正面光滑平整有毛孔和花纹。革的反面有明显的纤维束,呈毛绒状且均匀。而仿革制品中部分合成革正反面一致,里外面光泽都好,也很平滑;有的人造革正反面也不一样,革里能见到明显的底布;但也有的革里革面都仿似天然革,革里也有似天然革的绒毛,这就要仔细观察真假品种的差异性。

二、区别真假皮革的方法

1. 滴水试验

天然皮革吸湿透气性明显强于人造皮革,通过滴水试验可以大致判断天然皮革和人造皮革。滴水在天然皮革上,能够吸收较多水分,用抹布擦拭滴水部位后,滴水部位皮革颜色加深;而人造皮革由于吸湿性差,颜色无明显变化。

2. 拉力与弹性试验

天然皮革有很好的弹性与拉力,用手拉扯天然皮革后,其会在短时间内恢复形状。反之可能是人造革。

3. 吹气试验

对准皮革的反面带口水吹气,在正面出现渗漏,正是因为真皮具有这种"防逆性能",当你穿着皮装时,防寒效果非常明显,又形成很好的透气性,这点充分体现了真皮的价值。

4. 视觉鉴别法

首先应从皮革的花纹,毛孔等方面来辨别,在天然皮革的表面可以看到花纹,毛孔确实存在,并分布不均匀,反面有动物纤维,侧断面,层次明显可辨,下层有动物纤维,用指甲刮擦会出

现皮革纤维竖起，有起绒的感觉，少量纤维也可能掉落，而合成革反面能看到织物，侧面无动物纤维，一般表皮无毛孔，但也有些有仿皮人造毛孔，会有不明显的毛孔存在，有些花纹也不明显，或者有较规则的人工制造花纹，毛孔也相当一致。真皮革面有较清晰的毛孔、花纹，黄牛皮有较匀称的细毛孔，牦牛皮有较粗而稀疏的毛孔，山羊皮有鱼鳞状的毛孔。

5. 手感鉴别法

天然皮革手感柔软有韧性，而仿革制品虽然也很柔软，但韧性不足，气候寒冷时革身发硬。将皮革正面向下弯折90°左右会出现自然褶皱，分别弯折不同部位，产生的折纹粗细、多少，有明显的不均匀，基本可以认定是天然皮革，因为真皮革具有天然性的不均匀的纤维组织结构，因此，形成的折皱纹路表现也有明显的不均匀。而合成皮革手感像塑料，回弹性较差，弯折下去折纹粗细多少都相似。用手触摸皮革表面，如有滑爽、柔软、丰满、弹性的感觉就是真皮；而一般人造合成革面发涩、死板、柔软性差。

6. 气味鉴别法

天然皮革具有一般很浓的皮毛味，即使经过处理，味道也较为明显，而人造皮革，则有一股塑料的味道，无皮毛的味道。从真皮革和人造革背面撕下一点纤维，点燃后，凡发出刺鼻的气味，结成疙瘩的是人造革；凡是发出毛发气味，不结硬疙瘩的是真皮。

7. 燃烧鉴别法

主要是嗅焦臭味和看灰烬状态，天然皮革燃烧时会发出一股毛发烧焦的气味，烧成的灰烬一般易碎成粉末状。而人造革，燃烧后火焰也较旺，收缩迅速，并有股很难闻的塑料气味，燃烧后发粘，冷却后会发硬并变成块状。

课后练习

1. 常用的机织物面料有哪些？分别说明其组织结构、风格特征及其应用情况。
2. 比较棉织物中细布和府绸的异同点。
3. 形成泡泡纱的方法有哪些？哪一种成形持久性最好？
4. 比较精纺毛织物和粗纺毛织物的不同点。
5. 比较凡立丁和派力司的异同点、
6. 比较精纺毛织物中的哔叽、华达呢、啥味呢的异同点。
7. 针织常用服装面料有哪些？各自特点如何？
8. 对天然毛皮与皮革的种类、人造毛皮与皮革的种类做一汇总对比。

第六章

服装常用辅料

第一节 服装衬料与垫料

一、服装衬料

(一) 服装衬料概念

服装衬料是指用于面料和里料之间,在衣服某一局部(如衣领、袖口、袋口、裙裤腰、衣边及西装胸部、肩部等)所加贴的衬布如图 6-1-1 所示。衬料是服装的骨架,可以起到拉紧定形和支撑的作用,使衣服达到平挺的效果。

服装衬料是服装辅料的一大种类,它在服装上起骨架作用。就如建造房屋需用钢筋水泥做骨架,制作服装则需用衬料做骨架。通过衬料的造型、补强、保型作用,服装才能形成的优美款式。

图 6-1-1 服装衬料部位

(二) 服装衬料的作用

服装衬料的作用大致可归纳为以下几个方面:

① 便于服装的造型、定型、保型。

② 增强服装的挺括性、弹性,改善服装的立体造型。

③ 改善服装悬垂性和面料的手感,改善服装舒适性。

④ 增加服装的厚实感、丰满感,提高服装的保暖性。

⑤ 给予服装局部加固补强作用。

⑥ 改善服装的加工性。

(三) 服装衬料的分类

衬的分类方法很多,根据习惯的称谓方法大致有以下几种:

① 按衬的使用原料分:可分为棉衬、麻衬、毛衬(黑炭衬、马尾衬)、化学衬(化学硬领衬、树脂衬、粘合衬)、纸衬等。

② 按衬的使用对象分:可分为衬衣衬、外衣衬、裘皮衬、鞋靴衬、丝绸衬和绣花衬等。

③ 按使用方式和部位分:可分为衣衬、胸衬、领衬和领底呢、腰衬、折边衬和牵条衬等。

④ 按衬的厚薄和面密度分:可分为厚重型衬(160 g/m^2 以上)、中型衬(80 ~ 160 g/m^2)与轻薄型衬(80 g/m^2 以下)。

⑤ 按衬的底布(基布)分:可分为机织衬、针织衬和非织造衬。

⑥ 按衬的加工和使用方法分:可分为粘合衬和非粘合衬。

⑦ 按衬的基布种类及加工方式分:可分为棉麻衬、马尾衬、黑炭衬、树脂衬、粘合衬、腰衬、领带衬及非织造衬八大类。

在服装生产加工中,通常按照衬的材质和用途结合来进行分类,可以分为棉衬、麻衬、动物毛衬、树脂衬和粘合衬五大类。

(四) 各类衬料的特点及应用

1. 棉衬

是传统衬布,分软衬(细布类)和硬衬(粗布类)两种,软衬是采用中、低支纱线织成的平纹本白棉布,其外表较为细洁、紧密。软衬不加上浆处理,手感柔软,主要用作裤腰、牵条布、袋布等(图6-1-2)。硬衬多属粗棉平布织物、其外表比较粗糙,布身较厚实,质量较差。硬衬一般经上浆处理,用于做大身衬、肩盖衬、胸衬或与其他衬料搭配使用,以适应服装各部位用衬软硬和厚薄变化的要求。

2. 麻衬

麻衬主要有麻布衬和平布上浆衬两种。麻布衬采用麻平纹布或麻混纺平纹布制成,具有一定的韧性、较好的硬挺度与弹性,是高档服装用衬(图6-1-3),广泛用于各类毛料制服、西装和大衣等服装中。平布上浆衬是棉与麻混纺的平纹织物上浆制成。它挺括滑爽,弹性和柔韧性较好,柔软度适中,但缩水率较大,要预缩水后再使用。平布上浆衬主要用于制作中厚型服装,如中山装、西装等。

图6-1-2 棉衬

图6-1-3 麻衬

3. 动物毛衬

主要有马尾衬和黑炭衬两种,如图6-1-4所示。

马尾衬

黑炭衬

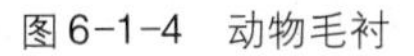

图6-1-4 动物毛衬

(1) 马尾衬

是用马尾为纬纱,羊毛、棉或涤棉混纺纱为经纱制成的平纹织物做基布,再经定型和树脂加工而成,其幅宽与马尾的长度大致相同。其特点是布面疏松,弹性好,不易褶皱,挺括,缩水率小,透气性好。这是传统西装和高档服装的必选辅料,常用作高档服装的胸衬,经过热定型的胸衬能使服装胸部饱满美观。

(2) 黑炭衬

又称毛鬃衬或毛衬,是用动物性纤维(牦牛毛、山羊毛、人发等)或毛混纺纱为纬纱、棉或混纺纱为经纱加工成基布,再经树脂整理加工而成。它的色泽以黑灰色或杂色居多。其特点为硬挺度较高、弹性好,黑炭衬布主要用于大衣、西服等的前身、肩、袖等部位,使服装具有挺括、丰满的造型效果。

4. 树脂衬

树脂衬是以棉、化纤及混纺的机织物或针织物为底布,经过漂白或染色等其他整理,并经过树脂整理加工制成的衬布(图 6-1-5)。树脂衬布主要包括纯棉树脂衬布、涤棉混纺树脂衬布、纯涤纶树脂衬布。纯棉树脂衬布因其缩水率小、尺寸稳定、舒适等特性而应用于服装中的衣领、前身等部位,此外还用于生产腰带、裤腰等;涤棉混纺树脂衬布因其弹性较好等特性而广泛应用于各类服装中的衣领、前身、驳头、口袋、袖口等部位,此外还大量用于生产各种腰衬、嵌条衬等;纯涤纶树脂衬布因其弹性极好和手感滑爽而广泛应用于各类服装中,它是一种品质较高的树脂衬布。

5. 粘合衬

即热熔粘合衬,俗称化学衬。它是将热熔胶涂于底布上制成的衬(图 6-1-6),在使用时需在一定的温度、压力和时间条件下,使粘合衬与面料(或里料)粘合,达到服装挺括美观、并富有弹性的效果。因粘合衬在使用过程中不需繁复的缝制加工,既适用于工业化生产,又符合了当今服装薄、挺、爽的潮流需求,大大提高了服装的服用性能和使用价值,所以被广泛采用。

图 6-1-5　树脂衬

图 6-1-6　粘合衬

在粘合衬出现以前,所有的衬料都是以缝制的方法与面料结合的,一般采用针脚致密的“八字缝”俗称“纳驳头”。缝衬不仅费工费时,而且对缝制的技术要求很高,因为它直接影响服装的外观效果与品质。因此,20 世纪 70 年代,粘合衬的产生被称为服装工业第一次技术革命。目前，粘合衬已成为服装工业现代化的一个重要标志，成为现代服装生产的主要衬料。成为服装工业现代化的一个重要标志，并已成为现代服装生产的主要衬料。

粘合衬种类很多，从织法上分非织造、机织、针织三种。非织造粘合衬具有质轻、不起皱、尺寸稳定、洗涤不缩水等优点；机织粘合衬与面料粘得牢，其中质地不紧密的衬布比较柔软，质地紧密的衬布比较结实，可根据需要选用；针织粘合衬粘性好，不起皱，由于具有伸缩性、悬垂性，可用于针织面料，也适用于缝制柔软性织物。粘合衬从厚度上有厚、中、薄之分，应该根据面料的厚薄程度选用。

6. 其他衬料

(1) 领带衬

领带衬是由羊毛、化纤、棉、黏胶纤维纯纺或混纺、交织或单织而成基布，再经煮练、起绒和树脂整理而成。用于领带内层起补强、造型、保型作用。领带衬要求手感柔软、富有弹性、水洗后不变形等性能。

我国长期以来领带衬是用黑炭衬、树脂衬、毛麻衬代用，直至20世纪90年代才开发了领带衬产品，主要为纯棉和黏胶的中低档产品和纯毛的高档领带衬产品。

(2) 腰衬

腰衬是加固面料，用于裤子和裙腰中间层的条状衬。与面料粘合后起到硬挺、补强、保型的作用。主要是防止腰部的卷缩、美化腰部的轮廓、保持腰部的张力。腰衬与腰里要配套使用，即腰衬紧贴着面料，腰里紧贴腰衬，两者相辅相成。

(3) 嵌条衬

嵌条衬是西服的辅料部件，适用于西服部件衬、边衬、加固衬，起到假粘或加固的作用，能保持衣片平整立体化、防止卷边、伸长和变形。嵌条衬通常采用全棉、涤棉、涤纶等纤维，分为粘合机织衬、无粘合机织衬、无纺带针织粘合衬几种。经打卷、切割成1~4 cm不同宽度的嵌条衬。

(五) 服装衬料的选配原则

衬料的品种多样，性能各异，选用时应考虑以下原则：

① 与服装面料的性能相配伍。这些性能主要包括服装面料的颜色、重量、厚度、色牢度、悬垂性、缩水性等，对于缩水大的衬料在裁剪之前须经预缩，而对于色浅质轻的面料，应特别注意其内衬的色牢度，避免发生沾色、透气等不良现象。

② 与服装造型的要求相谐调。由于衬布类型和特点的差异，应根据服装的不同设计部位及要求来选择相应类型、厚度、重量、软硬、弹性的衬料，并且在裁剪时注意衬布的经纬向，以准确完美地达到服装设计造型的要求。

③ 应考虑实际的制衣生产设备条件及衬料的价格成本。例如，在选配粘合衬时，必须考虑是否配备有相应的压烫设备，在达到服装设计造型要求的基础上，应本着尽量降低服装成本的原则来进行衬料的选配，以适应市场需求，提高企业经济效益。

二、服装垫料

(一) 服装垫料的概念

服装垫料同衬料一样是附在面料和里料之间，用于服装造型修饰，但是垫料不同于一般的衬料，衬料是用于服装的普遍修饰，而服装垫料是指为了满足服装特定的造型和修饰人体的目

的，对特定部位按设计要求进行加高、加厚或平整，或用以起隔离、加固等修饰，以使服装达到合体、挺拔、美观的效果。除了修饰，人们也用垫料来弥补体型的“缺陷”。

垫料主要依据服装设计的造型要求、服装种类、个人体型、流行趋势等综合因素进行选用，以达到服装造型的最佳效果。

（二）服装垫料的种类与特点

服装垫料主要根据其在服装上的作用及使用垫料的部位而定，主要的垫料有肩垫、胸垫、领垫等，如图 6-1-7 所示。

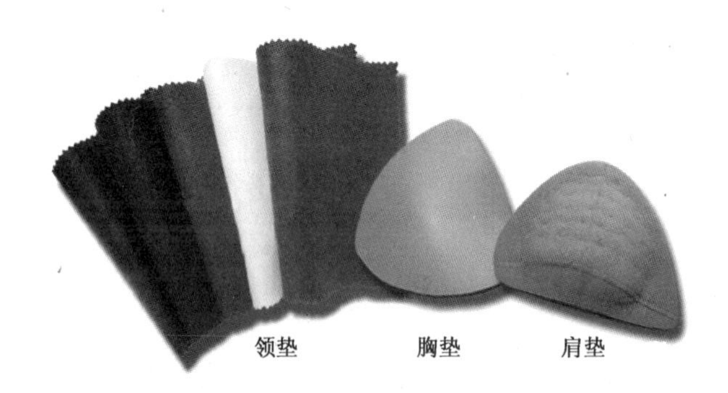

图 6-1-7 服装垫料

1. 肩垫

肩垫是用来修饰人体肩形或弥补人体肩形“缺陷”的一种服装辅料。由于服装面料多种多样，服装款式造型千变万化，所以对肩垫的要求也不尽相同。

（1）肩垫的种类。

按成型方式分，可分为以下五种。

① 热塑型（定型）肩垫：利用模具成型和热熔胶粘合技术可制作出款式精美、表面光洁、手感适度的肩垫，也就是通常所说的定型肩垫，广泛适用于各类服装。

② 缝合型（车缝）肩垫：利用车缝设备可将不同原材料拼合成不同款式的肩垫，俗称车缝肩垫，其产品造型及表面光洁度较差。缝合技术常与吹棉技术结合使用，用以制作西服肩垫，其优点是过渡自然，手感舒适。

③ 穿刺缠绕型（针刺）肩垫：利用无纺布结构疏松的特点，可采用针刺手段使纤维互相缠绕从而组合在一起制成肩垫，这就是通常所说的针刺肩垫。优点是工艺简单、成本较低，缺点是表面粗糙、成型效果较差。

④ 切割型（海绵）肩垫：用特定的切割设备将特定的原材料进行切割，可以制成肩垫。这属于较早的成型方式，简单但使用范围非常有限，通常只限海绵，所以人们常直接称这类肩垫为海绵肩垫。其缺点是容易变形、变色、耐用性差；优点是价格便宜，适用于低档服装。结合热压成型和其他材料缝合等手段，也可以提高海绵肩垫的性能，延长使用寿命。

⑤ 混合型肩垫：将以上不同方式加以组合，可以制成品质更好、更为耐用的肩垫。如将切割成型和缝合成型相结合，穿刺缠绕和缝合相结合，切割成型和热塑相结合等。

按常用材质分，可分为海绵肩垫、喷胶棉肩垫、无纺布肩垫、棉花肩垫、硅胶肩垫等。

① 喷胶棉肩垫:喷胶棉肩垫主要采用热压成型的方式予以成型。缺点是弹性差,易变形,外观粗糙,耐用性较差;优点是价格便宜,适用于低档服装。可以采用和其他材料缝合等手段来提高其使用性能,延长使用寿命。

② 无纺布肩垫:市面上可以用来制作肩垫的无纺布很多,包括针喷棉、针刺棉等,每一种又依据硬度、密度、弹性等参数的不同分出若干种类,且其性能差异很大,所以无纺布肩垫的种类也较多,几乎涵盖了从高档到中低档的所有种类。适用高质量的无纺布和先进的成型工艺可以制作出高质量的无纺布肩垫,其特点是款式丰富、外观漂亮、弹性良好、款型稳定、耐洗耐用,广泛适用于各类服装,是目前肩垫中用得最多的一种。

③ 棉花肩垫:棉花的缺陷是不能单独成型,须与无纺布配合车缝成型。其产品弹性良好,手感舒适,耐用性较好,缺点是表面不够光洁,成型效果较差(使用时需要专门的整烫设备),不能水洗。运用先进的气流吹棉技术制成的一体棉芯,使肩垫过渡更为平顺,手感也更舒适。

按肩垫和衣服的结合方式分,可分为缝合式肩垫、粘合式肩垫和扣合式肩垫。

① 缝合式:用针线将肩垫固定在衣服上的方式称为缝合式,绝大部分肩垫都属于这一类。

② 扣合式:采用子母扣将肩垫固定在衣服上的方式称为扣合式。使用扣合式肩垫的服装,在洗涤时可以将肩垫拆下后再洗,因而有效避免了肩垫在洗涤时的变形问题,也解决了带肩垫服装洗后不易干的问题。

③ 粘合式:采用魔术贴将肩垫固定在衣服上的方式称为粘合式,其功能与扣合式一样。

(2) 肩垫的选用。肩垫应根据服装的款式特点和服用性能要求来选用。平肩服装应选用齐头肩垫;插肩一般选用圆头肩垫;厚重的面料应选用尺寸较大的肩垫,轻薄面料应选用尺寸较小的肩垫;西服大衣应选用针刺肩垫,使之耐洗耐压烫;时装、插肩袖服装、风衣应选用造型丰满、富有弹性的定型肩垫;衬衫、针织服装可选用轻巧简便价廉的海绵肩垫。

2. 胸垫

胸垫又称胸片、胸衬、胸绒。胸垫是作用于服装上衣胸部的一种垫物,主要是加厚、塑造胸部的外形,它必须与服装设计要求、制作工艺紧密结合,是对服装重要的技术支持。胸垫一般分为机织物类和非机织物类。另外还有复合型胸垫和组合型胸垫。可根据不同的需要进行选择,通常使用最多的是组合型胸垫。

胸垫主要用在西服、大衣等服装的前胸部位,其优点是使服装悬垂性好、立体感强、弹性好、保型性好,具有一定的保温性,并对一些部位起到牵制定型作用,以弥补穿着者胸部的缺陷,使其造型挺括丰满。

高档成衣的胸垫常选用的材料包括:黑炭衬、马尾衬、棉布等,并且多以组合的形式使用。在根据服装面料的色彩、质地和厚薄选用胸垫时,应注意浅色面料应选用浅色或白色的胸垫,深色面料选择范围相对大些。在选择服装胸垫时,还应考虑胸垫的性能,如吸湿透气性、缩水率、耐热性、耐洗涤性、牢度、强度等,以保证服装质量。

3. 领垫

领垫又称领底呢,由毛和黏胶纤维针刺成呢,经定形整理而成。领底呢是供西服、大衣等服装领底使用的,可单独使用,也可加领底衬组合使用。领底呢分为有底布领底呢和无底布领底呢;按用料还可分为黏胶纤维领底呢、混纺领底呢和纯毛领底呢。领底呢具有造型好、挺括、弹性好、不易起皱、洗烫不缩水、不起球、易于裁剪、省工省料等特点,特别适用于流水线生产,有助

于提高服装档次。

4. 袖顶棉

袖顶棉又称袖棉条、袖窿条，通常以非织造布为主要材料，黑炭衬等为辅助材料。多以组合形式与肩垫、胸垫相互配合使用，用于各服装的肩头、袖窿，对它们起到支撑与塑形的作用。在西服、大衣等服装上广泛使用。

第二节　服装里料和絮填材料

一、服装里料

（一）服装里料的概念

服装里料是用来部分或全部覆盖服装里面的材料，俗称里子，它是服装中除面料以外用料最多的一种辅料（图6-2-1）。一般用于中高档服装、有填充料的服装和需要加强面料支撑的服装。里料一般用于中、高档的呢绒服装、有填充料的服装、需要加强支撑面料的服装和一些比较精致、高档的服装中。根据面料的不同、服装档次的不同、服装品牌理念的不同，选择的里料也不相同。

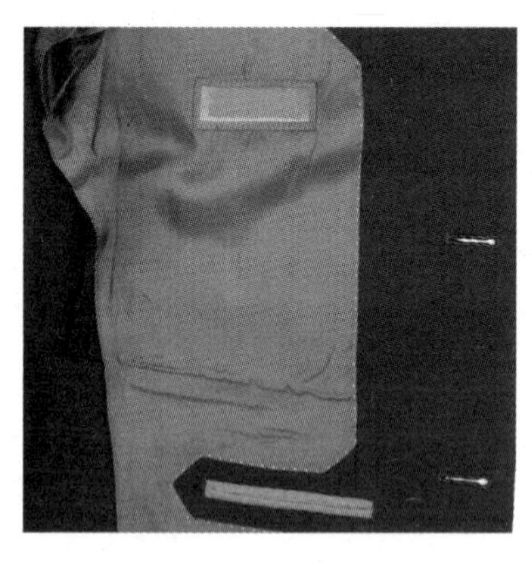

图6-2-1　服装里料

（二）服装里料的作用

① 增强服装的美观性：服装一般外面比较整齐光洁，里面多缝头、毛边或衣衬等，服装里料能覆盖面料的缝头及衣衬。

② 保护面料：加装里料的服装，面料不直接与人体接触，减轻人体对面料的磨损，防止由于人体直接排汗等而引起面料的损伤。

③ 使得服装穿着舒适，穿脱方便：多数里料光滑而柔软，穿着舒适，人体活动时，服装不会因摩擦而随之扭动，可保持服装挺括的自然形态。同时光滑的衣里也便于服装穿脱。

④ 衬托面料：对透明面料起相应的内衣作用。

⑤ 增加服装的保暖性：由面里布产生的空气层使服装产生相应的保暖层。

⑥ 防止填充料外露。

⑦ 增加服装的三维效果：有些面料轻薄、柔软，增加一层与面料协调的里料，能帮助面料形成立体造型，使服装平整有型。

（三）服装里料的种类及其特点

里料的种类繁多，有多种分类方法，不过里料的作用主要是配合面料，所以一般从材质上对里料进行分类。

1. 合成纤维里料

（1）涤纶里料

具有较高的强度与弹性恢复能力，坚牢耐用，挺括抗皱，洗后免烫，吸湿性较小，缩水率较小，整烫后尺寸稳定，不易变形，色牢度较好，具有良好的服用性。涤纶里料的不足之处是透气性差，易产生静电，悬垂性一般，但通过整理可得到一定的改善。目前，涤纶里料在中档服装中得到广泛应用。

（2）锦纶里料

耐磨性好，手感柔和，弹性及弹性恢复性很好，吸湿透气性优于涤纶，但在外力作用下易变形，耐热性和耐光性均较差，使用中易沾油污，缝制时易脱线，布面不平挺，舒适性不如涤纶。主要代表品种有尼丝纺，用作登山服（羽绒服）、运动服等服装里料。

（3）醋酯里料

表面光滑柔软，具备高度粘附性能和舒适的触摸感觉。由于色彩光泽晶亮，静电小，而在女式高档时装、礼服等上得到广泛使用。

2. 再生纤维里料

（1）黏胶里料

以其优良的吸湿性取胜于其他化纤，经后整理处理，其易皱、易缩的缺点得到了改善。黏胶对昆虫的抵抗力强，但对微生物的抵抗能力很弱，在保管时要尤其注意，以防纤维变质，熨烫温度应控制在120~150℃左右，以免损伤布身。

（2）铜氨里料

比黏胶里料的光泽更加饱满，有更加优良的吸放湿性和滑爽的手感，穿着时不会出现静电吸附现象，穿着更加顺滑、舒适。铜氨里料布面感觉柔软如丝，颜色自然，通爽透气，色牢度优良，不易收缩，整烫容易，能与名贵的皮草、礼服、骆驼绒或其他高级衣料相配用，因此成为各大名牌服装争相使用的里料，许多新品牌通过使用铜氨里料来提升自己服装的品质。铜氨里料因其生产原料是棉籽绒，成本较高，市场上的价格比较高，多用于高档的服装里布。铜氨里料由于其特殊的原料和纤维结构，比较容易产生水渍，因此在洗涤时需用干洗。

3. 天然纤维里料

（1）真丝里料

原料是桑蚕丝，其特点是光泽明亮，轻薄细致，透气性好。真丝里料主要用于全真丝高档时装、日本和服、女式休闲上装等，也可用于丝绵服装和丝绒类服装的里料。主要品种有：电力纺、

洋纺、绢丝纺等。真丝里料价格高，耐用性较差，所以目前以外销服装为主，在国内普及程度低。蚕丝里料易受霉菌作用，在外界温度20～30℃、相对湿度75%以上时，极易繁殖，服装在加工和使用时必须注意清洁和保持干燥，以免里料霉烂变质，影响服装整体效果。此外，服装厂在加工服装时，应注意里料的熨烫温度和方法，以免损坏布料。蚕丝里料适宜干烫，温度应控制在110～130℃之间。

（2）棉布里料

透气性和保暖性好，对人体无伤害。在服装中用于职业装、冬装、棉大衣等保暖防护服，特别是与人体直接接触的里料。另外，老年、儿童的服装，也适宜采用棉布里料。棉布里料的缺点是不够光滑。

4. 混纺交织里料

为了克服单一纤维里料的某些缺点，近几年来开发了一些多种纤维交织的里料，比较典型的有涤纶长丝与黏胶长丝交织，醋酯长丝与黏胶长丝交织等品种，软缎里布也有交织产品，是由真丝与人造丝或其他纤维交织而成的。这些混纺或交织的里料由于吸收了两种原料的优点，在性能上满足了高档服装的要求。另外，因经纬向原料的不同，可以染不同的颜色，具有闪色效果，使得里料更显得富贵华丽，深受服装客商的欢迎。

大部分里料的织物类型为机织物，此外，根据需要针织品、仿毛皮材料等也都可以作为里料，其保暖性好，穿着舒适，多用于冬季及皮革服装。

（四）服装里料的选配原则

服装里料与面料搭配合适与否直接影响服装的整体效果及服用舒适性。因此，在选配里料时要充分考虑以下因素。

① 选择里料时，应注意其服用性能与面料的配伍性。如缩水率、耐热性、耐洗性、强力、弹性和厚薄都应与面料的性能相匹配，满足服装外观造型和内在质量的广泛要求。例如，里布的耐热度要与面料相适应，以便于控制熨烫温度。厚呢面料耐热度较好，所以不宜选配耐热度较差的尼龙纺、涤丝纺作为里布。

② 特别应注意里料的抗纰裂性，服装往往会由于里布发生纰裂而减少使用寿命。研究表明，不同纤维织物的纰裂性是不同的。与天然纤维、再生纤维比较，合成纤维织物产生纰裂现象更为突出，这是由于合成纤维回潮率小，纤维表面光滑，纤维间所产生的摩擦力、抱合力较弱，其织物受外力时极易产生纰裂，特别是化纤长丝，当线密度偏小、捻度偏小、织造密度松散时，经纱的滑移阻力减小，织物较容易发生纰裂。里布纰裂近年来已成为服装比较突出的质量问题，例如，一些高档的皮衣，外观还比较新，但是里布已经烂了，使得服装贬值。

③ 里料的颜色应和面料的颜色相协调。一般里料的颜色应与面料颜色相近，且不要深于面料颜色，对于轻薄透明和浅色系的面料尤其需要考虑这一点，同时还必须注意里料的色牢度和色差，以防止面料沾色而影响服装外观。

④ 里料应该具有较好的舒适性，夏季服装的里料要注重吸湿透气性，冬季服装的里料要注重保暖胜。高级服装的里料要求具有较好的抗静电性。

⑤ 里料应该具有较为光滑的布面，以保证穿脱方便。里料还应该有较好的抗起毛起球性，而且其柔软度和硬挺度必须服从面料的轮廓造型，以保持服装的外观形态。例如，秋冬季的服

装,其面料的轮廓造型较为硬挺厚实,里布就要选用较厚、较为硬挺的美丽绸、羽纱及软缎。而对于春夏季的外套等,面料的轮廓一般较为飘逸悬垂,这时里布以选用较轻薄的尼龙纺、涤丝纺及丝绸为宜。

⑥ 选择里料时,还须兼顾服装的成本,里料的档次应与面料相适应。例如,中高档面料一般可采用中高档的电力纺、斜纹绸、美丽绸、羽纱和质量较好的锦纶绸等;中低档的面料一般采用普通羽纱、富春纺、涤丝绸等。如果高档的全毛面料搭配了低档的服装里料,会影响服装的质感,而低档的全棉服装如果搭配高档的真丝斜纹绸也不合适,在经济上是一种浪费。

二、服装絮填料

服装面料、里料之间的填充材料称之为填料。其主要目的是为了保暖、保形以及其他特殊功能。服装用填料品种繁多,可按照原材料、形态、加工方法等分类。

(一) 按照原材料分类

按照构成填料原材料的不同可分为纤维材料(如棉、丝绵、动物绒、化纤絮填料等)、天然毛皮和羽绒。

1. 棉类填料

棉类填料具有舒适、保暖性好等优点,特别是新棉花和热晒后的蓬松棉花因充满空气而十分保暖。但棉花弹性差,受压后弹性和保暖性降低,水洗后难干、易变形等缺点。广泛用于婴幼、儿童服装及中低档服装。

2. 丝绵

丝绵是用蚕茧的茧层及蜡衬等加工而成的薄片绵张。有手工和机制两类,前者是袋形,后者是方形,都是高档的御寒填料。丝绵质感轻软、光滑,保暖性、弹性、透湿透气性好等优点。

3. 动物绒

羊毛和驼绒是高档的保暖填充料。其保暖性、弹性、透湿透气性都很好,但易毡结和虫蛀,可混以部分化纤以增加其耐用性和保管性。

4. 化纤填料

随着化学纤维的发展,用作服装填料的化纤产品也日益增多。化纤填料有洗涤方便,耐用性、保管性好,品种丰富,价格较低,但大部分有透湿透气性差等缺点。化纤絮填料中保暖性能较好且应用较广的有"腈纶棉"和"中空棉"。腈纶有人造羊毛之称,质轻而保暖,所以被广泛用作絮填料。中空纤维则由于其多孔现象,使得纤维本身具有很好的保暖性能,因而也被广泛地用作絮填料。

5. 天然毛皮

由于天然毛皮的皮板密实挡风,而绒毛中又贮有大量的空气而保暖,因此,普通的中低档毛皮,仍是高档御寒服装的絮填料。

6. 羽绒

羽绒主要是鸭绒,也有鹅绒、鸡绒等。羽绒由于很轻而导热系数很小,蓬松性好,是人们喜爱的防寒絮填料之一。用羽绒絮填料时要注意羽绒的洗净与消毒处理,同时服装面料、里料及羽绒的包覆材料要紧密,以防羽绒毛梗外露。在设计和加工时须防止羽毛下坠而影响服装的造型和使用。羽绒的品质以其含绒率的高低来衡量,含绒率越高,保暖性越好,价格越高。

7. 泡沫塑料

常见的泡沫塑料是聚氨酯。泡沫塑料有许多贮存空气的微孔，蓬松、轻而保暖。用泡沫塑料作絮填料的服装挺括而富有弹性，裁剪加工也简便，价格便宜。但由于不透气，穿着舒适性和卫生性差，且易老化发脆，通常只用于一般的救生衣等。

8. 混合材料

为了充分发挥各种材料的特性并降低成本，往往将不同的材料混合而制成絮填料。典型的采用70%的驼绒和30%的腈纶混合以及50%的羽绒和50%细旦涤纶混合的絮填料。合纤的加入如同在天然毛绒中增加了"骨架"，可使絮填料更加蓬松，进一步提高保暖性，同时改善了絮填料的耐用性和保管性，并降低了成本。

9. 特殊材料

为使服装达到某种特殊功能而采用的特殊絮填料。如使用消耗性散热材料作为填充材料，或在服装的夹层中使用循环水或饱和炭化氢，以达到服装的防辐射目的；在织物上镀铝或其他金属镀膜（太空棉），作为服装的絮填夹层，以达到热防护目的；又如采用甲壳质膜层（合成树脂与甲壳质的复合体）作为服装的夹层，以适应迅速吸收人体身上汗水的目的；将药剂置入贴身服中，用以治病或起保健作用等等。

（二）按照形态分类

填料根据形态可分为絮类填料和材类填料两种。

① 絮类填料是指未经纺织加工的天然纤维或化学纤维。它们没有固定的形状，处于松散状态，填充后要用手绗或绗缝机加工固定。如棉絮、丝绵、羽绒、驼绒等。

② 材类填料与絮类填料的不同之处是材类填料具有松软、均匀、固定的片状形态，可与面料同时裁剪，同时缝制，工艺简单。如泡沫塑料、太空棉等。最大的优点是可整件放入洗衣机内洗涤，因此深受人们的欢迎。

（三）按照加工方法分类

按材料加工方法可分为热熔棉、针刺棉、喷胶棉。

1. 喷胶棉

喷胶棉又称喷胶絮棉，是以涤纶短纤维为主要原料，经梳理成网，然后将粘合剂喷洒在蓬松的纤维层的两面，由于在喷淋时有一定的压力以及下部真空吸液的吸力，所以在纤维层的内部也能渗入粘合剂，喷洒粘合剂后的纤维层再经过烘燥、固化，使纤维间的交接点被粘结，而未被粘结的纤维仍有相当大的自由度，使喷胶棉能够保持松软。同时，在三维网状结构中仍保留有许多容有空气的空隙，因此，纤维层具有多孔性、高蓬松性的保暖作用。

喷胶棉除可用作棉絮外，还可用于防寒服、床罩、床垫、太空棉等。它具有很多优点：一是蓬松效果好，保暖性能优于棉花；二是质量很轻；三是具有防腐性，不霉、不蛀、不烂；四是具有可水洗性。

2. 针刺棉

针刺棉是通过机械作用，即针刺机的刺针穿刺作用，将蓬松纤维加固而成，也是非织造布的一种。具有重量轻、保暖性高、无污染、防霉性好、可洗涤等优点。由于通过针刺加固，因此针刺棉不及喷胶棉蓬松。

3. 热熔棉（羽绒棉、仿丝棉）

仿丝棉或热熔棉就是在蓬松的纤维网中混入一定比例的低熔点纤维，然后对纤维网在一定温度下进行烘燥，使低熔点纤维熔融，进而将纤维网中的纤维粘合在一起，用这种方法生产的产品就是热熔棉，如果再将热熔棉进行表面压光处理则被称作仿丝棉。由于在纤维网中混入了一定比例的粘合纤维，烘燥后低熔点纤维部分或全部熔融或软化，进而将其他纤维粘合在一起，纤维网中纤维间的粘合为点状粘合。而且由于粘合纤维在成网中分布均匀，因此纤维网中粘合点无论是在表面还是纤维网内部都分布均匀，所以采用热熔方法生产的热熔棉或仿丝棉手感柔软、蓬松度好、机械强度好、耐洗涤，总之，在各项性能方面得到了较大改善，使之成为了喷胶棉的替代产品。

羽绒棉也是热熔棉的一种，其特点是纤维网中主体纤维内混入一定比例的经过硅油处理的中空高卷曲涤纶，使产品较普通的热熔棉滑爽、蓬松，手感类似羽绒。

第三节　服装紧扣材料

在服装中起连接与开合作用的材料称为服装的紧扣材料。用于服装紧扣的辅料有纽扣、拉链、绳带、尼龙搭扣等。这些辅料看起来虽小，但它们在整体服装中具有很强的功能性和装饰性。这些辅料选配得当，会起到锦上添花和画龙点睛的作用，甚至会使服装身价倍增。

一、纽扣

（一）纽扣的分类

1. 按纽扣的结构分

（1）有眼纽扣

在扣子中间有两个或四个等距离的眼孔（图6-3-1）。由不同的材料、颜色和形状，用于各类服装。

图6-3-1　有眼纽扣

（2）有脚纽扣

在扣子的背面有一突出扣脚，脚上有孔（图6-3-2），以保持服装的平整，常用金属、塑料或用面料包覆，一般用于厚重和起毛面料的服装。

图6-3-2　有脚纽扣

（3）揿扣（按扣）

分为缝合揿扣和用压扣机固定的非缝合揿扣（图6-3-3）。一般由金属或合成材料（聚酯、塑料等）制成。固紧强度较高，一般用于工作服、童装、运动服、休闲服、不易锁眼的皮革服装以及需要光滑、平整而隐蔽的扣紧处。

（4）其他纽扣

用各种材料的绳、饰袋或面料制袋缠绕打结，制成扣与扣眼，如盘扣（图6-3-4）等，有很强的装饰效果。一般用于民族服装。

图6-3-3 揿扣(按扣)

图6-3-4 盘扣

2. 按纽扣材料分

用来制作纽扣的材料有很多,有木材、骨头、玻璃、塑料、金属、树脂等,纽扣的原料对纽扣的影响最大,材料的不同可以形成不同风格的纽扣,比如木质的纽扣有朴素、原始、自然、随意的风格,而金属的纽扣给人以华丽、现代、超前、耀眼的感觉。不同的纽扣有不同的装饰作用,可用于不同的服装中,各类材料纽扣的特点见表6-3-1。

表6-3-1 纽扣的材料类别及特点

类别名称	纽扣样品	特征	主要用途
金属扣		由黄铜、镍、钢、铝等材料制成,常用的是电化纽扣。质轻而不易腿色,并可冲压花纹和其他标志等。在塑料扣上镀铬或镀铜的金属膜层扣,质轻而美观且有富丽闪烁的效果。	常用于牛仔服及有专门标志的服装。电化铝扣不宜用于轻薄并常洗的服装,以防服装受损。金属膜层扣则不易损伤服装,是常用的纽扣之一。
塑料扣		用聚苯乙烯过塑而成,可制成各种形状和颜色。耐腐蚀,价格低,但耐热性差,表面易擦伤。	低档女装和童装。
胶木扣		用酚醛树脂加木粉冲压制成,价格低,耐热好,但光泽性差。	低档服装
树脂扣		以不饱和聚酯加颜料制成板材或棒材,经切削加工及磨光而成。颜色多样,光泽自然,耐洗涤,耐高温,价格较贵。	多用于高档服装
衣料扣		用各种布料、革料包覆缝制而成,如包扣、盘扣等。传统典雅,但表面易磨损。	女装和民族服装
贝壳扣		用贝壳制成。有珍珠般的光泽,耐高温洗熨,但质地硬脆易损。	男女衬衫、内衣、高档时装
木质扣		用桦木、柚木经切削加工制成。风格自然朴素,缺点是易吸湿膨胀开裂、变形。	麻类面料和素色的休闲服装

(二) 纽扣的规格型号

为了控制扣眼的尺寸和调整锁扣眼机,应准确的测量纽扣的最大尺寸,非正圆形的纽扣测其最大直径。纽扣的大小尺寸,国际上以莱尼来度量(1 莱尼 =1/40 英寸)。纽扣的大小有国际统一型号和各生产厂制定的型号。如树脂纽扣在国际上有统一的型号系列,常见的型号有 14″、16″、18″、24″、32″、34″、36″、40″、44″、54″等,表 6-1-2 给出了纽扣规格量度莱尼、毫米以及英寸之间数值对照表。其纽扣型号和纽扣外径尺寸之间的关系可用:纽扣外径(mm) = 纽扣型号 × 0.635 关系式表示。

表 6-3-2 纽扣规格量度对照表

莱尼/L	毫米/mm	英寸/(″)	莱尼/L	毫米/mm	英寸/(″)
12	7.5	5/16	28	18.0	23/32
13	8.0	5/16	30	19.0	3/4
14	9.0	11/32	32	20.0	13/16
15	9.5	3/8	34	21.0	27/32
16	10.0	13/32	36	23.0	7/8
17	10.5	7/16	40	25.0	1
18	11.5	15/32	44	28.0	35/32
20	12.5	1/2	45	30.0	19/16
22	14.0	9/16	54	34.0	21/16
24	15.0	5/8	60	38.0	3/2
26	16.0	21/32	64	40.0	25/16

(三) 纽扣的选用

选择纽扣时除了要考虑使用方便、牢固耐用、耐洗涤、抗老化等实用性因素之外,还需要考虑纽扣的装饰、美化作用。在这个方面,基本的原则是:纽扣要服从服装的整体风格,达到形式美的统一。首先,纽扣的颜色、大小和材质应与服装相协调,以实现风格的一致性;其次,纽扣可起到强调和点缀的作用,在对比之中产生美感。在此基础上,纽扣应与服装的类型相配,符合服装的功能、穿着者的特点和特定的场合。此外,选择纽扣还应考虑价格因素,注意成本的合理性。因为纽扣是标准化产品,选择时应注意按标准规格选用。

二、拉链

拉链是用于服装上衣的门襟、袋口,裤、裙的门襟或侧胯部位等处的紧扣件,在服装中起重要的开启和闭合作用。拉链除了实用性之外,也有很强的装饰性,拉链之于服装不仅是一种连接件,更是一种时尚的装饰品。

1. 拉链的组件

拉链的构成主要是链牙、布带、拉头、上止、下止等部分组成,如图 6-3-5 所示。

2. 拉链的材质

拉链按其材质一般分三种:

① 金属拉链:拉链的链牙由金属原材料制成,包括铝质、铜质、铁质、银质等,还有锌合金材料。

② 注塑拉链:又叫树脂拉链、塑料拉链。1953 年德国首次推出了以塑料为原料制作的拉链,开创了非金属拉链的先河,并可进行各式仿制加工,得到各种不同外观风格的拉链,如仿金(银)牙、透明、半透明、蓄能发光、仿钻石拉链等。

③ 尼龙拉链:链牙由尼龙单丝通过缠绕成型成为一条牙链,再通过缝线缝合将其固定在布带边上。可制成具有隐形、双骨、编织、反穿、防水等特点的拉链。

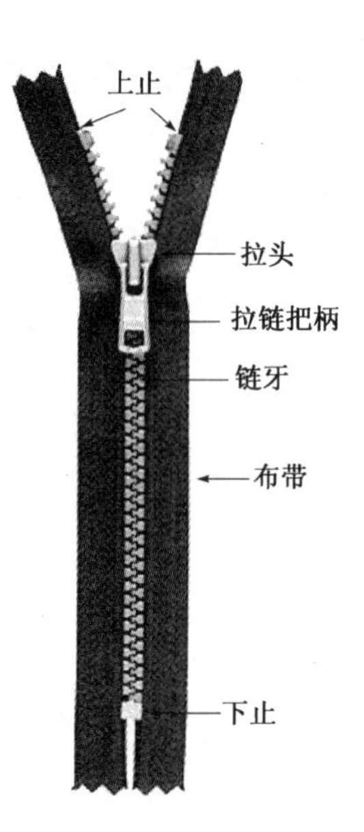

图 6-3-5 拉链组件

3. 拉链的结构类型

拉链按其结构分为以下几种(图 6-3-6):

① 闭尾拉链:拉链的一端或两端闭合,前者用于裤子、裙子和领口等,后者则用于口袋等部位。拉链在拉开时,两边牙链带不能完全分离的称为闭尾拉链。闭尾拉链有单头闭尾拉链和双头闭尾拉链之分。穿有一只拉头的闭尾拉链称为单头闭尾拉链,而一根闭尾拉链上穿有两个拉头的则称为双头闭尾拉链。

② 开尾拉链:拉链在拉开时,可将两边牙链带完全分开,称为开尾拉链。主要用于前襟全开的服装(如滑雪服、夹克、外套等)和可脱卸的服装等。在开尾拉链中,有单头开尾拉链和双头开尾拉链之分。

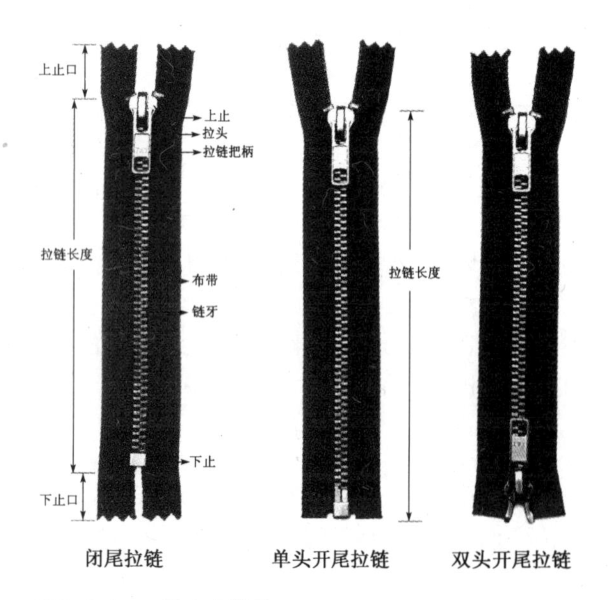

图 6-3-6 开尾、闭尾拉链

③ 隐形拉链：链牙由单丝围绕中心线成型，呈螺旋状，缝合在布带上将布带内摺外翻经拉头拉合后，正面看不到链牙（图6-3-7）。多用于裙、裤子后腰、上装背部等部位。

图6-3-7　隐形拉链

4. 拉链的选用原则

① 根据服装不同部位的需要选用。如裤门襟、领口、裙腰部、袋口等部位，只需要拉链的一端能分开或两端都不必分开，应选用闭尾拉链，起到服装的局部闭合作用。而夹克、运动衫、滑雪衫门襟的闭合，脱卸服装的面、胆连接闭合等，则应选用开尾拉链。隐形拉链是从优雅美观的需要出发而设计生产的在服装中不明显的闭合件，一般用于旗袍、合体女装的开启闭合等。有的服装部位拉链使用频繁，且受力较大，则应选择强度较好的拉链。

② 根据服装穿着的需要选用。有的服装具有双面穿着的功能，根据服装两面开启、闭合的需要，可选用拉头回转能正反两面使用的双面拉链。为便于人体站立、坐下活动方便，有的较长的服装拉链可选用上、下两头开启的拉链等。不同服装中的拉链若选用不恰当，将给服装穿着带来不便。

③ 按服装面料的性能选用。服装拉链的底带以织物为主，织物的纤维多使用涤纶、涤棉混纺、纯棉和黏胶纤维等。纤维的特性对拉链的质量影响很大，比如，有的底带洗涤熨烫后，纤维收缩性大，易导致服装走形，因此，选择的拉链底带的材料性能应与面料的性能匹配。另外，拉链底带的色彩要尽量与服装的色彩相协调，做到总体上协调一致。

④ 根据服装的装饰需要选用。拉链在服装上的使用有的已超出了实用的范围，一些纯装饰的拉链、吊挂各种饰件饰物的拉链，在服装中的应用越来越多。因此，应根据服装的装饰需要，选择颜色、材料、拉头、牙链与服装相匹配的拉链。

三、其他紧扣材料

（一）钩

钩是安装在服装经常开闭处的连接物，多为金属制成，左右两件组合。钩一般有领钩和裤钩，如图6-3-8所示。

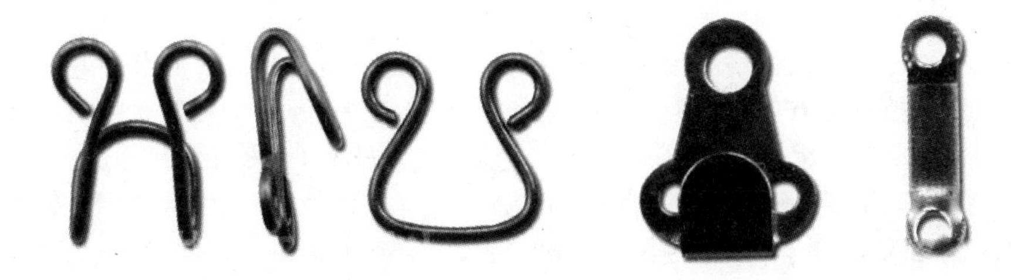

图6-3-8　领钩和裤钩

领钩，又叫风纪扣，有大小号之别，用铁丝或铜丝弯曲定形而成，由钩件和环件构成一副领钩。其特点是小巧、较为隐蔽、使用方便，常用于军装的领口、中山装或女套衫的后领口。

裤钩，有大小之别，多用铁皮或铜皮冲压而成，再经镀铬、锌，使表面光亮洁净。裤钩由一钩、一槽构成，用于裤腰、裙腰、内衣及裘皮服装。

（二）尼龙搭扣

尼龙搭扣又叫魔术贴，是由尼龙钩带和尼龙绒带两部分组成的连接用带织物，可用来代替拉链、纽扣等连接材料（图6-3-9）。尼龙搭扣多用于需要方便而迅速地闭紧或开启的服装部位，如消防员的服装，作战服装、婴幼儿服装以及活动垫肩等。

图6-3-9　尼龙搭扣

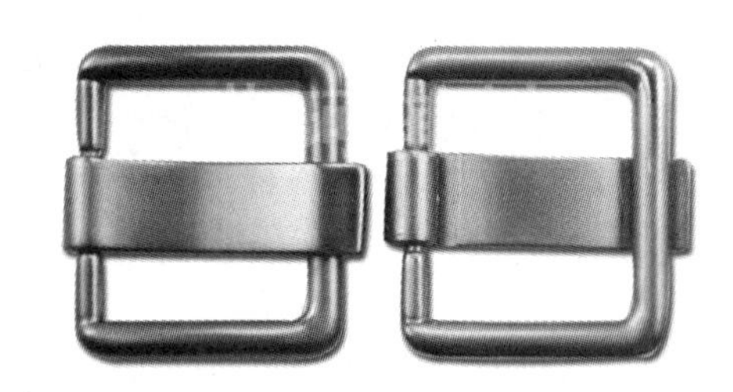

图6-3-10　腰带卡

（三）环、卡

环、卡都是用来调节服装松紧作用的辅料。

环主要由金属制成双环结构。使用时一端钉住环，另一端缝制一条带，用来套拉以调节松紧。

卡所用的材料有有机玻璃、尼龙、塑料、金属电镀等，形状也多种多样，常用于连衣裙、风衣大衣的腰带上（图6-3-10）。

（四）绳带类

服装中的绳带主要有两个作用，一是紧固，二是装饰。比如运动裤腰上的绳带，连帽服装上的帽口带，棉风衣上的腰节绳带，防寒服的下摆，花边领口上的丝带，服装上的装饰带、盘花带，服装内的各种牵带等。

1. 绳

绳的原料主要有棉纱、人造丝和各种合成纤维等。用于裤腰、服装内部牵带等不显露于服装外面的绳，一般选用本色全棉的圆形或扁形绳；其他具有装饰性的绳，在选用时要与服装的风格和色彩相协调，可选用人造丝或锦纶丝为原料的圆形编织绳、涤纶缎带绳、人造丝缎带绳等。总之，服装中的绳应用得好，有很好的装饰美化作用。

2. 松紧带、罗纹带

松紧带是具有纵向弹性伸长的狭幅扁形带织物，又称宽紧带（图6-3-11）。在服装中具有紧固和方便的作用。松紧带按织造方法不同分为机织松紧带、针织松紧带、编织松紧带。机织松紧带由棉或化纤为经、纬纱，与一组橡胶丝（乳胶丝或氨纶丝）交织而成。这种带质地较紧密，品种多样，广泛用于服装袖口、下摆、胸罩、吊袜、裤腰、束腰、鞋口，以及医疗绷扎带等方面。针织松紧带能织出各种小型花纹、彩条和月牙边，质地疏松柔软，原料多为锦纶弹力丝，产品大多用于胸罩和内裤。编织松紧带是经线通过锭子围绕橡胶丝按“8”字形轨道编织而成。松紧带有不同的宽窄可供选择。

罗纹带属于罗纹组织的针织品，是由橡皮筋与棉线、化纤、绒线等原料织成的弹力带状针织物（图6-3-12），主要用于服装的领口、袖口、脚口等处。

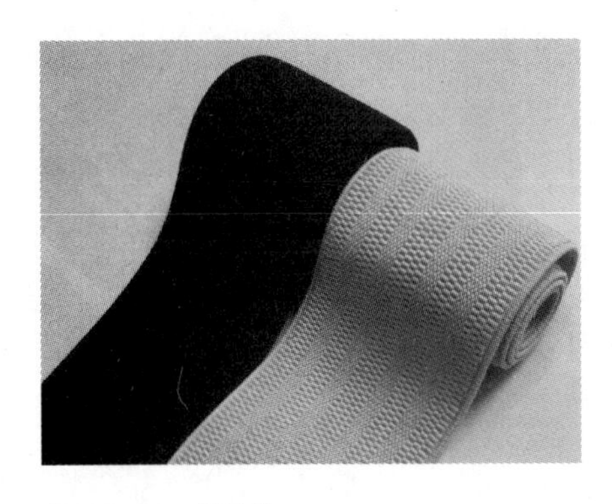

图6-3-11　松紧带

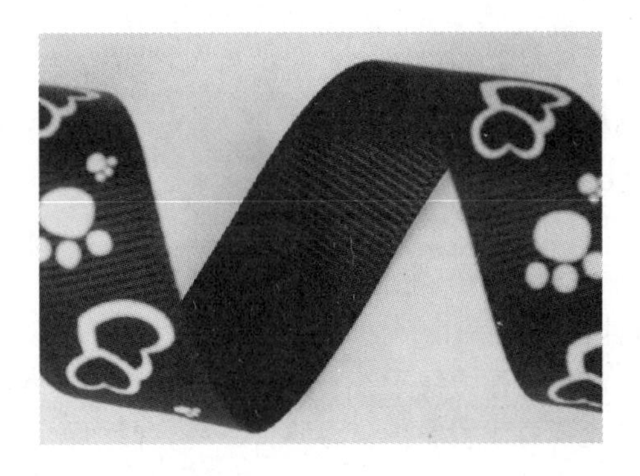

图6-3-12　罗纹带

第四节　其他服装辅料

一、服装缝纫线

线是用两股或两股以上的单纱并合加捻而成的产品。用于缝合纺织材料、塑料、皮革制品和缝订书刊等用的线，称为缝纫线(图6-4-1)。缝纫线除缝合衣片、连接各种服装部件功能外，还能起到装饰的作用。

(一) 缝纫线的种类及特点

缝纫线的种类很多，可用于不同材质和颜色的布料，满足服装不同部位和不同制作工艺的需要。缝纫线的选用是否得当，对服装产品的外观质量和内在品质都有很大影响。由于缝纫线的原料与性能有直接关系，所以其主要分类方法是按照原料划分的。

图6-4-1　缝纫线

1. 天然纤维缝纫线

(1) 普通棉线

强力较高，耐热性好，能适应高速车缝，但弹性和耐磨性较差，易受真菌破坏。可用于棉织物、手工缝制、打线钉等。

(2) 丝光线

为精梳棉线经丝光处理的产品。强度有所增加，条干均匀，光泽明显，多用于棉织物。

(3) 蜡光线

为棉线经练、染和上蜡处理的产品。条干均匀光滑，手感硬挺，强度及耐磨性均有所提高。适于缝制硬质材料。

(4) 丝线

包括长丝线和绢纺线。条干均匀,光泽明亮,强力、弹性和耐磨性均优于棉线,但价格较高。多用于高档服装和缉明线。

2. 化纤缝纫线

(1) 涤纶长丝线

涤纶长丝线强度、耐磨性优良,弹性好,耐腐蚀,缩水率小,色牢度好,光泽明亮,近似于真丝线,可缝性优良。适用于各类织物和皮革,主要用于西服、风衣和军服的缝制。

(2) 涤纶丝弹力线

涤纶丝弹力线主要特点为伸长率高,弹性优良,多用于针织面料及运动服、紧身衣、女内衣的缝制。

(3) 涤纶短纤线

涤纶短纤线的强度大,耐磨性好,不霉不蛀,不掉色,色谱齐全,缩水率小,线迹平挺美观。它与其他线相比更适合于做缝纫用线,它能满足各种特性要求。涤纶短纤线适用于各类化纤及混纺面料,是现今服装缝纫线中应用最多的线。它的缺点是耐高温性较差,过高的缝纫速度会使线熔融,堵塞针眼,造成断线。

(4) 尼龙长丝线

尼龙长丝线质轻,强度高,耐磨,弹性好,但耐热性较差。一般用于化纤织物和泳装、内衣等。不适宜高速缝纫。

(5) 尼龙透明线

尼龙透明线通过添加柔软剂和增透剂制成。其优点是线迹不明显,从而有效解决了配色困难的问题,通用性很强。

(6) 维纶线

维纶线强度好,较耐磨,化学稳定性优良,但湿热收缩率较大。一般用于钉扣、锁眼或缝制较厚实的织物。

3. 混纺缝纫线

(1) 涤/棉混纺线

涤/棉混纺线一般以65%涤纶和35%棉混纺,既保证了强度、耐磨性和较小的缩水率,又提高了耐热性,用途较为广泛。

(2) 涤/棉包芯线

涤/棉包芯线以涤纶长丝为芯线,外包棉纤维制成。外层棉纤维可有效地提高对针温和定形温度的耐受力,适用于需高速车缝且对缝纫线性能要求较高的服装加工。

4. 刺绣线

刺绣线又称绣花线,由真丝或化纤丝制成,是主要的装饰和工艺品用线。刺绣线的最大特点是光泽美观,色彩鲜艳,不易褪色,花色品种繁多;一般捻度较小,故手感柔软、光滑,但强度较差,不耐磨损。绣花线根据材质有棉绣花线、蚕丝绣花线、毛绣花线、黏胶丝绣花线、腈纶绣花线、涤纶丝绣花线等。

5. 金银线

金银线一般是在涤纶薄膜上采用真空技术蒸涂铝箔后切丝而制成的,颜色有金、银、红、绿、蓝等。金银线是一种装饰用线，既可用于面料织造，又可用于绣花、装饰。在洗涤时，金银线易氧化，从而变脆、褪色，受到外力时容易被破坏。

（二）缝纫线的选用原则

选用缝纫线的原则可以概括为三方面。

1. 与面料性能相配

缝纫线的选择必须与面料的性能相匹配。故要考虑以下几个因素：

① 颜色：通常缝纫线的颜色应与面料的颜色一致，这是非常重要的，否则外露的缝线会破坏服装的美观性。如果是起装饰作用的缝线，颜色也应与面料的颜色协调。

② 厚度：厚料用粗线，薄料用细线。有的服装要突出缝线的装饰效果，可在薄料上应用粗线，但要注意避免缝线对面料的损伤。

③ 材质：不同原料的面料有不同的牢度和缩率等，一般来讲，缝线的原料与面料的原料一致较易取得协调的配伍。涤纶缝纫线有较大的牢度、较小的缩率和较好的弹性，容易与不同的面料配伍。

2. 与服装特点和用途相配

选择缝纫线时应充分考虑服装的实际用途、审美特点、穿着环境和保养方式，使缝纫线能够保证服装美观、耐用和高品质。对于一些特殊场合穿着的服装，缝纫线的选择也应有特殊的要求。比如，在需要阻燃、耐高温、防水等场合穿着的服装，所选的缝纫线也应有阻燃、耐高温、防水的性能。对于紧身内衣、体操服、游泳衣等弹性变形较大的服装，其缝纫线的弹性变形也要较大，否则会使线崩断，服装开线。服装不同的部位受力情况不同，用于缝合的缝纫线也应有区别，比如裤子的后裆缝、大腿缝，上衣的后背缝、后袖窿缝、后肩缝等都是受力较大的部位，应选用有较高强度的缝纫线，或者来回加固缝纫。

3. 与不同缝线线迹相配

不同的线迹种类决定了不同的缝口性质和外观特点，缝纫线必须与之相配。缝纫线露在服装正面的线迹直接影响服装的外观，用美观的针迹、漂亮的缝纫线就可对服装起装饰作用，对于不同的加工，如车缝、包缝、钉扣、锁眼、滚边、缉明线等，均有专用的缝纫线可供选择，应尽量避免随意混用。

二、装饰性辅料

装饰性辅料是指专用于装饰服装的衣着附件，如花边等。可单独使用，也可镶嵌在拉链、纽扣上使用，主要用来点缀、装饰服装，以增加服装的时尚性、款式多样性、美感和整体协调性。

近几年来，装饰性辅料的品种发展很快，据初步统计，应用在服装上的装饰性辅料已有三百余种。其材料有纤维、坚果壳、贝壳、水钻、珍珠、塑料、真宝石下脚料、金属片等。

装饰性辅料在服装上的固定方法有：缝、烫、烫缝结合、织、绣、铆等。按其使用方法大致可分为：编缝、烫贴、镶嵌等四大类；按其使用性能可分为：花边、珠子与光片、流苏、羽毛、缎带等几大类。

1. 花边

花边是指一种以棉线、麻线、丝线或其他织物为原料，经过绣制或编织而成的有各种花纹图

案装饰性镂空制品，我国俗称抽纱。

(1) 机织花边

机织花边是由提花机控制经线与纬线交织而成(图6-4-2)。可以多条同时织制或单幅织制后再分条。机织花边又可分为纯棉、丝纱交织、锦纶花边等。机织花边的原料有棉线、蚕丝、金银线、黏胶丝、锦纶丝、涤纶丝等。机织花边质地紧密，立体感强，色彩丰富，具有艺术感。丝纱交织花边在我国少数民族中使用较普遍，所以又称为民族花边，其图案喜庆吉祥，具有民族特点。

图6-4-2 少数民族服饰上的机织花边

(2) 针织花边

针织花边由经编机制作。花边大多以锦纶丝、涤纶丝、黏胶丝为原料。针织花边组织稀松，有明显的孔眼，外观轻盈，犹如翼纱(图6-4-3)。分为有牙口边和无牙口边两大类。有牙口边的花边宽度较宽，一般用于装饰用品，特别是妇女儿童服装的领、胸、袖口等部位，还可用于帽子、家具布的装饰。无牙口边的花边可用于服装的不同部位，起装饰作用。

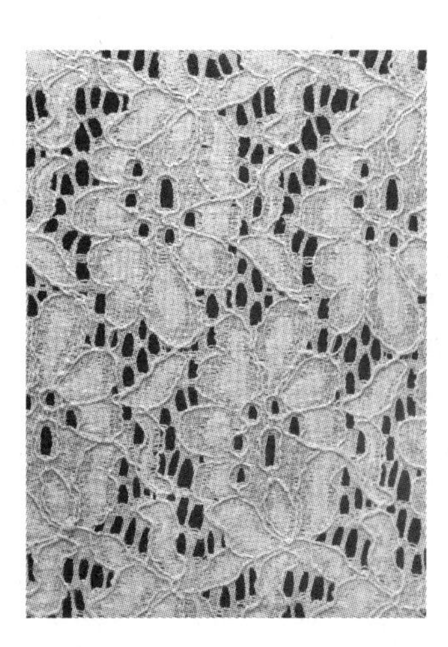
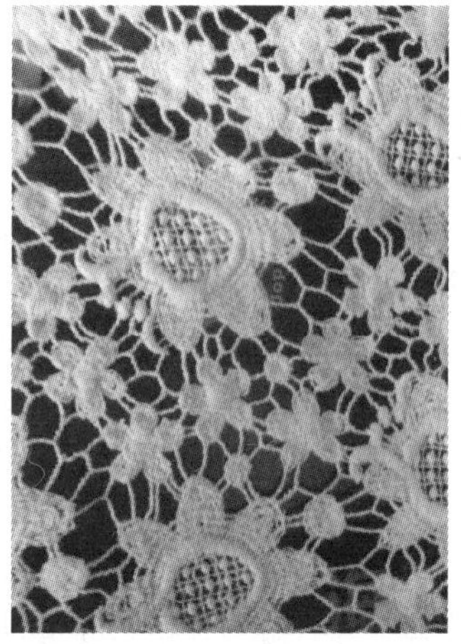

图6-4-3 针织花边

(3) 刺绣花边

刺绣花边即绣花。它是在很长的历史时期里由世界各国的手工艺逐渐发展起来的,刺绣花边可分为机绣花边和手绣花边两类,手绣花边是我国传统手工工艺,生产效率低,绣纹常易产生不均现象,绣品之间也会参差不齐。但是,对于花纹过于复杂、彩色较多,花回较长的花边仍非手工莫属,而手绣花边比机绣更富于立体感。机绣花边是在手绣花边的基础上发展起来的大生产花边品种。机绣花边采用自动绣花机绣制,即在提花机构控制下在坯布上获得条形花纹图案,生产效率高。各种原料的织物均可作为机绣坯布,但以薄型织物居多,尤以棉和人造棉织物效果最好。

(4) 水溶性花边

水溶性花边是刺绣花边中的一大类。它是以水溶性非织造布为底,用黏胶长丝作绣花线,通过电脑平板刺绣机绣在底布上,再经过热水处理使水溶性非织造底布溶化,留下具有立体感的花边,因其底布经过水溶处理,故称水溶性花边。水溶性花边宽度 1 ~ 8 cm,牙口边有大小不一的小锯齿,形式多样、花形变化较活泼,并有较强的立体感,广泛应用于各类服装及装饰用品。

(5) 机绣贴花

机绣贴花是以涤纶织物为面料,用黏胶丝线和涤棉线在绣花机上进行刺绣,并以弹力线衬里,表面呈凹凸形,立体感强。不同花形采用各种针迹绣法分批刺绣,经整烫,再多层缝合而成。产品主要用作绣衣、睡衣、羊毛衫的装饰。

2. 珠子与光片

珠子与光片是服装及服饰的缀饰材料(图 6-4-4),珠子是圆形或其他形状的几何体,中间有孔。采用丝线将有孔珠子穿起来,镶嵌在服装上用作装饰。光片是圆形、水滴形或其他形状的薄片,片上有孔,它们采用各种颜色的塑料或金属制成,用线将它们穿起来,镶嵌在服装上,在光照下会闪闪发光。常用于晚装、女装、儿童服装及舞台服装等。

3. 流苏

流苏是一种下垂的以五彩羽毛或丝线等制成的,一般编织成很细的绳状物,以一定的长度排列、固定在一条基带上,形成悬垂的穗子(图 6-4-5)。流苏色泽鲜艳,常作为舞台服装、女装、皮包、女靴的边饰。

图 6-4-4　镶嵌亮片装饰的服装

图 6-4-5　流苏

4. 羽毛

通常以一些漂亮的鸟羽为原料,如经过染色的鸵鸟羽毛等。这些羽毛非常美丽,是不可替代的装饰佳品,十分适用于礼服、表演服等。但必须注意要选择已实现人工养殖的鸟类。

5. 缎带

缎带是用真丝或有光化纤丝织成的带子,有明亮的缎面光泽,故称缎带。缎带有不同规格和颜色,一些品种还织有花纹和文字等。缎带可以直接或制作成各种饰品装饰童装和女装。

三、服装商标、标志

随着服装产品标准化的推广和服装品牌意识的加强,服装的各类标志已成为服装产品不可缺少的组成部分,受到了生产者、营销者和消费者的关注,通过这类辅料往往可以从另一个侧面反映出服装的档次。在服装产品中,有些标志只起到标识、说明的作用,有些则兼有装饰作用。

(一) 商标和标志的基本概念

1. 商标

商标是商品的标记,俗称牌子。服装商标就是服装的牌子,是服装生产、经销企业专用在企业服装上的标志。一般用文字、图案或二者兼用表示。商标是服装质量的标志。生产、经销单位要对使用商标的服装质量负责。

2. 标志

标志是用图案表示的视觉语言。它具有比文字表达思想、传递信息更快速、明了、概括的特点。服装上所使用的标志同样具有这些特点。世界上各国服装标志所表达的内容基本上是一致的,但标志图形符号不完全相同。一般情况下,标志具有以下内容:成分组成(品质表示)、使用说明、尺寸规格、原产地(国)、条型码、缩水率、阻燃性。

3. 商标和标志的区别

(1) 性质不同

在同一地区,不同的厂家,使用不同的原料,生产同一种服装,可以使用相同的标志。但是,不可使用相同的商标(在没协议情况下)。所以说,商标作为企业的专用标记,是不能通用的,而标志的大部分内容则是通用。

(2) 内容不同

商标是由企业依法根据自身特点制定的形象、图案及厂名、地址等构成的。标志是由国家颁布的标准说明和图形符号构成的。

(3) 适用法律不同

商标的注册和使用不但在我国有明确的法律规定,在世界各国及国际组织间都有明确、单独的法律规定。标志则不同于商标,日本用《家庭用品品质表示法》对标志的内容做出了规定。欧美国家也对标志的某些内容、条款有明确规定。我国则在产品质量法中对标志的使用作出了规定。

(二) 商标和标志的分类

1. 商标的分类

(1) 按用途分类

① 内衣用商标:要求薄、小、软。要使用轻柔的面料,使人穿着舒适。

② 外衣用商标:相对的大、厚、挺。可选用编织商标、纺织品和纸制的印刷商标。

(2) 按使用原料分类

① 纺织品商标:商标可用经过涂层的纺织品印制,目前广泛使用的是尼龙涂层布(又称胶带)、涤纶涂层布、纯棉涂层布、涤/棉混纺涂层布(图6-4-6)。

② 纸制商标(又称吊牌):纸制吊牌是服装上最常用的,吊牌有正反两面,既可做商标,又可以将标识的内容印制在反面。还可将日历、宣传标语等内容印在其中(图6-4-7)。

图6-4-6 纺织品商标

图6-4-7 服装吊牌

③ 编织商标(又称织标):织标用41.7~62.5 tex涤纶丝,制作按图案要求,用专用设备编织而成。织标通常用做服装的主要商标(图6-4-8)。

④ 革制商标(又称皮牌):皮牌是以原皮或合成革为原料,用特制的模具、经高温浇烫形成图案,或者是将图案印刷在皮牌上。皮牌一般用在牛仔系列服装上(图6-4-9)。

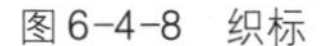

图6-4-8 织标

图6-4-9 皮牌

⑤ 金属制商标:金属商标是用薄金属板材,按图案开出模具,经冷压形成。金属牌也常用于牛仔系列服装。

2. 标志的分类

(1) 品质标志(又称组成或成分标识)

品质标志表示服装面料所用纤维种类,纤维的比例。品质标志是生产厂销售单位、消费者选购服装档次考虑价格的主要依据。通常按纤维含量的多少排列。例如:T/C65/35表示含涤

纶纤维65%、棉纤维35%。

(2) 使用标志(又称洗涤标识)

使用标志是指导消费者根据服装原料,采用正确的洗涤、熨烫、干燥、保管方法的表示。

(3) 规格标志

表示服装规格,一般用号型表示。根据服装不同,规格标志表示的内容不同。衬衣用领围表示,裤子用裤长和腰围表示,大衣用身长表示等。

(4) 原产地标志

标明服装产地。通常表示在标志底部,便于识别服装来源。出口服装必须注明产地。

(5) 合格证标志

合格证标志是企业对上市服装检验合格后,由检验人员加盖合格章,表明服装经检验合格。通常印在吊牌上。

(6) 条型码标志

利用条码数字表示商品的产地、名称、价格、款式、颜色、生产日期及其他信息,并能用读码扫描设备将其内容读出来。服装采用的条码大多印制在吊牌或不干胶标志上。

(7) 环保标志

环保标志表示两层意思:第一,原料虽然经过特殊处理,但原料中有害物质的含量低于对人体造成危害的标准;第二,原料是用天然材料制成的,不含对人体有害物质(图6-4-10)。

国际环保纺织品(Oeko-Tex 100)

国家生态纺织品标识

图6-4-10 服装环保标志

第五节 粘合衬理化性能测试

一、粘合衬剥离强度测试

(一) 实验目的

掌握试样准备的方法和实验过程,指导服装加工时合理选择粘合衬,以保证服装质量。

(二) 实验仪器和试样

1. 实验设备

压烫机,织物强度试验机(CRE 型)或专用织物剥离强度实验机,如图 6-5-1 所示。

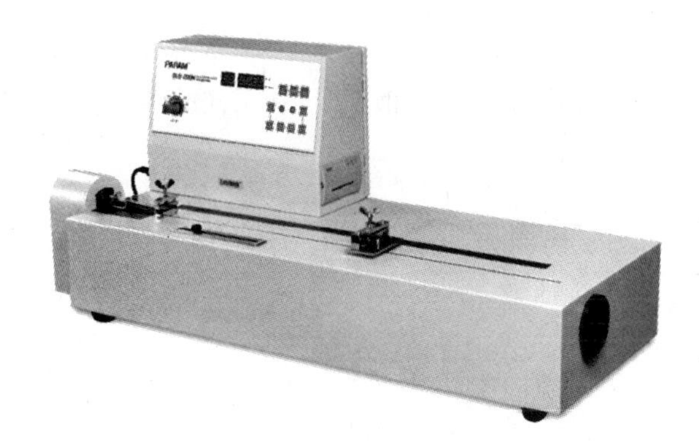

图 6-5-1 剥离强度试验机

2. 试样准备

① 剪取粘合衬布坯样 17 cm×7 cm,经、纬向各 5 块,并修剪成尺寸为 15 cm×5 cm 的标准样条。

② 在标准面料上距布边 10 cm,布端 1 m 处取 18 cm×8 cm 试样,经、纬向各 5 块。

标准面料规定:衬衣用粘合衬标准面料为 T/C(65/35),经、纬线密度为 13 tex/13 tex,织物经、纬密度为 433 根/cm×299 根/cm 的涤/棉漂白或浅色细纺,缩率经、纬向均小于 1%。

外衣用粘合衬标准面料:T/R(65/35),经、纬纱为股线,线密度为 32 tex×2/32 tex×2,织物经、纬纱密度为 866 根/cm×821 根/cm 的涤/粘中长浅色平纹布,缩水率小于 2%,干热缩率小于 1%。

将 0.1 mm 以下的薄纸衬入粘合衬的胶面与面料之间,确保粘合衬与面料粘合长度为 10 cm。

将组合试样及衬纸放入压烫机,在规定的温度、压力及时间条件下压烫粘合。

组合试样在标准大气条件下平衡 4 h 以上,待测试。

(三) 实验步骤

设定织物强度试验机或专用织物剥离强度试验机工作参数:夹间距为 100 mm,拉伸速度为 100 mm/min,实验次数 5 次。

将组合试样剥开一端后,将衬布置于上夹钳内,面料置于下夹钳内,注意夹紧,不得滑脱。

启动机器,重复测试。

(四) 结果计算

将 5 组试样分别测试,记录最大的剥离强度值与平均剥离强度值。

二、粘合衬耐热性能测试

(一) 实验目的

通过实验,了解粘合衬的耐热性能,从而指导在面料和衬料粘合的过程中合理选择粘合

参数。

（二）实验仪器

1. 实验仪器

压烫机、标记装置或记号笔和钢板尺等。

2. 试样准备

从样品上剪取 30 cm×30 cm 试样 1 块，用标记装置或记号笔和钢板尺在试样的经、纬向各打 3 个间距 25 cm 的标志，各组标记间隔 10 cm±1 cm。

（三）实验步骤

将压烫机工艺参数设定为 150℃，压力为 0.3 kPa，时间为 10 s，压烫机预热备用。

将备好的试样放入压烫机，并按上述工艺参数完成压烫。

取出试样冷却，在标准大气条件下放置 4 h，待测试。

分别测试试样上经、纬 3 对标记间的距离。

（四）结果计算

按下式计算试样的干热尺寸变化率：

$$\text{干热尺寸变化率} = \frac{L_0 - L_1}{L_0} \times 100\%$$

式中：L_0——实验前标记线之间平均距离（25 cm）；

L_1——实验后标记线之间平均距离，cm。

三、粘合衬耐水洗性能测试

（一）实验目的

通过实验，了解粘合衬的耐水洗性能，从而合理选择服装的洗涤方式，保证服装的质量。

（二）实验仪器和试样

1. 实验仪器

滚筒式标准洗衣机、压烫机、标准光源、标记装置或记号笔和钢板尺等。

2. 试样准备

剪取 30 cm×30 cm 衬布 1 块制成组合试样，用标记装置或记号笔和钢板尺在试样的经、纬向各打 3 个间距 25 cm 的标志，各组标记间隔 10 cm±1 cm。

（三）实验步骤

① 将组合试样及足够的陪衬织物放入滚筒式标准洗衣机，使布重量达到 1.4 kg。

② 选定洗涤程序，即洗涤水位高（约 23 cm），加热（10 min 内应将机内水加热到测试的温度，精确到±1℃），洗涤过程（洗涤 40 min—排出洗涤液—漂洗—脱水）。

③ 启动洗衣机，加入洗涤剂 90 g（28 g/L）。

④ 取出组合试样，在室温下晾干或在恒温烘箱中烘干，并在标准大气条件下平衡 4 h。

（四）结果计算

1. 外观评定

将组合试样与标样放在同一平面上，并按同一经、纬向排列，在标准光源条件下对比标样，判定试样起泡及变化程度。

2. 水洗尺寸变化率计算

按以下公式进行计算:

$$水洗尺寸变化率 = \frac{L_0 - L_1}{L_0} \times 100\%$$

式中:L_0——实验前标记点间距离的平均值(25 cm);

L_1——实验后标记点间距离的平均值,cm。

四、粘合衬耐干洗性能测试

(一) 实验目的

通过实验,了解粘合衬的耐干洗性能,从而合理选择服装的洗涤方式,保证服装的质量。

(二) 实验仪器和试样

1. 实验仪器

小型干洗机、压烫机、标准光源、标记装置或记号笔和钢板尺等。

2. 试样准备

剪取 30 cm×30 cm 衬布 1 块制成组合试样,用标记装置或记号笔和钢板尺在试样的经、纬向各打 3 个间距 25 cm 的标志,各组标记间隔 10 cm±1 cm。

3. 试剂准备

按每 3.8 L 的四氯乙烯溶剂加 60 mL 石油硝酸盐洗涤剂和 4 mL 水混合。

(三) 实验步骤

① 将 3.8 L 四氯乙烯溶液倒入干洗筒内。

② 称组合试样的重量,使其为 225 g(不足部分用类似面料补足),放入筒内并加盖。

③ 启动洗涤开关,连续干洗 15 min 停止。

④ 取出组合试样,脱液干燥。可按要求重复实验。将组合试样放在平台上,用手放平整,进行测评。

(四) 结果计算

1. 外观评定

将组合试样与对比标样按同一经、纬方向放置,在标准光源条件下,评定组合试样起泡程度及外观变化情况。

2. 干洗尺寸变化率计算

按以下公式进行计算:

$$干洗尺寸变化率 = \frac{L_0 - L_1}{L_0} \times 100\%$$

式中:L_0——实验前标记点间距离的平均值(25 cm);

L_1——实验后标记点间距离的平均值, cm。

第六节 缝纫线品质测试

缝纫线是重要的服装辅料,但同时也是最容易被人们所忽略的,是服装的实用价值及服用性能等重要性能的保证。缝纫线品质的测定,主要是鉴定其质量,以便为服装生产的顺利进行以及得到高品质服装奠定基础。

一、缝纫线断裂强度和断裂伸长率的测试

(一) 实验目的

缝纫线断裂强度和断裂伸长率是缝纫线的重要力学指标,通过测定,可以对缝纫线的实用价值做出合理评价。

(二) 实验仪器和试样

1. 实验仪器

采用手动等速伸长型强力试验仪(CRE),如图 6-6-1 所示。

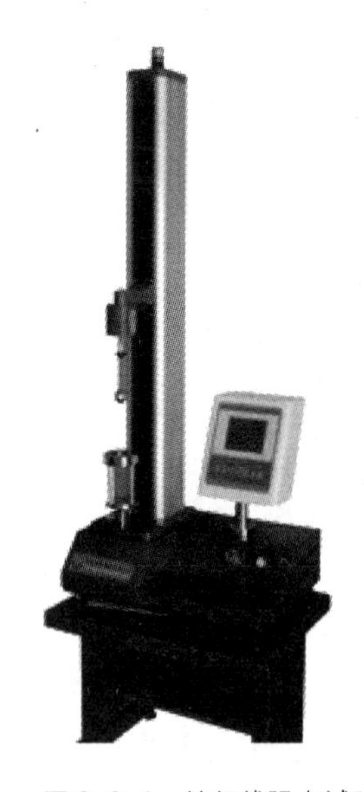

图 6-6-1 缝纫线强力试验仪

2. 实验准备

(1) 调试仪器

使试验仪满足下列要求:试验仪的隔距长度为 500 mm ±2 mm 或 250 mm ±1 mm;动夹持器移动的恒定速度应为 500 mm/min 或 250 mm/min,精确度为 ±2%;强力示值最大误差不应超过 2%;夹持试样的夹持器应防止试样拉伸时在钳口滑移或切断和拉断;试验仪应具有强力—伸长自动绘图记录装置,或直接记录断裂强力和断裂伸长的数据处理系统;试验仪应能够设置预张力。

(2) 确定取样数量及试验次数

缝纫线每批抽取的试样数量及试验次数按照缝纫线试验方法规定执行,如表 6-6-1 所示。

表 6-6-1 每批抽取的试样数量及试验次数

项目	木芯线、纸芯线类		蜡光线、塔筒线类	
	数量/个·支	次数	数量/个·支	次数
单线强力	10	30	10	30

(3) 试样预调湿和调湿。

预调湿最少 4 小时,预调湿后试样应放置在调湿用大气条件下,吸湿平衡至少 48 小时。试验应在二级标准大气条件下测试。

(三) 实验步骤

① 在夹持试样前,检查钳口准确地对正和平行,以保证施加的力不产生角度偏移。

② 输入试验相关信息。

③ 按常规方法从卷装上退绕纱线，引入上夹持器，并夹紧试样。

④ 在试样嵌入下夹持器时施加预张力，调湿试样为(0.5 ±0.10)cN/tex，湿态试样为(0.25 ±0.05)cN/tex。

⑤ 下夹持器夹紧试样。

⑥ 在试验过程中，检查钳口之间的试样滑移不能超过2 mm，如果多次出现滑移现象需更换夹持器或者钳口衬垫。舍弃出现滑移时的试验数据，并且舍弃纱线断裂点在距钳口或闭合器5 mm以内的试验数据。

（四）实验结果

试验仪的自动绘图记录装置自动记录并打印试验相关信息和试验结果及负荷－伸长曲线。

二、缝纫线缩水率的测试

（一）实验目的

缝纫线缩水率直接影响服装的尺寸和外观，是服装服用性的一个重要方面。因此，缝纫线缩水率检验是一项重要的工作。

（二）实验仪器和试样

1. 实验仪器

米制测长器、立式量尺(备挂钩，最小分度值 mm)、电炉、纱布、重锤、烧杯、烘箱等。

2. 试样准备

实验室的标准温度为20℃ ±3℃，相对湿度为65% ±3%。实验前须将试样在上述温湿度条件下放置一定时间，使其达到平衡回潮率(相隔1小时前后两次的称重相差不超过0.1%)。若试样原来回潮率过大，应先在50℃以下的干燥条件下去湿。

（三）实验步骤

① 在一批产品中任取3只样品，每只样品约去除5 m以后，在测长器上量取3份试样，每份长为10 m，头尾结好，共备9份试样。

② 取好试样后，把试样悬挂在立式量尺上，结头放在挂钩上，注意不使线圈打结，下端加预加张力重锤，半分钟后准确量取长度作为缩水前长度。预加张力重锤选用见表6-6-2。

表6-6-2 预加张力重锤选用表

线密度/tex	预加张力/gf	线密度/tex	预加张力/gf
50以下	100	30以下	60
40以下	80	25以下	50
35以下	70	20以下	40

③ 将试样的各小绞用纱布包好，并用纱线轻捆，以防翻乱，在沸水中处理30 min(浴比1∶50)。取出后轻轻挤压，打开纱布包取出试样，放在65℃的烘箱中烘1小时。然后挂于立式量尺上加原有张力，准确量出长度(缩水后的长度)。

（四）结果计算

按以下公式进行计算：

$$缩水率 = \frac{缩水前长度(cm) - 缩水后长度(cm)}{缩水前长度(cm)} \times 100\%$$

第七节　羽绒羽毛性能测试

羽绒羽毛性能测试按照 GB/T 10288—2003 执行。检验项目主要包括:组成成分(毛片、陆禽毛、损伤毛、长毛片、异色毛绒、绒子、绒丝、羽丝、杂质),鹅、鸭毛绒种类鉴定,蓬松度,耗氧量,透明度,残脂率,气味。水分含量,微生物检验。抽样方式采用在尚未打包的临时包中抽取,或包装完全的条件下抽取,也可以从羽绒制品中抽取。抽样数量按照表 6-7-1(单件质量 500 g 及以上制品的抽样数量)和表 6-7-2(填充量 500 g/件以下的制品的抽样数量)执行。

表 6-7-1　单件质量 500 g 及以上制品的抽样数量

货物数量/箱、包、件	取样数量 $X \times 3$	单个质量/g≥	样品总质量/g≥
1	1	135	405
2 ~ 8	2	70	420
9 ~ 25	3	45	405
26 ~ 90	5	30	450
91 ~ 280	7	20	420
281 ~ 500	9	20	540
501 ~ 1 200	11	20	660
1201 ~ 3 200	15	15	675
3 201 ~ 10 000	19	15	855

表 6-7-2　填充量 500 g/件(条)以下的制品的抽样数量

货物数量/件・条	取样数量 $X \times 3$	单独样品的单个质量/g≥	样品总质量/g(实验室样品数量)≥
1	1	70	210
2 ~ 25	2	35	210
26 ~ 280	3	25	225
281 ~ 500	5	15	225
501 ~ 1 200	7	10	210
1 200 以上	9	10	270

抽样要求按规定数量随机抽取有代表性的样品，从包装的上、中、下位置，各抓取一把羽毛（绒）置于样袋中。被测试样若为羽绒制品，则至少从三个部位拆开，从每个口子各抓一把置于样袋中。枕芯、靠垫等较小而且中间无分隔的制品允许只拆开一个口子。

样品处理时首先进行匀样和缩样，即将所取样品全部置于大拌样盘中，逐把铺匀，逐层铺平，用四角对分法反复缩至200 g（样品原已在此范围内的，不必缩样），然后按照表6-7-3各检测项目所需的试样数量从中抽取试样，抽出试样分别置于250 mL烧杯中称取质量，做好标记，并用平器皿盖好待检，用于水分含量检测的样品放在密封容器中待检。剩余样品用作留样。

表6-7-3 各检测项目所需的试样数量

检验项目		单个试样质量/g	试样个数
成分分析	含绒≥30% 含绒<30% 纯毛片	≥4 ≥6	3，2个用于检测，1个备用 3，2个用于检测，1个备用 3，2个用于检测，1个备用
耗氧量 透明度		10 10	2 2
残脂率	9 11	2~3 4~5	2 2
蓬松度		28.4	1
水分	19	≥50 ≥100	2 2
气味		10	2

一、羽绒常规性能测试

羽绒常规性能测试是在羽绒使用之前必须要做的一项工作，它关系到羽绒产品整体质量。羽绒常规性能测试主要包括：组成成分检验、蓬松度测定、耗氧量测定、透明度测定、残脂率测定、气味测定和水分含量测定。

（一）组成成分检验

1. 实验仪器

250 mL烧杯、直径95 mm平面皿、分拣箱、拌样盘、镊子、精确度为0.1 mg的分析天平。

2. 实验步骤

初步分拣：将7个250 mL空烧杯分别标上A、B、C、D、E、F、G，放入分拣箱；将一个成分分析试样放入分拣箱中，用镊子和手指按如下方法挑拣出各种成分。

将毛片上的附着物除去，完整的水禽羽毛置于烧杯A中，水禽损伤毛置于烧杯B中，陆禽羽毛、陆禽损伤毛和陆禽羽丝一起置于烧杯C中。绒子、绒丝和羽丝的混合物置于烧杯D中，长毛片置于烧杯E中，杂质置于烧杯F中。

白毛绒中异色毛绒的分拣：在进行初步分拣时，将异色毛绒（包括异色绒子、水禽毛、水禽损伤毛、陆禽毛及其损伤毛、羽丝和绒丝）一并拣出，置于烧杯G中，称取烧杯内物质的质量后（精

确到0.1 mg),将各种异色毛绒分别放回各自的成分中。例如,将异色绒放入盛放绒子和绒丝与羽丝的混合物的烧杯中(烧杯D)。

分别称取各烧杯内物质的质量,精确到0.1 mg。

3. 结果计算

初步分拣计算:将烧杯A、B、C、D、E和F内的物质的质量相加,按下式得出总的分析后试样质量(m_1)。

$$m_1 = A + B + C + D + E + F$$

式中:m_1 ——分析后试样总质量,g;

A——水禽羽毛质量,g;

B——水禽损伤毛质量,g;

C——陆禽羽毛及其羽丝质量,g;

D——绒子、绒丝和羽丝的混合物质量,g;

E——长毛片质量,g;

F——杂质质量,g。

分别计算初步分拣所得的各种成分占总分析后试样的百分比,例如

$$\text{某种成分含量} = \frac{\text{某种成分质量(g)}}{m_1\text{(g)}} \times 100\%$$

$$\text{异色毛绒含量} = \frac{m}{m_1} \times 100\%$$

式中:m——异色毛绒的质量,g。

第二步分拣:将烧杯D内物质在拌样盘中混匀,从三个部位抽取总质量0.200 00 g以上的代表性样品。将5个空烧杯分别标上H、I、J、K和L,放于分拣箱内;将上述样品置于分拣箱中,用手和镊子将样品分成绒子、绒丝、羽丝、杂质和其他成分,分别放置于烧杯H、I、J、K和L中。

分拣方法:用镊子取出绒子,上下轻轻抖动5次,然后用镊子小心地挑出绒子上缠绕的羽丝或夹杂的其他成分,不要拣出缠绕在绒子上的绒丝,而只需去除抖松的绒丝。如在取出羽丝或其他成分时拉断了一根绒丝,则将这根绒丝放入绒子成分(烧杯H)中。

分别称取各烧杯内物质的质量,精确到0.1 mg。

第二步分拣计算:将烧杯H、I、J、K和L内的物质的质量相加得出第二步的分析后试样总质量(m_2):

$$m_2 = H + I + J + K + L$$

式中:m_2 ——第二步的分析样总质量,g;

H——绒子质量,g;

I——绒丝质量,g;

J——羽丝质量,g;

K——杂质质量,g;

L——其他成分质量,g。

分别计算第二步分拣后所得的各种成分占总分析后试样的百分比。

$$绒子含量=\frac{D}{m_1}\times\frac{L}{m_2}\times100\%$$

$$绒丝含量=\frac{D}{m_1}\times\frac{I}{m_2}\times100\%$$

$$羽丝含量=\frac{D}{m_1}\times\frac{J}{m_2}\times100\%$$

$$杂质含量=\frac{D}{m_1}\times\frac{K}{m_2}\times100\%$$

$$其他成分含量=\frac{D}{m_1}\times\frac{L}{m_2}\times100\%$$

其中杂质含量应加入初步分拣所得的杂质含量,而成为总的杂质含量。其他成分应再分成水禽羽毛、水禽损伤毛、陆禽羽毛及其损伤毛,分别称量后计算各自的含量,然后将其分别与初步分拣所得的各种成分相加,得出各种成分总的含量。

如果样品为不需检测绒子含量的纯毛片,则只需进行初步分拣即可计算结果,但试样质量为30 g,且在拣样盘中分拣。如果该毛片有长度限制(如6 cm、7 cm、8 cm等),则超过该限制的毛片算作长毛片。

按照上述步骤对第二个成分分析试样进行检验并计算结果。

两个试样的结果有误差时,如果绒子含量≥30%的试样的误差不超过2%、绒子含量<30%的试样的误差不超过1.5%,则以两个结果的平均值为最终结果。若误差大于上述范围时,应对第三个试样进行检验,以两个较接近的结果的平均值作为最终结果,保留两位小数。

(二)蓬松度测试

1. 实验仪器

精确度为0.1 mg的分析天平;八篮烘箱;温度为20℃±2℃、相对湿度为65%±2%的恒温恒湿室或恒温恒湿箱;前处理箱;蓬松度仪;玻璃棒。

2. 试样准备

从实验室样品中抽取一个约30 g试样,放入八篮烘箱中,在70℃±2℃温度下烘干45 min,然后将样品用手逐把抖入前处理箱中,使其蓬松。在温度20℃±2℃、空气相对湿度65%±2%的环境中恢复24 h以上。

3. 实验步骤

将经蓬松处理后的样品称取28.4 g,抖入蓬松度仪内,用玻璃棒搅拌均匀并铺平后,盖上金属压板,让压板轻轻压于样品上自然下落,下降停止后静止1 min,记录筒壁两侧刻度数。

同一试样重复测试3次,以3次结果的6个数值的平均值为最终结果,保留两位小数。

4. 常数换算

本实验规定蓬松度的单位为cm,它与立方英寸的换算常数为28.77。如蓬松度仪上的读数为450in^3,相当于高度为15.64 cm。

（三）耗氧量测试

1. 实验仪器与试剂

2 000 mL 加盖密封塑料广口瓶、2 000 mL 烧杯、250 mL 烧杯、量筒、精确度为 0.1 mg 的分析天平、水平振荡器、标准筛、磁力搅拌器、秒表、蒸馏水、3 mol/L 硫酸、0.1 mol/L 高锰酸钾溶液、微量滴定管（器）每格刻度≤0.02 mL。

2. 实验步骤

从实验室样品中取一个 10.0 g 的羽毛绒试样放入 2 000 mL塑料广口瓶，加入1 000 mL 蒸馏水，加盖密封后水平放入振荡器振荡 30 min。振荡方向为从瓶底至瓶口，如图 6-7-1 所示。

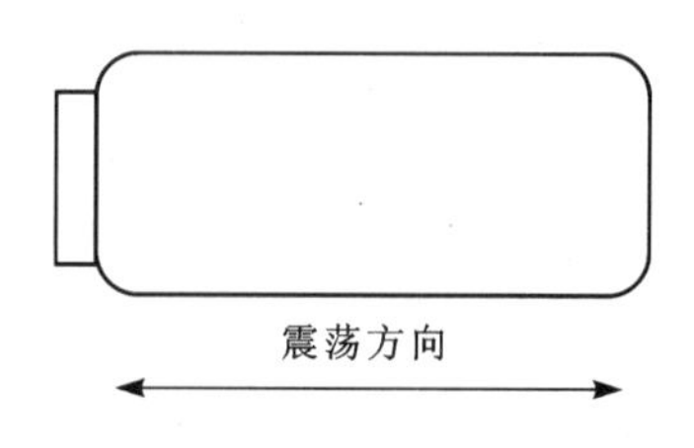

图 6-7-1　塑料广口瓶的震荡方向

将塑料广口瓶内物质用孔径 0.1 mm 的标准筛过滤（勿压榨过滤物），所得滤液收集于 2 000 mL 烧杯中。

在一个 250 mL 烧杯中加入 100 mL 蒸馏水作为空白对照样，加入 3 mL 3 mol/L 硫酸，将烧杯放在磁力搅拌器上，打开搅拌器。用微量滴定管（器）逐滴滴入 0.1 mol/L 高锰酸钾溶液，直至杯中液体呈粉红色，并持续 1 min 不褪色（用秒表计时），记录所消耗的高锰酸钾溶液的毫升数（A）。

用量筒量取 100 mL 滤液，加入另一个 250 mL 烧杯中，加入 3 mL 3 mol/L 硫酸，然后用 0.1 mol/L 高锰酸钾溶液滴定，最后记录所消耗的高锰酸钾溶液的毫升数（B）。

3. 结果计算

$$耗氧量 = (B - A) \times 80$$

式中：耗氧量——mg 氧/100 g 产品，取两次测定的平均值，保留一位小数；

A——滴定 100 mL 蒸馏水所消耗的高锰酸钾溶液的体积，mL；

B——滴定 100 mL 样液所消耗的高锰酸钾溶液的体积，mL。

（四）透明度测试

1. 实验仪器与试剂

2 000 mL 加盖密封塑料广口瓶、2 000 mL 烧杯、量筒、精确度为 0.1 mg 的分析天平、水平振荡器、标准筛、透明度计（600 mm 和大于 600 mm 各一套）、蒸馏水。

2. 实验要求

采用 600 mm 的透明度计，如果样品透明度高于 600 mm，则应采用大于 600 mm 的透明度计。应避免在直射阳光下测定。光源强度应为 600 lx 以上。

3. 实验步骤

从实验室样品中取一个 10.0 g 的羽毛绒试样放入 2 000 mL 塑料广口瓶，加入 1 000 mL 蒸馏水，加盖密封后水平放入振荡器振荡 30 min。振荡方向为从瓶底至瓶口（具体方法与耗氧量测定实验步骤相同）。

将塑料广口瓶内物质用孔径 0.1 mm 的标准筛过滤（勿压榨过滤物），所得滤液收集于 2 000 mL 烧杯中。

将制备好的样液倒入透明度计的容器中（图6-7-2），慢慢升高容器位置，使试液通过软管进入待刻度圆筒，并使液面逐渐升高。从圆筒顶部向下观察底部的黑色双十字线，直至其消失，再略向下移动容器，使双十字线重新出现，并刚好能看清楚，记录此时液面在圆筒上的刻度，即为该样品的透明度。

按照上述规定步骤对第二个样品进行测定。

4. 实验结果

最终结果取两次测定的平均值的整数，单位用 mm。

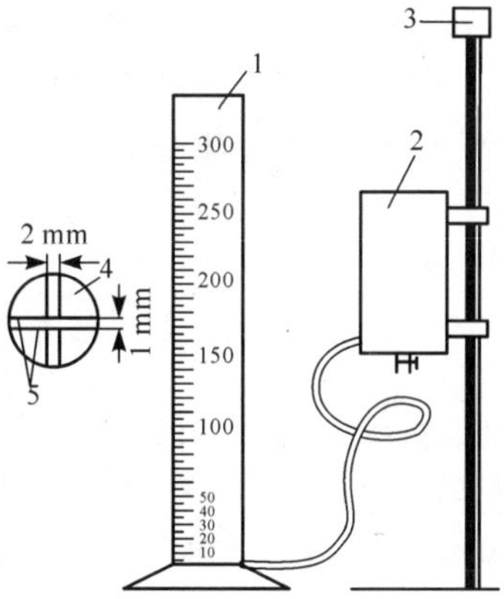

图 6-7-2 透明度计

1—带刻度圆筒；2—容器；3—能使容器升高和降低的轨道；4—位于圆筒底部带十字线的小圆片；5—黑色双十字线

（五）残脂率测试

1. 实验仪器与试剂

精确度为 0.1 mg 的分析天平、250 mL 烧杯、量筒、多孔水浴锅、旋转蒸发器、干燥器、通风干燥箱、索氏抽提器、滤纸、球形瓶、无水乙醚（分析纯）。

2. 实验步骤

① 按照表 6-7-3 所示各检测项目所需试样数量，准确称取羽毛绒试样两个，分别放在 250 mL 烧杯中，在 105℃ ±2℃ 干燥箱中烘干 2 h。

② 将干燥的试样分别放入两个滤纸筒，然后分期放入两个预先洗净烘干的抽提器中。在另一个抽提器中放入一个空滤纸筒作为空白对照。

③ 把抽提器按顺序安装好，接好冷凝水。

④ 在每个预先洗净烘干并称量过的球形瓶中各加入 120 mL 的无水乙醚，将其放入水温控制在 50℃ 的水浴锅中，接上抽提器，掌握乙醚每小时回流 5 ~ 6 次，总共回流 20 次以上。

⑤ 取下球形瓶，用旋转蒸发器回收乙醚。然后将留有抽提脂类的三个球瓶放入 105℃ 烘箱中烘至恒重，取出置于干燥器内，冷却 30 min，分别称取质量。

3. 结果计算

按以下公式计算：

$$残脂率 = \frac{A - B}{C} \times 100\%$$

式中：A——已恒重的带残脂的球瓶质量减去原空瓶质量，g；

B——抽提后对照球瓶质量减去原空瓶质量，g；

C——羽毛绒试样质量，g。

将两个试样的残脂率结果平均值作为样品的残脂率结果，保留两位小数。

（六）气味测试

1. 实验仪器与试剂

精确度为 0.1 mg 的分析天平、1 000 mL 带盖广口瓶、密封容器、恒温箱、蒸馏水。

2. 实验步骤

将取来的样品混匀，缩分为两份，松散放入无气味密封容器内一天待用。将 1 000 mL

带盖广口瓶用蒸馏水清洗干净,烘干冷却待用。从两份松散放置一天的羽毛绒样品中各称取 10 g,分别放入两个已处理过的广口瓶内,盖上瓶盖。将试样瓶放入恒温箱内,用 50℃温度烘 1 小时,取出冷却至室温。在无异味环境中开启瓶盖,嗅辨其气味,用文字叙述气味等级强度。

3. 实验结果

气味等级强度分为四级,如表 6-7-4 所示。

表 6-7-4 气味等级表

强度等级	程 度	描 述	强度等级	程 度	描 述
0	无气味	无任何异味	2	弱	稍能察觉
1	极微弱	不易察觉	3	明显	极易察觉

将两个试样的气味强度等级平均则为该样品的气味等级。

(七) 水分含量测试

1. 实验仪器

八篮烘箱、密封容器。

2. 实验步骤

① 按照表 6-7-3 所示各检测项目所需试样数量,将水分检测样品从密封容器中取出,迅速均匀地分别放于八篮烘箱的两个吊篮内,移入烘箱,用烘箱所附天平逐一称取试样质量,精确至 0.01 g 并记录。

② 调节烘箱温度。控制在 105℃ ±2℃,每隔 30 min 称量一次试样质量,如此反复称量,直至相邻两次质量相差不大于试样总量的 0.1% 时,即为恒重。

3. 结果计算

按以下公式计算:

$$水分含量 = \frac{A - B}{A} \times 100\%$$

式中:A——原试样质量,g;

B——烘干后的试样质量,g。

计算出两个试样测定结果的平均值作为最终结果,保留两位小数。

二、鹅绒中鸭绒含量测试

(一) 实验目的

鹅绒中鸭绒含量测定是对羽绒成分定量分析。不同的填充料具有不同的性能,也具有不同的实用价值。因此,此项检测对于服装的服用性能非常重要。

(二) 实验仪器

检样盘、精确度为 0.1 mg 的分析天平、250 mL 烧杯、投影仪或显微镜、镊子。

(三) 试样准备

将经组成成分检验第二步分拣所得到的烧杯 H 中的绒子置于检样盘内,混匀铺平。随机多点抽取0.1 g以上的试样。将经组成成分检验初步分拣所得到的烧杯A中的毛片混匀平摊在检样盘内,随机多点抽取1.0 g以上的试样。若初步分拣所得毛片少于1.0 g,则将其全部作为试样进行检验。但绒子含量≥90%的样品,可以不检毛片。

(四)实验步骤

① 将两个250 mL空烧杯分别标上A_1、B_1。

② 用镊子取出绒子、毛片,分别整理,将绒子或毛片上黏着的绒丝等物去净,分别放在投影仪或显微镜下按规定的方法观察鉴定,将确定的鸭毛(绒)、鹅毛(绒)分别置于烧杯A_1、B_1中,将"无法区分毛(绒)"归入B_1中。

③ 规定观察鉴定方法如下。

◎ 鸭毛(绒):用投影仪或显微镜观察时,可见绒子和羽毛根部的羽枝远端有三角形的棱节,与鹅毛(绒)的棱节相比较大。棱节间距离较小,约与棱节的大小相等。

◎ 鹅毛(绒):观察其显微结构,棱节较小,并从羽枝的中部开始出现。棱节间距离较大,数倍于棱节的大小。

◎ 鸡毛:在投影仪或显微镜下观察,其羽枝上均匀分布一系列小结节或膨胀突起,使其外观呈竹节状。小结节或膨胀突起分布于几乎整根羽枝。鸡毛归入陆禽毛。

◎ 鸽子毛:在投影仪或显微镜下观察,其羽枝上均匀分布一系列棱节,棱节间距离较大,数倍于棱节的大小。棱节几乎分布于整根羽枝。鸽子毛归入陆禽毛。

◎ 无法区分毛(绒):在投影仪或显微镜下观察,无明显棱节,无法区分其属于鹅毛(绒)、鸭毛(绒)或其他毛(绒)。

④ 分别称取烧杯A_1、B_1内物质的质量,精确到0.1 mg。

⑤ 按照上述步骤对第二个试样进行检验。

(五)结果计算

鹅毛(绒)中鸭毛(绒)含量的计算:

$$\text{鸭毛(绒)含量} = \frac{A_1}{A_1 + B_1} \times 100\%$$

式中:A_1——鸭毛(绒)质量,g;

B_1——鹅毛(绒)质量,g。

取两个试样的测定结果的平均值作为最终结果,保留两位小数。

课后练习

一、简答题

1. 服装辅料一般包括哪几个方面的内容:
2. 里料的悬垂性、抗静电性、收缩性等性能对服装的整体性能有哪些影响?
3. 衬料有哪些种类?什么是粘合衬?如何选用?
4. 缝纫线有哪些主要品种?各自特点是什么?
5. 选择纽扣时应考虑哪些因素?
6. 服装标识主要有哪些?

二、论述题

1. 拉链的种类和选用方法。
2. 设计一套服装时，当面料选定后，应从哪些方面考虑辅料的匹配？

第七章

服装材料保养及加工前的检验与测试

第一节　服装材料的熨烫

一、熨烫的目的和作用

服装及其材料在加工、穿着使用及洗涤的过程中会产生变形，如皱褶、收缩、歪斜等，因此需要根据服装造型的要求对服装进行热定型即熨烫。熨烫的作用是使服装平整、挺括、折线分明，合身而富有立体感。它是在不损伤服装及其材料的服用性能、风格特征的前提下进行的。

二、熨烫定型的基本条件

1. 熨烫温度

一般来说，熨烫定型效果与熨烫温度成正比，即温度越高，定型效果越好。反之，达不到熨烫的目的；但温度过高，会引起织物熔化、炭化或燃烧。因此，熨烫关键是要掌握适宜的温度。由于不同纤维耐热性能不同，所以其织物熨烫时的温度不同。不同面料熨烫温度如表 7-1-1 所示。

表 7-1-1　各种织物适宜的熨烫温度

原料	直接熨烫温度/℃	垫干布熨烫温度/℃	垫湿布熨烫温度/℃
棉	175～195	175～220	220～240
麻	185～205	205～220	220～250
丝	165～185	185～190	190～220
毛	150～180	185～200	200～250
黏胶	120～160	170～200	200～220
涤纶	150～170	185～195	195～220
锦纶	125～145	160～170	190～220
腈纶	115～135	150～160	180～210
氨纶	90～110	—	—
丙纶	85～105	140～150	160～190
维纶	125～145	160～170	—
皮革	—	80～95	—
氯纶	45～65	80～90	不可

但同时要注意，同类原料的织物，厚型比薄型熨烫温度高，纹面类比绒面类熨烫温度要高，湿烫比干烫温度要高，服装的省、缝部位比一般部位熨烫温度高。对于混纺或交织织物，熨烫温度应根据其中耐热性较低的一种纤维来定，新型纤维织物应参考同类纤维织物的熨烫温度适当掌握。

2. 湿度

水分可使纤维润湿、膨胀、伸展,这时在热的作用下易于定型。因此织物含有一定的水分进行熨烫,定型速度快、效果好,特别是毛织物、化纤织物以及褶皱较多的织物。给湿的方法有直接喷水、垫湿布、使用蒸汽熨斗,前两者的给湿均匀性不如蒸汽熨斗,可以根据实际情况进行选择。但有些织物不能喷水或给湿熨烫,如柞蚕丝织物不能喷水熨烫,而维纶织物不耐湿热。

3. 压力

除了适当的温度和湿度外,加上一定的压力,也可使定型效果明显。熨斗的压力来自于自身的重量和人附加的压力和推力。压力的大小要根据织物的具体特点和服装部位来确定。如需要平整光亮的织物就要压力大一些,易产生极光的织物压力要小一些;厚重织物需要压力大一些,细薄的丝绸织物压力要小一些;旧折痕明显的织物压力大一些,绒面织物需要压力小一些,尽量采用蒸汽熨斗等。服装的领、肩、兜、前襟、袖口、裤线、褶裥、拼缝等较普通部位压力要大一些。

4. 时间

熨烫时间是指熨烫时熨斗停留在同一熨烫部位时间的长短。时间过短,织物未充分定型,时间过长,织物局部受损。因此熨烫时间的掌握也很关键,一般来说,熨斗在熨烫部位的熨烫时间为3~5 s,同时应不停地摩擦移动,同时要根据织物品种和服装的具体部位灵活掌握。如耐热性好的、含湿量大的、织物较厚的,熨烫时间可长一些。反之,时间可短一些。

5. 冷却

熨烫是手段,定型是目的,而定型是在熨烫加热过程后通过合适的冷却方法得以实现的。熨烫后的冷却方式一般分为:自然冷却、抽湿冷却和冷压冷却,采用哪种方法,一方面要根据服装面、辅料的性能确定,另一方面也要根据设备条件。目前一般采用的冷却方法是自然冷却和抽湿冷却。

三、常用织物熨烫时应注意事项

原料	熨烫注意事项
棉	易熨烫,不易伸缩或产生极光,但形状保持性较差。喷水后用高温熨烫,深色织物或服装宜反面熨烫。
麻	与棉类服装相仿。熨斗推得长,可生光泽;若不要光泽,可在织物反面熨烫,褶裥处不宜重压熨烫,以免致脆。
丝	熨烫前将衣物拉平到原状,在半干状态下反面熨烫,如正面熨烫则需垫衬布。去皱纹可覆盖湿布,并用熨斗压平。不能用水喷,尤其是柞蚕丝服装,以免产生水渍。过高的温度会使面料泛黄。
毛	宜待半干时在衣物反面垫湿布熨烫,以免发生极光或烫焦,台面宜垫羊毛织物,使烫出的织物或服装外观光泽柔和,最好用蒸汽熨斗烫。
黏胶	粗厚类织物或服装同棉类,松薄类需在反面垫棉布熨烫,温度可稍低。领口和袖口垫布后再熨烫,以免产生极光。最好用蒸汽熨烫,否则,可喷水或在半干状态下熨烫。

续表

原料	熨烫注意事项
涤纶	一般不需熨烫或仅需稍加熨烫。熨烫时,应注意保持服装平整,若压烫成皱则较难去除。深色衣物宜烫反面。
锦纶	一般不必熨烫,特别是白色衣物,多烫易发黄。必须熨烫时,应在反面垫湿布低温熨烫。
腈纶	必须熨烫时,宜垫湿布,熨烫温度不宜过高,时间不宜过长,以免引起收缩或极光。
丙纶	因丙纶不耐干热,所以纯丙纶类织物或服装不宜熨烫。其混纺类熨烫时,必须采用低温,且垫湿布,切忌直接用熨斗在衣物正面熨烫。
维纶	因维纶不耐湿热,必须在织物或服装晾干后熨烫,并垫干布。熨烫时不得带湿或喷水或垫湿布,以防引起收缩或发生水渍。熨烫温度切忌过高。

第二节　服装材料的洗涤

服装材料的洗涤方法分为水洗和干洗,不同的服装材料适宜的方法不同。

一、水洗

水洗是指用水作为洗涤溶剂,将肥皂或洗衣粉、洗衣液等溶解在水中,在适当的温度条件下进行的洗涤方法。显然,这是人们所熟知并经常采用的方法。水洗对于水溶性污垢尤为适用,对油性污垢,通过洗涤剂的作用也可达到洗净的目的。不同纤维吸水膨胀等性质不同,因此水洗所引起的收缩、变形、折皱、掉色等现象也不相同,必须注意。

1. 棉类服装

(1) 洗涤

纯棉服装的湿强约比干强高 25% ,加上耐碱性和抗高温性能均好,棉类服装一般都用水洗,可手洗,也可机洗。理论上可用各种肥皂和洗涤剂高温洗涤。但实际上洗涤温度和选用洗涤种类视服装的色泽而定。有色服装洗涤温度不宜过高,也不宜浸泡过久,宜用碱性较小的洗涤剂(洗洁净)洗涤,以免造成褪色,白色服装可煮洗。可用碱性较强的肥皂或洗衣粉洗涤。

(2) 晾晒

除白色外,各种棉染色服装在日光下晾晒时,要晾反面,不要曝晒。

2. 麻类服装

麻类服装的洗涤和晾晒与棉类服装大致相同。但麻纤维较脆硬,不能用力刷洗和拧绞,以免影响穿着寿命。

3. 丝绸类服装

(1) 洗涤

真丝绸服装比较娇嫩,对薄型高级服装和起绒服装最好干洗,一般的用手工洗涤比机洗更好。洗涤时，最好选用中性的丝毛洗涤或洗洁精，用微温或冷水手工大把地轻轻揉洗，对于较脏的部位，把衣服平铺后，用软毛刷蘸洗涤液按绸面纹路轻轻刷洗，清洗干净后，要放入含有醋酸的冷水内浸泡投洗 2 ~ 3 分钟，这样对服装有保护作用，又能改善服装的光泽。

（2）晾晒

在阴凉处晾干，千万不要在日光下曝晒，也不要放在露天过夜，以免褪色及影响服装的耐用性。

4. 毛料服装

（1）洗涤

高级呢绒服装必须干洗，对于一般呢绒服装来说，也是干洗优于水洗。呢绒服装如沾污过多、过久，不但不易洗净，而且强度下降，因此，呢绒服装不宜穿得太脏再洗，以免损坏服装。若要水洗，洗涤时间要短，用力要小，不宜拧绞。用水温度，粗纺呢绒一般掌握在 50℃左右，精纺呢绒一般掌握在 40℃左右，若是易褪色面料，温度还可降低，但液温前后差异勿过大，以免引起毡缩。洗涤宜选择中性的丝毛洗涤或洗洁精。

（2）晾晒

在阴凉处晾干，千万不要在日光下曝晒。

5. 黏胶服装

（1）洗涤

黏胶服装湿强力特低，因此，在冷水和洗液中浸泡时间要短，宜边浸边洗。白色或色牢度好的用 70℃水洗，色牢度差的可用 50℃或 40℃水洗，洗涤选用与棉类服装相同。洗涤时，要用双手大把揉洗，洗净后切勿拧绞。

（2）晾晒

黏胶服装不耐晒，洗后宜阴干。

6. 涤纶服装

涤纶服装既可手洗又可机洗，洗涤选用要求不严格，但洗液温度不能超过 70℃，否则，会在高温下收缩。洗涤时不能搓揉过度，否则涤纶短纤维制成的服装易起毛起球。晾晒要求也不严格。

7. 锦纶服装

（1）洗涤

锦纶服装既可手洗又可机洗，粗厚服装可机洗，轻薄服装和针织服装宜手洗。除白色服装水温可用 70℃外，一般洗液温度为 40 ~ 50℃。白色服装经多次洗涤和穿着后，可能带灰色，可用过硼酸钠漂白。

（2）晾晒

锦纶服装洗后切忌带水晾挂，以防服装变形。耐晒性差，因此，洗后宜阴干。

8. 腈纶

腈纶服装既可手洗又可机洗，洗涤选用要求不严格，洗涤时，先在冷水中浸泡 10 min，然后在 30℃的洗液中轻轻揉搓，洗涤时不能搓揉过度，否则易起毛起球。服装晾晒时，要压去水分，再晾干。

9. 嵌金银丝服装的洗涤

洗涤这类服装应选用碱性不大的肥皂，最好用皂片、洗涤剂，切忌用普通肥皂，否则会使金

银丝里的铝失去光泽。洗后避免拧绞及高温熨烫,高级服装宜干洗。

10. 羽绒服的洗涤

如个别部位污迹较重,可先用软布蘸汽油轻擦后,将服装浸泡在温水冲调的洗衣粉或洗衣液溶液中,浸透后,用软毛刷刷去污迹,再用清水漂洗数次,然后摊平在干净板面或桌子上,垫上干毛巾挤去水分,再用衣架晾在阴凉处,晾干后在阳光下小晒。干后用小棍轻轻拍打,使羽绒蓬松。

11. 仿兽皮服装的洗涤

洗涤时,先在冷水中浸泡10 min,再在40℃中性洗液中大把揉洗,边浸边洗,洗涤时间不超过10分钟,切忌用搓板和硬板刷。短绒服装用软毛刷顺序刷洗。洗净后晾干,再用干毛刷将倒伏的绒毛轻轻刷起。长绒服装晾半干时,取下抖动几分钟,使绒毛松散后继续晾干。

二、干洗

干洗又叫化学清洗,就是用各种有机溶剂,如汽油、三氯乙烯、丙酮、四氯化碳、酒精、松节油等,去除服装上的油性污渍。干洗分为手工干洗和机械干洗两种。

1. 手工干洗

干洗前先用软毛刷或湿布等清除服装表面的尘埃,然后用毛刷蘸干洗剂顺序均匀擦洗服装。再晾在通风处使溶剂挥发而干燥。

2. 机械干洗

干洗的机械就是干洗机。干洗机利用干洗剂四氯化碳去污能力强、挥发温度低的特点,通过各部件的功能来洗涤衣物、烘干衣物和冷凝回收洗涤剂,使洗涤剂能够循环反复使用。沾污的服装在旋转的流通桶里,经干洗溶剂与污垢进行化学反应,并在机械力的作用下,对衣物表面加以摔打和摩擦,使那些不可溶的污垢脱离服装,然后再经过离心脱油和干燥蒸发。

高档服装一般要干洗,如毛料、真丝、毛皮、皮革等服装,有时纯棉服装及羽绒服也干洗。干洗的服装不变形,快干,织物的结实程度不受影响,不掉色,也不会产生缩水问题。但洗净力较差,油脂性污垢可以全部洗掉而水溶性污垢却不易全部洗去;脱脂时并不脱色,因而白色服装难以获得纯白效果,有些溶剂有毒,价格较贵,易燃,需防火。

第三节 服装材料的存放

一、服装在保管中易发生的问题

1. 泛黄

白色或浅色的蚕丝、羊毛、锦纶、氨纶、棉、麻等服装在收藏、流通或穿着过程中因受日光、环境条件的影响或药品的作用而发生的带黄光的变化,保存时应注意。

2. 发霉

纤维素纤维制成的服装易发霉,保存时应放在通风干燥的地方。

3. 虫蛀

蛋白质纤维制成的服装易虫蛀，如羊毛、蚕丝、天然毛皮和皮革等。保存时应放卫生球或樟脑。

二、服装的收藏

1. 服装保管

① 外衣穿后应轻刷，除去浮土，并挂在通风处以去除水分。针织品一般不宜挂藏，以防变形。

② 从洗衣店取回的服装，不要马上就收藏起来，要通风晾干，使残留干洗剂充分挥发，然后收藏。

③ 存放服装的柜子湿度要低，温湿度变化要小，选择避免直射日光且通风良好的场所。

④ 洒过香水的服装在保管时，必须将香水味散发去除。

⑤ 切勿收藏未经净洗的脏衣服。

2. 各类服装存放方法

(1) 棉、麻服装

存放时，衣服须洗净、晒干、熨平，最好挂在衣柜内，勿叠压，衣柜要保持清洁干净，防止霉变。白色服装与深色服装存入时最好分开，防止沾色或泛黄。

(2) 丝绸服装

收藏时，为防潮防尘，要在服装面上盖上一层棉布或把丝绸服装包好。白色服装不能放在樟木箱内，也不能放樟脑丸，否则易泛黄。

(3) 呢绒服装

各种呢绒服装穿着一段时间后，要晾晒拍打，去除灰尘。不穿时，放在干燥处。存放前，应洗净、烫平、晒干，通风晾放一天。高档呢绒服装最好挂在衣柜内，勿叠压，以免变形而影响外观。在存放全毛或毛混纺服装时，要将樟脑丸用薄纸包好，放在衣服口袋里或衣柜内。

(4) 化纤服装

保存时没有严格的要求。

(5) 裘皮服装

收藏前挑一个好天气进行晾晒。高档名贵的裘皮服装晒时，外面要罩上一块布，利用早上的阳光晒上一小时即可；晾晒后，要等服装的热量完全散尽才能放进柜内；存放时，最好挂在衣柜里，口袋内放上用纸包好的樟脑丸或樟脑精。夏天可取出来晒一小时左右，以防虫蛀霉变。

(6) 皮革服装

收藏时，要先经晾晒，时间宜在上午9~10时，下午3~4时，中午阳光直射，容易使皮革发热变色，还会使革中的油脂被破坏。为使皮革更加柔润，可用布团在皮革表面薄薄地涂上一层皮革保护剂，然后收藏。

第四节　服装材料疵点、色差及纬斜的检验

一、实验目的

通过对服装材料疵点、色差及纬斜的检验，可提高服装的质量和材料的合理利用。

二、实验试样

各种卷装的布匹。

三、实验仪器

验布机。

四、检验原理方法

（一）疵点检验

1. 疵点类型

疵点检验主要检验织物在织造过程中出现的疵点，其分类如表 7-4-1 所示。

表 7-4-1　织物疵点分类

病疵分类		疵点名称
机织物疵点	经向疵点	松经、紧经、分条痕、吊经、张力不匀、磨痕、断经、穿错经、浆斑、布面破裂等
	纬向疵点	松纬、紧纬、断纬、打纬不匀、双纬、多纬、缺纬、轧梭、异物织入、竹节纱、皱疵、纬纱异常等
	布边疵点	紧边、松边、破边、荷叶边、烂断边、边污等
	组织疵点	错组织、花纹错乱、条纹错乱、纹板疵点、提花疵点等
	伤疵	跳纱、浮纱、夹梭、修补疵、破洞、乱痕等
	沾污	污经、污纬、各类油纱、流印、黄斑、锈渍、洗痕等
	其他疵点	闪光（丝织物或黏胶纤维织物）、后整理极光等
针织物疵点	经向疵点	掉纱、断纱、经向条纹、经向条斑、直条针路、断针疵点、双孔眼、直条孔痕、长丝列、织入异物等
	纬向疵点	色疵、纬段、机械段、横向割伤、纹路歪斜、断纱、停车横条等
	伤疵	针洞、破洞、漏针、破裂疵点、修补疵点、飞条、收缩疵点、磨破、起绒不匀、结节、跳疵、错针孔、断疵等
	布边不良	破边、编缩、松边、边组织不良、边不齐等
	沾污	原纱沾污、油污、针污、摩擦污、尘埃污、虫污、洗痕、各类汁渍污等
	其他疵点	组织错乱、织空不清、织空不齐、双针等

2. 检验原理及方法过程

用验布机进行检验,如图 7-4-1 所示。验布机是服装行业生产前对棉、毛、麻、丝绸、化纤等特大幅面、双幅和单幅布进行检测的一套必备的专用设备。验布机的基本结构包括:面料退解、曳行和再卷绕装置;验布台、光源和照明;记码装置;面料整理装置;启动、倒转和制动装置。

图 7-4-1 验布机

传统人工验布的工作原理是:布料通过送布轴和导布辊的传送,让布料在毛玻璃的斜台面上徐徐通过,在毛玻璃的台面下装有日光灯,利用灯光透过布面,使其充分暴露疵点。验布工发现疵点,随即作出记号,以便铺料画样时对材料进行合理处理,既保证服装质量,又能节约材料。验布机自动完成记长和卷装整理工作。性能好的验布机带有电子检疵装置,由计算机统计分析,协助验布操作并且打印输出。传统人工验布中,验布工在 1 h 内最多发现 200 个疵点,人工验布集中力最多维持在 20 ~ 30 min,超过这个时间验布会产生疲劳,验布速度仅为5 ~ 20 m/min,超过这个速度会出现漏验。

自动验布机,它可以取代人工,自动验布并分等、开剪,对疵点打标签。自动验布机是依靠光源的反射及导光作用进行验布的,正常的验布速度可达到 120 m/min,靠终端控制系统工作的,被验出的疵点在荧屏上即能显示报告,速度快捷简便,能适应高频率疵点或很少发生的新疵点并具有记忆功能,可计算处理更多疵点。应用自动验布机可对织物进行分级,并进行受检织物疵点的统计记忆贮存的功能。

(二) 色差、纬斜的检验

在验布机上检验疵点的同时,应进行色差与纬斜的检验。

1. 色差

检验色差时,将布料左右两边的颜色相对比,同时也和门幅中间的颜色相对比。相隔 10 m料,应进行一次这样的对比;整批布验完后还要进行布的头、尾、中三段的色差比较。色差按国家色差等级标准评定。

2. 纬斜、纬弯

纬斜、纬弯是因为纬纱与经纱不成垂直状态而造成布面的条格、纹样等歪斜变形。如图7-4-2、图7-4-3所示。

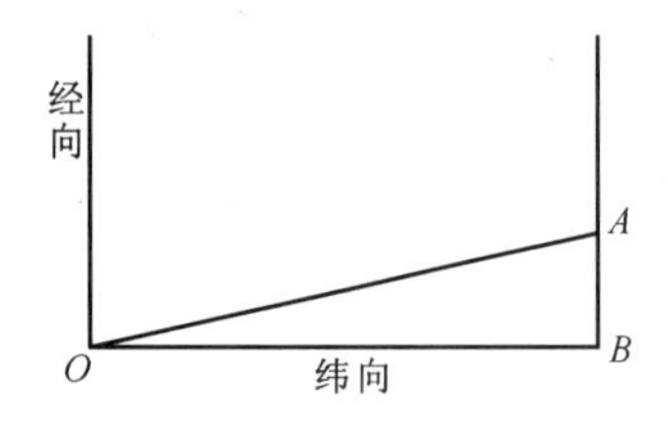

图7-4-2 纬斜

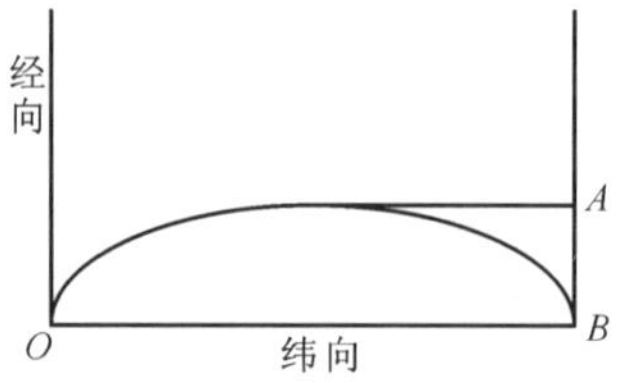

图7-4-3 纬弯

纬斜一般指纬纱呈直线状歪斜,纬弯是指纬纱成弧状歪斜。它们都会造成布面的条格、纹样等歪斜变形。其歪斜程度可通过测量 A、B 间的距离,然后计算纬斜:

$$纬斜 = \frac{AB}{OB} \times 100\%$$

通常,平纹纬斜不超过5%,横条或格子纬斜不超过2%,印染条格纬斜不超过1%。如果纬斜过大,应进行矫正或退货。

第五节 服装材料收缩率的测试

一、实验目的

通过对服装材料收缩率的测试,可以了解材料性能的有关数据和资料,以便在生产过程中采取相应的工艺手段和技术措施,提高服装的质量和材料的合理利用。

二、实验试样

各种布匹、水。

三、实验设备

熨斗、熨烫台、插座。

四、检验原理方法

织物在湿、热、机械力等作用下,会发生长度和宽度方向的收缩。如织物在定型时强伸硬拉,可使织物伸长,但在自然放松状态下会产生收缩;合成纤维织物在热的作用下会发生收缩;天然纤维和人造纤维织物在湿作用下会产生缩水;羊毛在湿、热及机械力的作用下会产生缩绒。通过对服装材料收缩率的测试,可获得较准确的收缩数据,在样板设计中可作为长度和宽度缩放的依据，能够使成衣规格符合设计要求。

$$收缩率(\%)=\frac{测试前试样的长度(宽度)-测试后试样的长度(宽度)}{测试前试样的长度(宽度)}\times100\%$$

（一）自然收缩率

取一匹布，打开后，选择该匹布的头（距头端1 m）、中及尾（距尾端1 m）部位，在其左、中、右三处做好一定长度的记号，随后将整匹布拆散抖松，在没有张力的情况下，室内静放24小时，随后对记号进行复测，即可计算出自然缩率值。

（二）湿热收缩率

指织物在水浸、喷水、干烫、湿烫等加工处理中产生的收缩变化。采样时要去除布匹的头端与尾端1 m以上，取50 cm长的布料，除去两布边，进行测试。

1. 干烫收缩率

干烫收缩率是指织物在干燥情况下，用熨斗熨烫，使其受热后产生的收缩。

① 取样：在布匹的头端或尾端除去1 m以上，取50 cm长的布料，除去两布边道，并记录好长度和宽度数据。

② 干烫温度：印染棉布的熨烫温度在190～200℃之间；合成纤维及混纺印染布的熨烫温度在150～170℃之间；黏纤印染布的熨烫温度在80～100℃之间；印染丝织品的熨烫温度在110～130℃之间；毛织物的熨烫温度在150～170℃之间。

③ 干烫时间：分别按各类温度条件，在试样上熨烫15 s后，待冷却。

④ 测试：待试样凉透后，测试试样长度和宽度，然后计算织物的收缩率。

2. 湿烫收缩率

湿烫收缩率是指织物在湿状态进行熨烫所产生的收缩率。其测试方法按工艺不同可分为喷水熨烫测试法和盖湿布熨烫测试法两种。

（1）喷水熨烫测试法

① 取样：与干烫测试法相同

② 熨烫温度：与干烫测试法相同

③ 润湿条件及熨烫要求：在试样上用清水喷湿，水分布要均匀，分别按各类温度条件，在试样上往复熨烫，时间控制在熨干为宜，待冷却。

④ 测试：待试样凉透后，测试试样长度和宽度，然后计算织物的收缩率。

（2）盖湿布熨烫测试法

① 取样：与喷水法相同

② 熨烫温度：与喷水法相同

③ 润湿条件及熨烫要求：用一块去浆的棉白平布清水浸透，并拧干，把湿布盖在试样上，按照温度条件，用熨斗在试样上来回熨烫，时间控制在熨干为宜，待冷却。

④ 测试：待试样凉透后，测试试样长度和宽度，然后计算织物的收缩率。

（三）水浸收缩率的测试

水浸收缩率是指让织物中的纤维完全浸泡在水里，给予充分吸湿而产生的收缩程度。

1. 取样

操作方法与干烫收缩率测试取样相同。

2. 润湿条件

将试样用60℃的温水给以完全浸泡,用手搅动,使水分充分进入纤维,待15 min后取出,然后捋干,在室温下晾干(不可拧)。此项实验也可用缩水机进行测试。

3. 测试

测量其试样长度,然后计算缩率。

第六节 服装材料缝缩率的测试

一、实验目的

通过对服装材料缝缩率的测试,可以了解材料性能的有关数据和资料,以便在生产过程中采取相应的工艺手段和技术措施,提高服装的质量和材料的合理利用。

二、实验仪器

工业平缝机、尺子、剪刀等。

三、试样准备

从距布边10 cm以上、距布端1 m以上的部位裁取试样。试样应平整,没有皱、缩现象,不能有纬斜、粗细节、稀密路等影响实验结果的疵点。每个试样不能含有相同的经纬纱。试样尺寸为500 mm×50 mm,经、纬向试样各不少于6条。试样长度方向与接缝方向平行,在长度方向的两端中间分别作上标记,距布端的尺寸为70 mm、30 mm,试样在标准大气条件下平衡24 h以上。

四、实验步骤

将每2块相同方向的试样重叠,待试样在一定的缝制条件下,不用手送料,在试样中间将两标记缝一直线。

五、结果计算

1. 计算缝缩率S

$$S = \frac{L - L_0}{L} \times 100\%$$

式中:S——缝缩率,(%);

L——缝制前两记号之间的长度,mm;

L_0——缝制后下层试样两记号之间的长度,mm。

以6块组合试样的平均值表示经、纬向的缝缩率。

2. 计算移位量 ΔL

$$\Delta L = L_1 - L_0$$

式中：ΔL——接缝后上、下层试样之间由于缝缩不等产生的移位量，mm；

L_1——缝制后上层试样两记号之间的长度，mm；

L_0——缝制后下层试样两记号之间的长度，mm。

以6块组合试样的平均值表示经、纬向的移位量。

第七节 服装材料耐热性的测试

一、实验目的

织物在缝制、熨烫、后整理过程中，均要与高温接触，织物的耐热性太差，在生产中会受到热损伤或破坏，事先了解材料耐热性，对生产加工及消费使用均有指导性作用。耐热性也称耐老化性。耐热性的测试，主要测试在高温加工条件下，织物的物理和化学性能是否发生老化或损害现象，以鉴定织物的耐热温度。

二、实验仪器及试样

全蒸汽工业熨斗或家用电熨斗、烫台、剪刀、布匹等。

三、实验步骤

1. 取样

在距要测试的面料的头端或尾端1 m处、门幅的中部取100 mm×100 mm试样2块（印花布类织物，必须将各种颜色取全）。

2. 温度条件

各类织物的实验温度不同。棉织物：190～200℃；合成纤维及混纺织物：150～170℃；丝织品：110～130℃；毛织物：150～170℃（实验温度一般高于工作温度10～20℃），要求电熨斗的表面温度能够在80～200℃的范围内调节。

3. 工作压力

控制在1.96～2.94 kPa（20～30 gf/cm^2）。

4. 实验方法

把试样平放在烫台上，将熨斗调至实验规定的温度，放置在试样上，静止压烫10s，待试样完全冷却后进行评定。

5. 评定内容

① 观察颜色：用目测评估，让原样与试样做对比，看是否有变黄或变色情况。

② 观察质地：让原样与试样做对比，是否有硬化、熔化、皱缩、变质、手感等质的变化。

③ 检查性能：可通过理化测试方法，检验该试样是否仍保持原有的多种强度、牢度等物理化学特性。

课后练习

一、填空题

1. 熨烫定型的条件为________、________ 、________、________、________ 。

2. 蚕丝织物清洗干净后在________中浸泡，可改善光泽及手感。

3. 纤维素纤维织物存放时应注意________，以防 ________；而蛋白质纤维织物存放时应放________，以免________。

4. 锦纶织物洗后应________干。

二、判断题

1. 柞蚕丝能喷水熨烫。

2. 色织织物熨烫时最好在反面熨烫，以防变色。

3. 混纺织物熨烫时，熨烫温度以耐热性较高的纤维而定。

4. 毛料服装最好干洗。

三、简答题

1. 简述纯棉织物的洗涤和熨烫方法？

2. 简述真丝织物的洗涤和熨烫方法？

3. 简述羽绒服的洗涤方法？

四、实训题

1. 收集各种面料小样，鉴别其疵点。

2. 测试棉织物、丝织物、黏胶织物的缩水率。

参考文献

[1] 朱远胜.服装材料应用[M].上海:东华大学出版社,2009
[2] 梁桂屏.服装材料[M].广州:世界图书出版广东有限公司,2011
[3] 吴微微.服装材料学·基础篇[M].北京:中国纺织出版社,2009
[4] 马腾文,殷广胜.服装材料[M].北京:化学工业出版社,2010
[5] 袁传刚.服装材料应用[M].北京:中国劳动社会保障出版社,2010
[6] 马大力,张毅,王瑾.服装材料检测技术与实务[M].北京:化学工业出版社,2005
[7] 李素英,侯玉英.服装材料学[M].北京:北京理工大学出版社,2009
[8] 刘静伟.服装材料实验教程[M].北京:中国纺织出版社,2000
[9] 夏志林.纺织实验技术[M].北京:中国纺织出版社,2007
[10] 杨晓旗,范福军.新编服装材料学[M].北京:中国纺织出版社,2012
[11] 张巧玲.服装材料与实训[M].北京:中国传媒大学出版社,2011
[12] 周璐英.现代服装材料学[M].北京:中国纺织出版社,2000